彩图 HISTORY OF SCIENCE
世界科学史

〔英〕彼得·惠特菲尔德　甘晓　著
本书翻译组　译

中国科学技术出版社
·北　京·

图书在版编目（CIP）数据

彩图世界科学史. 3 / (英) 彼得 · 惠特菲尔德, 甘晓著 ; 本书翻译组译. -- 北京 : 中国科学技术出版社, 2022.8

书名原文: History of science

ISBN 978-7-5046-9506-2

Ⅰ. ①彩… Ⅱ. ①彼… ②甘… ③本… Ⅲ. ①自然科学史—世界—普及读物 Ⅳ. ①N091-49

中国版本图书馆CIP数据核字(2022)第046170号

著作权合同登记号 01-2022-4271

本卷目录

9 原子和星系：现代物理学

10 20 世纪的生命科学

11 21 世纪科学进展

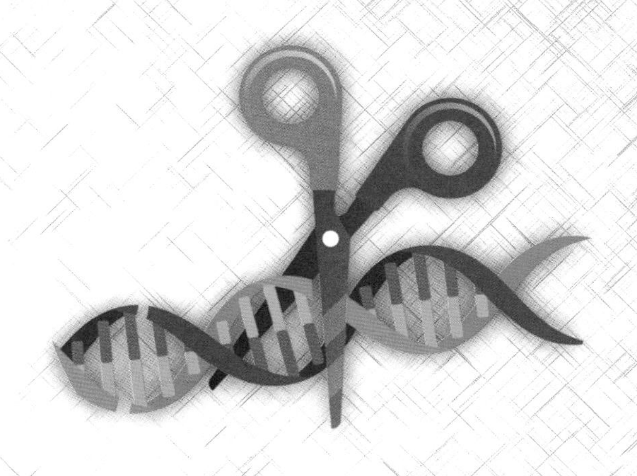

原子和星系：现代物理学

ATOMS AND GALAXIES: MODERN PHYSICAL SCIENCE

物理科学：两个基本问题

ATOMS AND GALAXIES：MODERN PHYSICAL SCIENCE

20世纪的物理科学提出了两个基本问题：物质的本性和宇宙的结构。这两个领域惊人的新发现带来了人类思想上的一场革命。科学家从原子物理学和宇宙中总结出来的理论框架看起来无疑是有根据的，并且现在已被普遍接受；然而这些理论框架是否代表了最后的真理，这还很难讲。

这两个问题是非常不同的。宇宙的结构纯粹是一种睿智的挑战。宇宙诞生于何时， 它的空间跨度有多大？如果宇宙有起始，那在这之前又是什么？宇宙是否就这么永远存在下去，如果不是，那以后又会如何？这些问题对于人们的生活似乎没有什么实际意义，但是我们认为作为回答地球是如何形成以及人类又是从何而来的问题的第一步，这些问题是至关重要的。

地质学家研究地球的形成，生物学家研究地球上生命的起源，化学家研究物质的组成，物理学家研究构成物质的力。但所有这些事物是随时间相继出现的，因此每种事物应当存在一个确定该事物本质的起点，而所有这些起点应可追踪到一个最终的起始点。因此，从这个意义来看，宇宙起源是所有其他起源的出发点。不管这个问题能否解答，它是始终存在的。

物质的本性

物质本性的问题同样是一种睿智的挑战。它推翻了已建立的关于空间、时间和因果关系的观念。同时，它在人类历史上产生了巨大的实际后果。核发电和电子通

◎阿尔伯特·爱因斯坦——20世纪最伟大和最有创造性的物理学家。

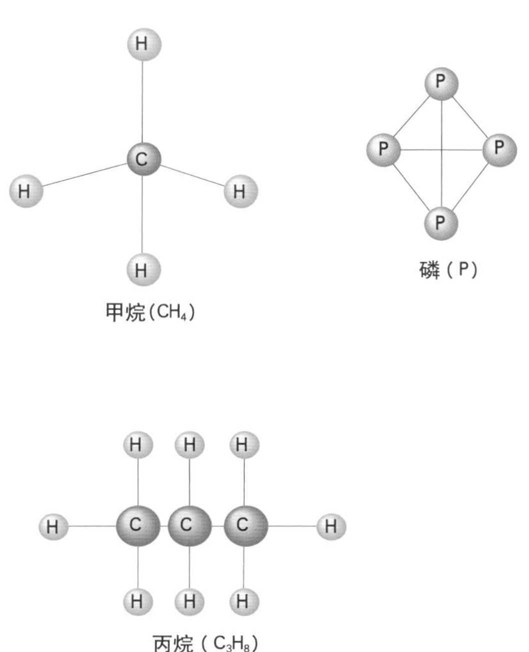

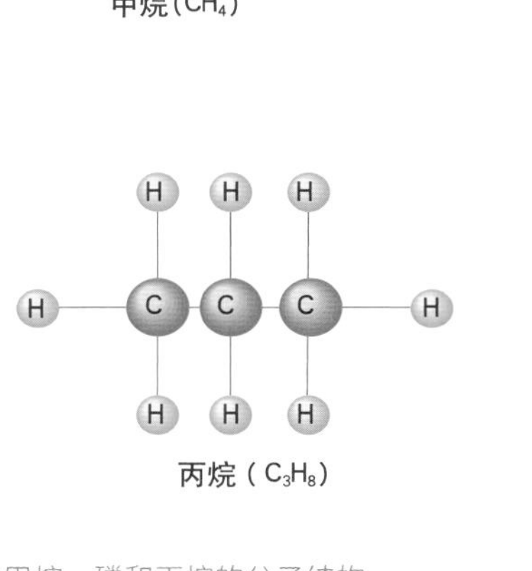

◎甲烷、磷和丙烷的分子结构。

◎ 1883 年 2 月 26 日拍摄的猎户星云（Orion Nebula，M42）。

信及控制系统对社会和政治事件产生的种种后果均源自物理学家的各种发现。19世纪的工业革命展现了科学在塑造社会方面的作用，并在20世纪达到了激动人心的高度。

由于物理学和宇宙学所展现的极端尺度，即自然界基本粒子的无限小和宇宙难以置信的辽阔，均造成人类的思想困惑。我们人类世界的尺度处在这两个极端之间，不知是否是一种巧合？从科学和逻辑两方面来看，似乎都要求这些从最小至最大的结构，必须处在某些巨大的构成力的控制之中，而物理学的主旨就是设法去了解这些力。

科学和政治

新的宇宙学基本上发端于美洲，而且是从一些新的强力望远镜的观测发现开始的，然而重要的理论贡献则来自欧洲。新的原子物理学在很大程度上系来自德国科学家的创造性工作，而且是在欧洲文化的许多其他方面正在被推翻和重新塑造的时期。第一次世界大战（1914—1918年）前后，艺术、科学、政治和社会制度均处在变革的年代，科学也卷进了这种知识发酵当中。一个突出的事实就是掌握第一颗原子弹爆炸技术的正是那些在纳粹时期从德国逃出的科学家。而在此之前纯科学从未如此直接地卷入政治。这一情况预示着科学将对我们的社会起着日益强大的作用，正像它已侵入我们生活的各个方面，这种作用有时是有益的， 有时是有害的。

放射性的发现：居里夫妇

ATOMS AND GALAXIES：MODERN PHYSICAL SCIENCE

原子的存在是19世纪后期所有物理学家都接受的科学假定。原子被设想为组成所有物质的微小粒子，它们按照复杂的化学键规则彼此结合在一起。但是关于原子本身人们却一无所知， 同时，它们被认为就像是毫无活力和不会变化的“盖房用的砖块”。然而在1880—1920年，这种关于原子的概念被彻底推翻，造成这种概念变化的第一个启示就是放射性的发现。

这个时期物理学家使用的最重要设备之一是可以抽掉全部或大部分空气的玻璃管（真空管），通常用于研究稀有气体，观察当电流通过玻璃管时这些气体的行为。而正是与这些真空管有关的实验导致了一些具有深远影响的发现。

◎威廉·伦琴，X射线的发现者。

奇怪的能量

威廉·伦琴于1895年在乌尔兹堡发现，他用于做实验的玻璃管会发射一种奇怪的高能射线。这些射线并非粒子，因为它们在电场或磁场中没有偏转；它们也不像通常的光线，因为它们通过透镜时不反射也不折射。它们与光线有些关系，因为它们照射到光敏化学物质时，可以得到一种照片。最奇特的是，它们好像能够穿透固体，伦琴可以利用它们来获取放在封闭的盒子里面物体的照片，以及穿透人体肌肉显现人体骨骼，从而引起科学界和公众的轰动。伦琴无法解释这种射线，因而称其为X射线，于是遍布欧洲的实验室里的物理学家开始研究这种射线。在巴黎，亨利·贝克勒耳发现元素铀也发射类似的射线，而皮埃尔·居里和他的妻子——科学史上最著名的女性玛丽·居里，后来继续了这项工作。

居里夫妇知道最丰富的自然铀源是沥青铀矿物，经

◎亨利·贝克勒耳在他的实验室里，此照片摄于1890年前后。

◎玛丽·居里和皮埃尔·居里，放射性元素的先驱研究者。

过进一步分析，他们发现矿物中除了铀，还有另外两种元素，它们分别被称为镭和钋。这三种元素均发射某种形式的能量，这种现象现已称为放射性。

变换元素

居里夫妇的第二个发现或许是最重要的。他们把镭和钋与其他物质混在一起，测量这些不同混合物的放射性，但他们发现射线的强度没有变化。唯一的变化是混合物中元素的数量。所以，他们断定放射性这种特征不是化学行为，而是属于元素自身的特性，属于组成化学物的原子的特性。能够侵入其他元素的能力必定来自某种形式的力或能量的放射。随着能量的放射，铀本身开始衰变并改变了自身的特性，最终变成普通的铅。但问题是，真的有这种可能吗？根据经典的科学概念，元素是永远不变的，按牛顿的说法，它们是“固态、实心和坚硬的，它们是坚硬到绝不会被打碎的”。然而现在，

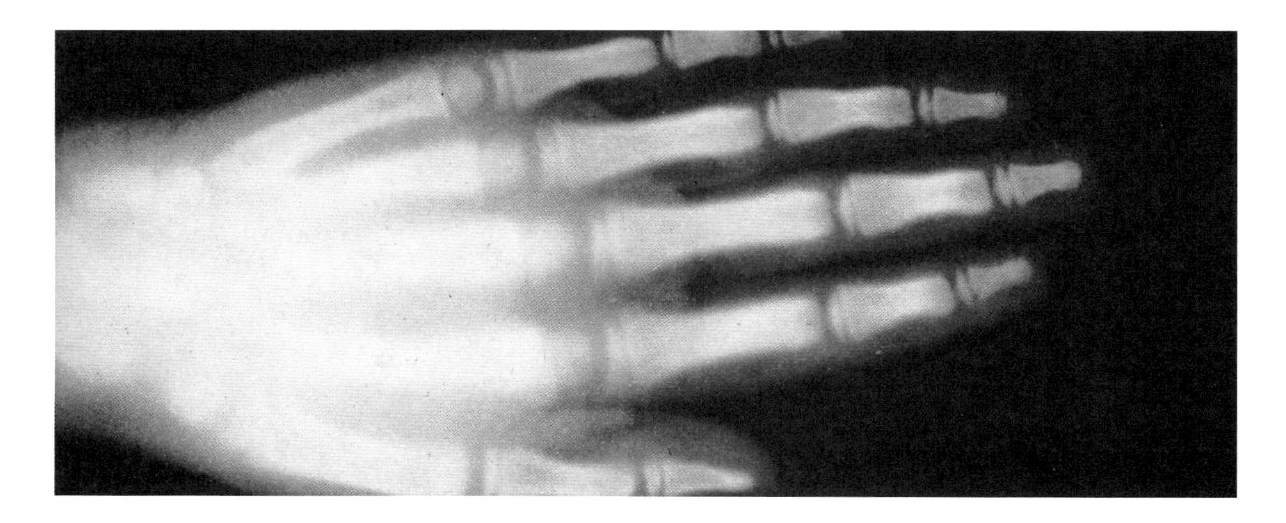

◎上图和中图：伦琴获得的人的手掌和老鼠的X射线照片，这些早期的X射线照片震惊了科学界，并引起公众轰动。

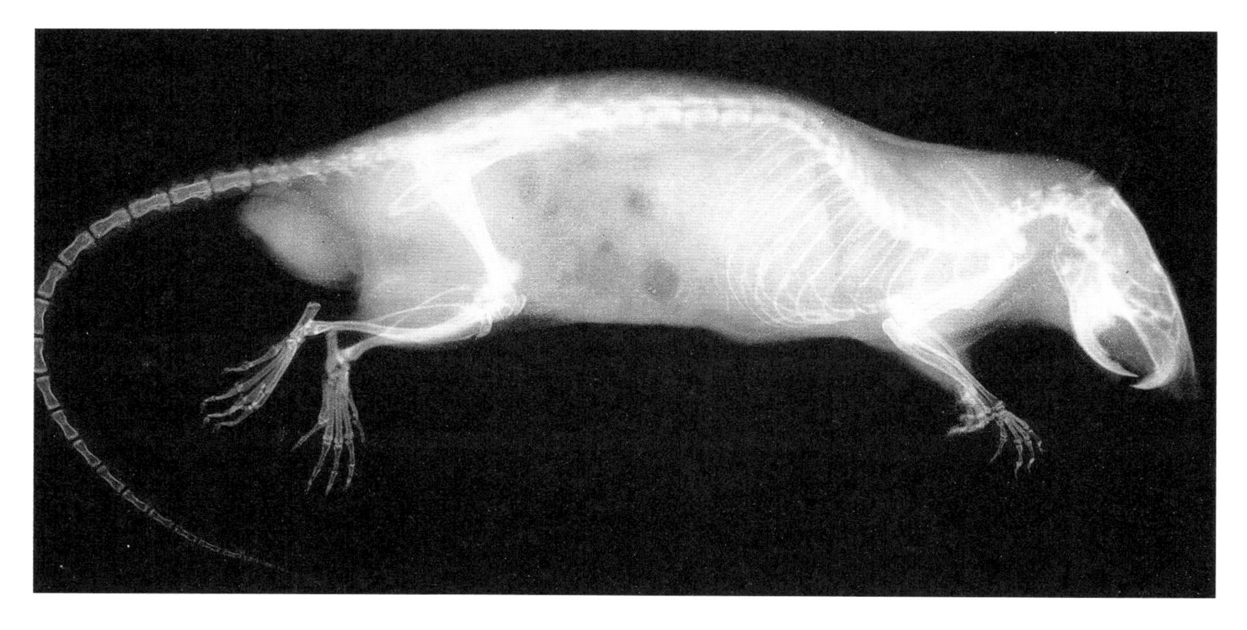

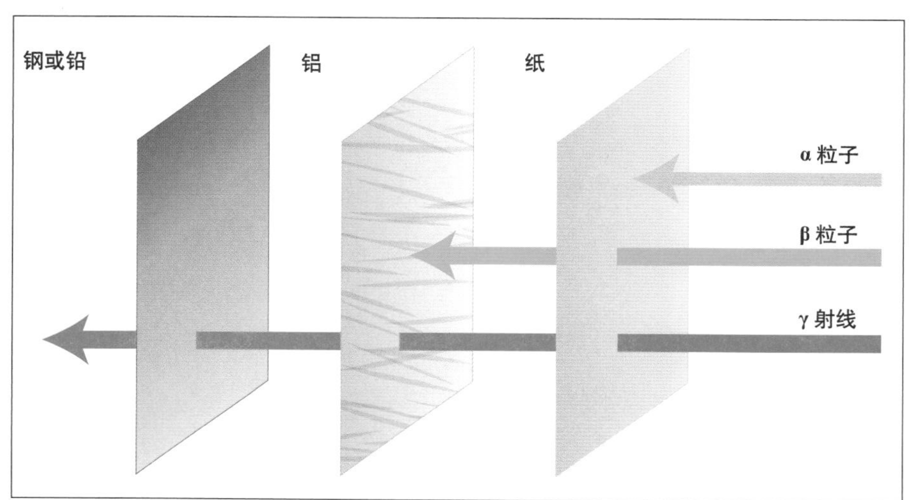

◎根据居里夫妇最初的发现，辐射可分为三种，它们具有不同的强度。

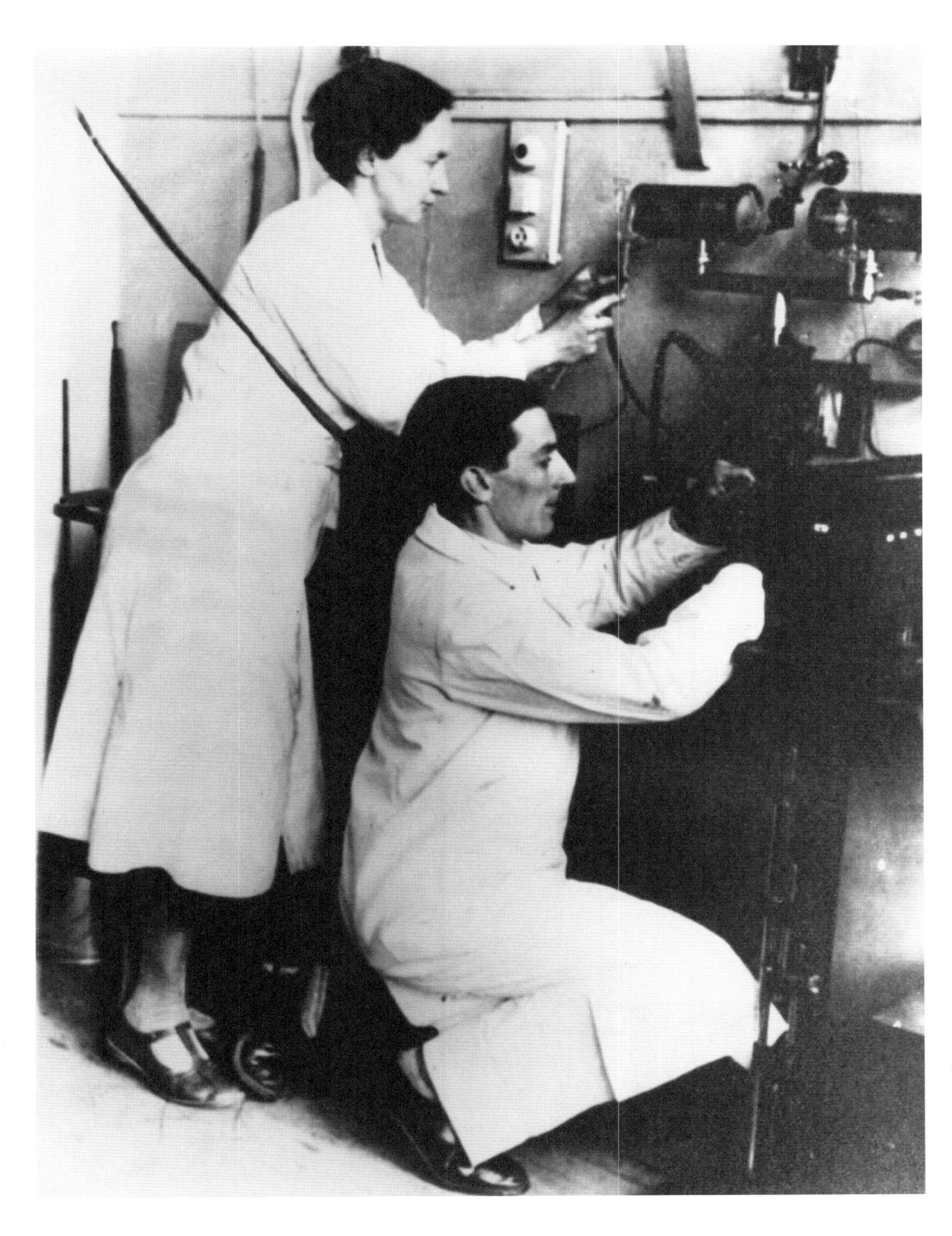

◎弗雷德里克·约里奥–居里和他的妻子伊雷娜·约里奥–居里在工作。他们二人均死于与放射性有关的疾病。

我们却看到了存在不稳定的元素，它们会自发地转变成别的元素，并放射出不知来源和能够贯穿固体的射线。

放射性元素行为结构原理的研究是由其他物理学家进行的，而居里夫妇的贡献在于推翻了人们已有的观念。居里夫妇的研究是在十分简陋的条件下进行的，他们也没有关于所研究物质具有危险性的概念，并且是经常地与未经处理和加工的铀和镭打交道。因此，居里夫妇均遭受放射性辐射的损害，虽然皮埃尔死于与他工作无关的车祸，但玛丽则死于白血病。他们的女儿伊雷娜·约里奥–居里和她的丈夫弗雷德里克·约里奥–居里继续了放射性的研究。他们二人均死于放射性效应造成的损害。

原子：构筑物质的砖块

ATOMS AND GALAXIES：MODERN PHYSICAL SCIENCE

第二个重大的突破是借助气体放电管发现了电子。约瑟夫·汤姆森于1895—1897年在剑桥进行了一系列实验，并得到结论：这些放电管中从负电极（即阴极）放射出的并非真正的射线，而是带电的小粒子。他把磁铁靠近放电管时发现这些“射线”可以在磁场中偏转。因此他认为它们是实物，同时也发现它们携带负电荷。

基本粒子

汤姆森知道他实验中所用的电荷量和偏转角，因而他可以计算出所研究的粒子的质量。他惊奇地发现这些粒子的质量比已知的最轻元素氢原子的质量的千分之一还要小。更有意思的是不管放电管中采用的是什么气体，这种粒子的质量和电荷大小都是一样的。于是汤姆森得到的结论是他已经发现了组成物质的某种基本粒子。他兴奋地说道：“这是一种新的物质形态，这种物质是构成所有化学元素的实体；电荷的携带者是物体，其质量远小于任何已知元素的原子，而且具有相同的性质，它们来自任何带负电的物质源。”汤姆森把这种基本粒子称为“微粒”，但很快就改称为“电子”。

◎电子的发现者约瑟夫·汤姆森。

约瑟夫·汤姆森
（Joseph Thomson，1856—1940年）

- 先驱核物理学家，电子的发现者。
- 生于英国曼彻斯特附近。
- 在曼彻斯特大学的欧文学院接受教育，然后获奖学金进入剑桥大学的三一学院。
- 1884—1919年，主持卡文迪什实验物理研究所，在此期间他把它建成世界上最重要的研究所。
- 研究电磁学理论和阴极射线。
- 1897年，在《哲学杂志》（*Philosophical Magazine*）上发表了一篇关于阴极射线的论文，导致物理学的革命性变化。
- 1906年，获诺贝尔物理学奖。
- 1908年，因对物理学的贡献而被封为爵士。
- 1911年，继续研究正电荷射线，导致了他对同位素的发现。
- 1914—1918年，为英国海军部从事研究，并协助建立了科学和工业研究部。
- 1918—1940年，掌管三一学院。

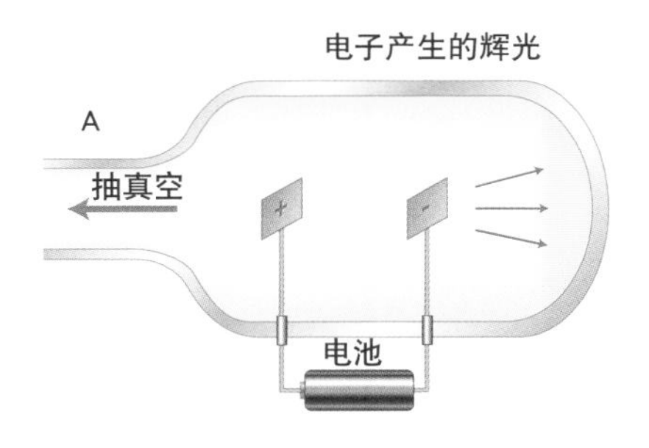

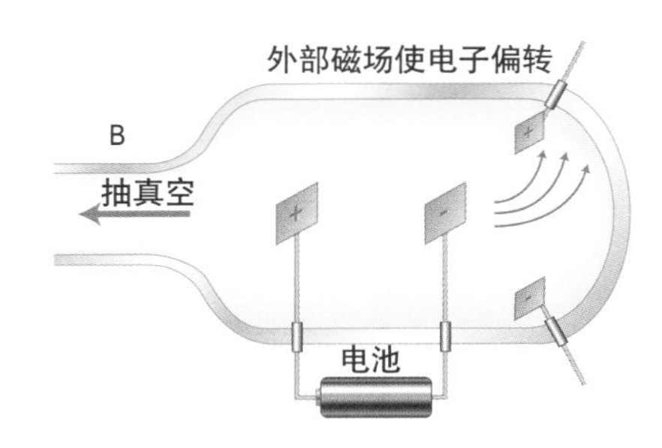

◎汤姆森的阴极射线管实验。他认定这些射线是实物粒子，因为它们在磁场中偏转。

可见原子并非是不可分的，它可能是由更小的粒子组成的，而且在某些情况下可以把这种更小的粒子分离出来。那么为何物质在基本层次上是带电的，而且为何只带负电？与它对应的带正电的物质是什么？电真的是像麦克斯韦所描述的那样是以场的形式充满在空间的，或是集中在粒子当中，以及电荷和质量基本上是同一事物的不同面貌吗？

精巧的计算

当我们谈论对原子和电子各方面的测量和计算时，当然是用纯数学方法得到的。没有人看到过原子或把它作为单个实体来描述，不过诸如麦克斯韦、开尔文和波尔兹曼等科学家已经开发出一套数学语言，借助它可以仔细分析各种气体的电荷和动力学，并把这些与化学家早已建立的原子量相联系。奥地利化学家约瑟夫·洛斯密特早在1865年就利用了气体运动学理论计算了一个原子的理论大小，他得到的数值0.9×10^{-7}毫米是相当精确的。1908年，法国物理学家让·皮兰找到了一个更可靠地证实原子真实性的方法。

皮兰的办法是分析被科学家称为“布朗运动”的现象，这种现象是苏格兰植物学家罗伯特·布朗早在1828年描述过的，因而得名。布朗注意到在水中像花粉这样的微粒处在不断运动当中。布朗不能解释这种现象，不过后来知道这是水的热运动造成的：水的分子不停地撞击这些微粒，从而使它们迂回运动。皮兰论证原子具有真实的可测质量，就是根据这种液体中的微粒与大气中分子之间的相似性。空气在高空变稀依赖于拖着分子向下的重力和迫使分子向上的热运动。皮兰相信分子的重量与大气高度之间的关系同悬浮在水中的布朗微粒是一样的。皮兰统计了处在水中不同高度的各种物质微粒的数目，并进而依此计算原子的数目和它们减少的速率。这些数目直接与物质的原子量成正比，从而证实了洛斯密特的理论结果。

当皮兰的实验结果于1908年公布后，科学家中已无人再怀疑原子的真实性。不过现在已经很清楚，为什么即使是最强大的显微镜也无望看到原子的个体：因为它们比光的波长要小得多。就这样，1895—1908年，科学界亲历了原子不变和不可分论被推翻的过程。而且，人们已经找到了深入探测这些作为构筑所有物质的“砖块”的新技术。在随后的几年， 又提出了关于原子结构和性质的更惊人的新概念。

◎罗伯特·布朗，苏格兰植物分类学家，布朗运动以他的名字命名。

原子的结构：欧内斯特·卢瑟福

ATOMS AND GALAXIES：MODERN PHYSICAL SCIENCE

对汤姆森和居里夫妇发现的关于物质本性新奇事实的合理解释，是由新西兰出生的物理学家欧内斯特·卢瑟福完成的。卢瑟福先后在加拿大和英国工作。当他于19世纪90年代与汤姆森一起在剑桥的卡文迪什实验室工作时，他把注意力转向放射性研究。他既分析包含多种成分的辐射，也分析放射性物体自身的变化。

关于放射性物体自身的变化，卢瑟福发现：放射性元素在发出辐射的同时，自身也改变了性质，变成了与原先物质有关但肯定是不同的物质，其性质与原先物质的性质略有差别。他发现镭会变成气体氡，而元素钍经历一固定时期后衰变成一系列其他元素，最终稳定为某种形式的铅。鉴于化学理论定义每种元素都有唯一对应

◎欧内斯特·卢瑟福（右），原子时代之父。

的原子性质，因此，很显然，放射性是原子内部发生某种基本变化的暗示。可见原子并非永远不变，必定有它自身的复杂结构。

袖珍太阳系

卢瑟福最有历史意义的实验是1910年在曼彻斯特大学做的。他把气体氡产生的放射性粒子指向非常薄的金箔，他原期望这些微粒会像X射线那样穿透金箔。然而卢瑟福描述所看到的结果是“发生了我一生中最难以置信的事件”：尽管大部分射线穿透了金箔，但是有很少一部分却反弹回来。“它难以置信到就像把一个15英寸（约38厘米）的炮弹投向一张薄纸，结果它却反弹回来并把你击中”，卢瑟福这句对他当时的反应的描述现已成为科学史上的名言。

卢瑟福对这一奇怪的结果深思熟虑之后，提出了非常精辟的结论，即原子中的大部分质量集中在一个非常小的区域中，而其余空间则空洞无物。汤姆森所发现的细小、很轻和带负电的电子是远离较重并带正电的原子核。这很像是一个袖珍太阳系，卢瑟福计算得到的中央原子核的大小令人惊讶，他指出：它必定比整个原子的直径小，约为原子直径的万分之一。在他的实验中，被弹射返回的微粒所击中的就是原子核，而其余微粒则从空洞无物的空间穿透。

早先用于形容这种袖珍太阳系的尺度时，是把原子核比作位于大教堂中央的一枚针头，而电子则在教堂的大圆顶上面遨游。这些电子的运动速度约为光速的十分之一，以致整个原子像一实体，就像实际上看不见的快速转动的涡轮机叶片之间的空隙那样。

科学意义

这个原子模型后来又做了一些重要的修改，但它已为现代科学留下了关键概念。随后对不同元素原子的研究表明，不同元素有不同的电子数目，在原子核中也有不同的核子数目。这下，周期表中元素的重量就立即显示出它的科学含义：相关元素的特性来源于它们的原子结构。改变原子中的粒子数目就可以把一种元素变为另一种元素，当卢瑟福把氮原子分解来产生氧原子时，就是完成了这种变换。炼金术士欲变换元素的梦想于1919年在剑桥的实验室里变成了现实。

卢瑟福还回答了一个困惑科学界长达半个世纪的

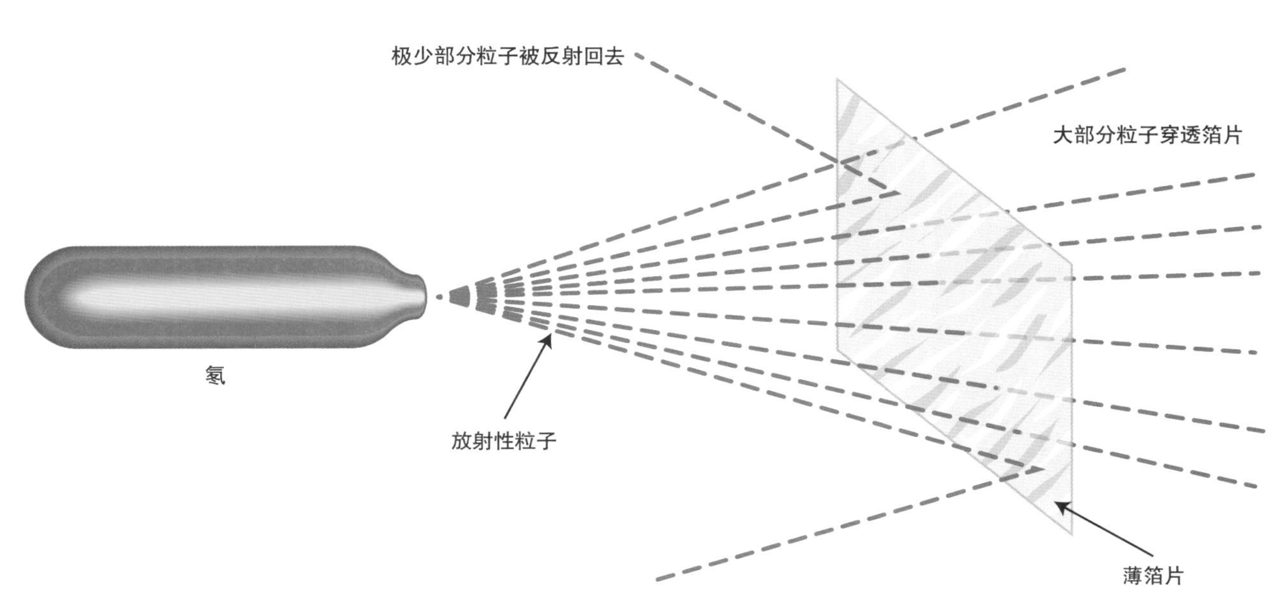

◎卢瑟福著名的箔片实验，它使卢瑟福的原子构造理论得以产生。

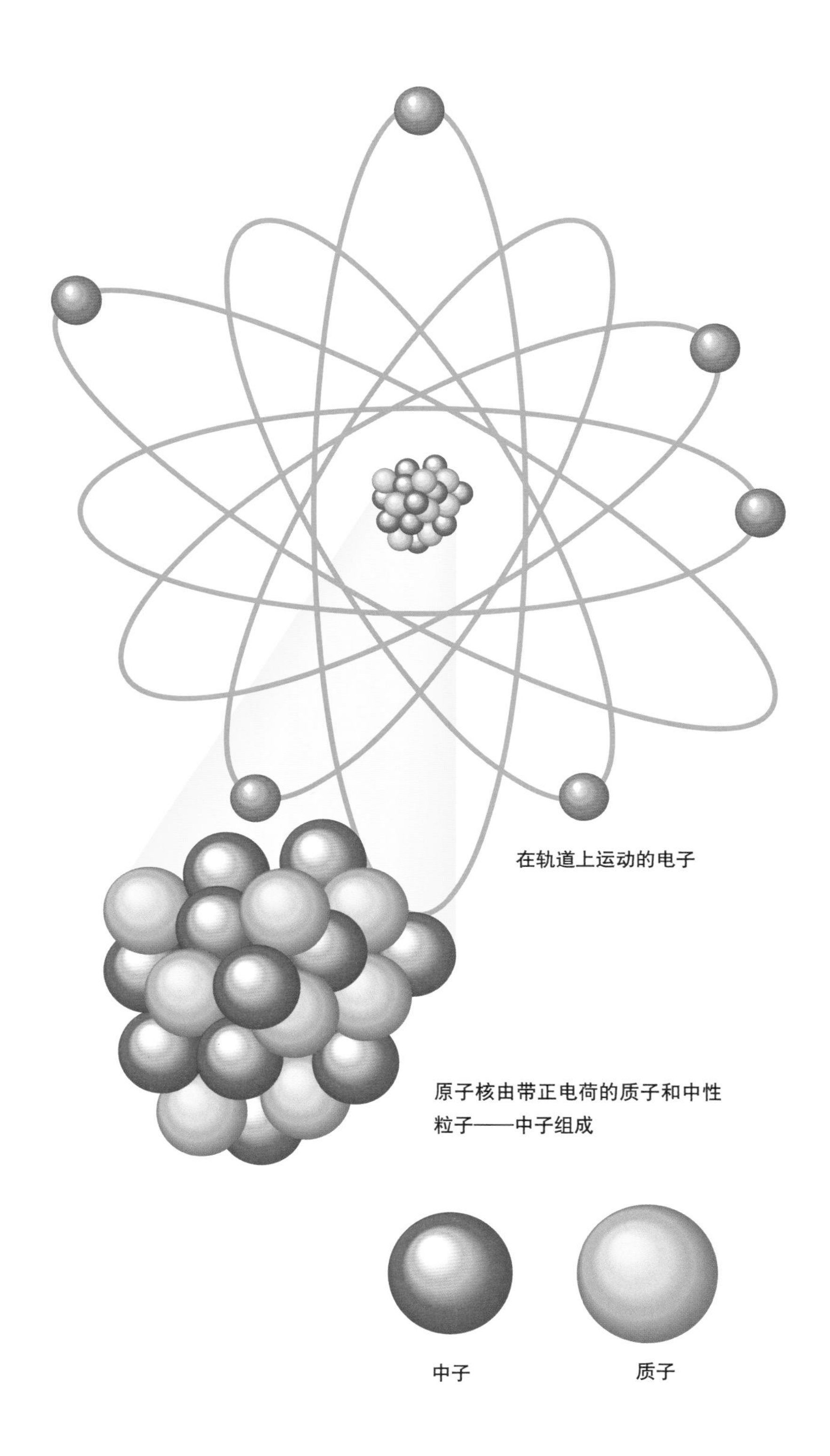

◎卢瑟福提出的关于原子的“太阳系模型”，绕原子核运动的电子就像绕着太阳运动的行星。

◎卢瑟福肖像。

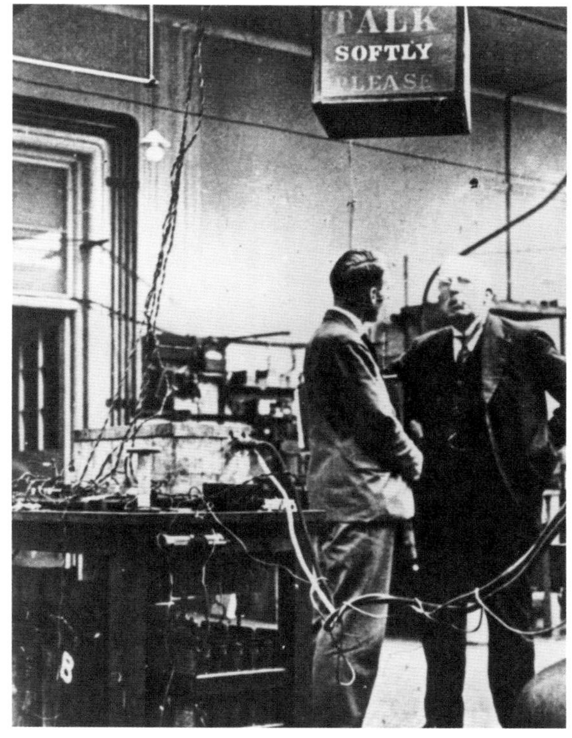

◎卢瑟福在剑桥的卡文迪什实验室，该实验室是历史上早期原子研究中心。

欧内斯特·卢瑟福
（Ernest Rutherford，1871—1937年）

·核物理学之父。
·出生于新西兰的布赖特沃特。
·获奖学金进入纳尔逊学院，然后进入剑桥教会学院。
·1894—1896年，研究磁学。
·1895年，获奖学金，进入剑桥三一学院的卡文迪什实验室。
·首次成功实现相距2英里（约3.2千米）的无线电传输。
·发现铀辐射的三种类型。
·1898年，被任命为加拿大麦基尔大学物理学教授。
·与弗雷德里克·索迪一起提出了原子蜕变理论。
·1907年，转到曼彻斯特大学。
·与汉斯·盖格一起发明了辐射计数器。
·1908年，获诺贝尔化学奖。
·与他的助手尼尔斯·玻尔一起发展了“卢瑟福–玻尔原子”概念。
·1919年，经一系列实验之后，发现了释放氢原子核的方法。
·1919年，转到剑桥任职，并使其变成世界“新炼金术”中心。
·1920年，预言存在中子。

谜——关于地球的年龄。物理学家，如开尔文曾争辩说地球可能没有像莱尔等地质学家所宣称的那么老，因为地球形成之后必须经历几百万年的冷却期。不过卢瑟福已能解释这一点，即地球内部的放射性元素提供的热源已经有几十亿年之久，远远超过原子物理学之前所理解的冷却过程的时间跨度。卢瑟福有一种清晰的感觉，即由于探测原子结构，他正在窥视着“宇宙的种子”。他写道：“当我们发现原子核是如何构成的时候，我们就会发现除了生命之外的所有东西的最大秘密。我们将发现每一样东西的根基——我们脚踩的地球、呼吸的空气、沐浴的阳光、 我们的身体，世界上大大小小的每样东西，但生命除外。”

量子：马克斯·普朗克

ATOMS AND GALAXIES：MODERN PHYSICAL SCIENCE

卢瑟福原子结构模型的进一步发展，是在现代科学中具有最深远影响的进展之一——量子的发现之后才成为可能。量子理论已成为物理科学的中心，然而它的功效和含义则是令人感到惊奇和困惑的，以至于需要超过30年的时间来让国际科学家去认同它的有效性。量子物理学的奠基人马克斯·普朗克是一位受过良好教育的德国北方人，他在音乐、经典科学和语言方面均有很高造诣，但他把科学研究作为到达绝对真理的唯一道路。

◎马克斯·普朗克，神秘的量子效应的发现者，此发现导致了原子物理学的革命性变化。

物体与热

普朗克最重要的工作是19世纪90年代在柏林进行的，主要集中在对加热后的物体发射的辐射能，即光和热进行测量的问题。加热后或正在燃烧的物体都是先发红光，再变成橙红色，然后变成黄色，最后变成白色，发射光的波长随物体温度升高而变短。

物理学家用了好几年的时间，试图总结出准确描述这种发射能量随波长和温度变化的规律，但是由于他们想当然地假定这种辐射的发射是以稳恒的方式和具有从零至无限大的任何数值，导致所有尝试以失败告终。然而普朗克却发现，如果假定发射的能流不是连续的，而是一小份接一小份不连续地发射出去，就可以建立起关于发射能量与波长关系的定律。普朗克把这样的一小份能量称为一个量子，在拉丁语中意为“一小份额”。

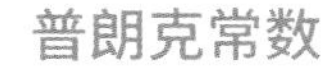

普朗克常数

普朗克从纯数学上考虑，得出每个量子携带的能量为$E=hv$，其中v为辐射的频率，而h为普朗克常数，后来证实它是自然界最基本的常数之一。在任何辐射过程中，发射的能量除以频率总是等于h。往往把普朗克常数视为动作的基本分量，即物理世界中最小的可测事件，它的数值为6.626×10^{-34}焦·秒。在几乎一个世纪中，虽然普朗克常数在原子物理学的计算中占支配地位，但科学界对它却不能给予解释，与不能解释光速的情况一样。它仅仅是自然界中一个基本和不变的事实。普朗克于1900年12月发表了第一篇关于量子的论文，从而开创了科学史上的新纪元。

为什么这样小的常数如此重要呢？普朗克本人原先并未卷进对原子结构的研究，只能留待别的科学家来探索量子理论的含义，即辐射事件中微小的能粒与构成物质的微小砖块之间的要害关系。逐渐展现出量子理论可以作为分析原子中的质量、电荷和动量的有力模型的事实表明，质量和能量是紧密相连的，并为原子物理学提供一种新的语言。

这一科学革命使普朗克成为德国科学界的资深人物。他工作的柏林凯泽·威廉研究所后来被命名为马克斯·普朗克研究所。普朗克的权威也来自他的个人品格——与他有过接触的每个人都对他的诚实和正直留下深刻印象。1930年，普朗克曾亲自到希特勒那里去抗议他的种族主义政策，他决定在纳粹时期留在德国，试图尽力保护德国文化。尽管由于他的巨大声望使他平安地度过那些岁月，然而他却无力拯救他的儿子埃尔温，他因与1944年7月暗杀希特勒的密谋有牵连而被处死。

马克斯·普朗克
（Max Planck，1858—1947年）

·理论物理学家。
·出生于德国基尔。
·先在慕尼黑学习，后在柏林大学上学。
·1889—1926年，任柏林大学物理学教授。
·1900年，在研究热力学和黑体辐射之后，提出了量子理论。
·1918年，获诺贝尔物理学奖。
·1930年，当选为凯泽·威廉研究所（后更名为马克斯·普朗克研究所）所长。因抗议纳粹统治，于1937年辞职。

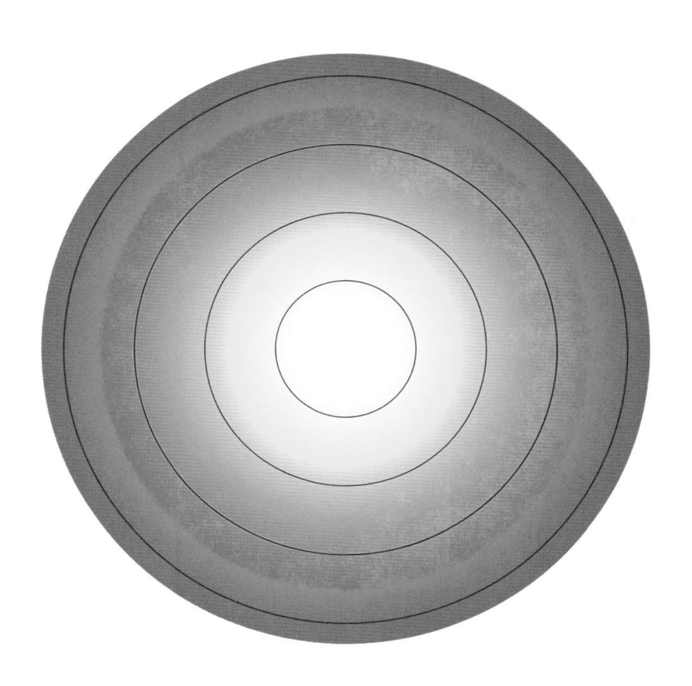

◎想象的量子辐射。来自某种能源（例如炉子）的光和热并非发射稳恒的能流，而是以一串所谓“量子”的脉冲发射出去，图中以脉冲圆代表量子。

量子和原子结构

ATOMS AND GALAXIES：MODERN PHYSICAL SCIENCE

“当我们谈论原子时，只能采用诗句里的语言，诗人也几乎难以做到用形象比喻来描述事实。”这是丹麦物理学家尼尔斯·玻尔说的，他把卢瑟福将原子比喻为袖珍太阳系的观点与马克斯·普朗克的量子力学相结合，并指出，原子结构把人类观察和测量的能力延伸至极限。一些科学家如卢瑟福等已经提出了可以显示原子存在的各种方法，然而原子的本性却难以捕捉和理解，以致它们的行为只能用数学方法来描述。不过玻尔已经成功地使原子的太阳系图像得到加强和精细化，从而使卢瑟福–玻尔的原子模型仍在我们的头脑里占支配地位。

◎丹麦物理学家尼尔斯·玻尔，他应用新的量子理论建立了更精确但也更复杂的原子图像。

电子跃迁

卢瑟福的原子模型受到的最大责难是，与行星绕太阳公转不同，电子是带负电的，而且显然受到带正电的原子核的吸引。这种情况下为什么电子不会旋进原子核中去呢？为什么原子会是一个稳定的实体？玻尔于1913年发表的论文用新发现的量子原理回答了这个问题。他争辩说，电子仅仅是在某些预定的轨道上绕原子核转动。当原子暴露在热能或光能中时，电子会吸收携带能量的量子，并跃迁到较高的轨道；而当电子跳回到原先较低的轨道时，就会发射出携带能量的量子。马克斯·普朗克发现的带能量量子，正是电子跃迁时涉及的吸收和发射的能量。电子不可能在它们任意选择的轨道上绕原子核转动，因为这是受量子模型限制的：它们只能具有离散的能量大小，从一个预先确定的轨道跳到另一轨道。电子的最里层轨道是固定的，因此它不会跳到原子核中去，经典的太阳系力学不可以应用到原子当中。因此，在最基本的层次上，物质和能量是紧密连在一起的：能量的吸收和发射都会产生原子结构的变化。原子是能量的储存库，它可变化的结构使得能量

尼尔斯·玻尔
（Niels Bohr，1885—1962年）

·物理学家。
·生于丹麦的哥本哈根。
·在哥本哈根大学学习，然后到剑桥与汤姆森一起工作，到曼彻斯特与卢瑟福一起工作。
·1913年，借助原子模型和量子理论解释氢的光谱，极大地加深了对原子理论和结构的理解。
·1916年，成为哥本哈根大学物理学教授。
·1920年，成为哥本哈根的理论物理研究所奠基人和首任所长。
·1922年，获诺贝尔物理学奖。
·第二次世界大战期间从被占领的丹麦逃到美国，从事原子弹研究。
·1945年，回到哥本哈根从事核物理研究；发展了原子核的液滴模型。

守恒成为可能，而能量守恒是19世纪发现的自然界中最重要的法则。

网状物

传统意义上把物质理解为实心、坚硬和不可弯曲的，这个观念已经被取代，物质可以被理解为网状物，大部分为空洞，而且可以接收、储存和发射能量。这些量子事件发生的速度和尺度使其不可能建立一种真实可见的原子模型：它的行为只能采用数学方法来进行集体描述。

玻尔的工作是走向成熟的原子结构量子理论的出发点。玻尔的后继者曾提出一些理解电子和原子核之间关系的很不一样的模型，但玻尔并不认同这些模型，因为最重要的一点即它是一种数学模型。从某种意义上说，化学的中心课题已经转移到物理的范畴，因为原子核和电子的结构现在已能解释长期悬而未决的化学键问题。某些元素中距原子核最远的那些电子受到原子核的吸引力很弱，因而可被其他物质的原子捕获。于是两种不同元素形成了由共享电子构成的某种化合物。

光谱分析

对气体发射的可见光和辐射进行光谱分析得到的一些非常奇特的结果，也可以用原子内部存在量子能量的观点来解释。19世纪80年代，瑞士数学家约翰·巴尔默注意到氢的光谱中吸收谱线的间距有着奇妙的规律，即它们的位置准确为某一常数c的倍数，例如$1c$、$2c$、$3c$、$4c$，等等。无人能够解释这一规律。但若按玻尔宣称的氢原子只发射离散能级的能量，则上述光谱线规律正好是能级之间跃迁的准确反映。

其他物理学家把这种研究扩展到其他元素，并且发现的确是这样，每一种元素都有它自己的光谱特征。这样，终于牢固地建立起原子内部存在量子能量活动的概念。

◎玻尔的电子图像，在不同轨道上绕原子核运动的电子会发射或吸收能量。

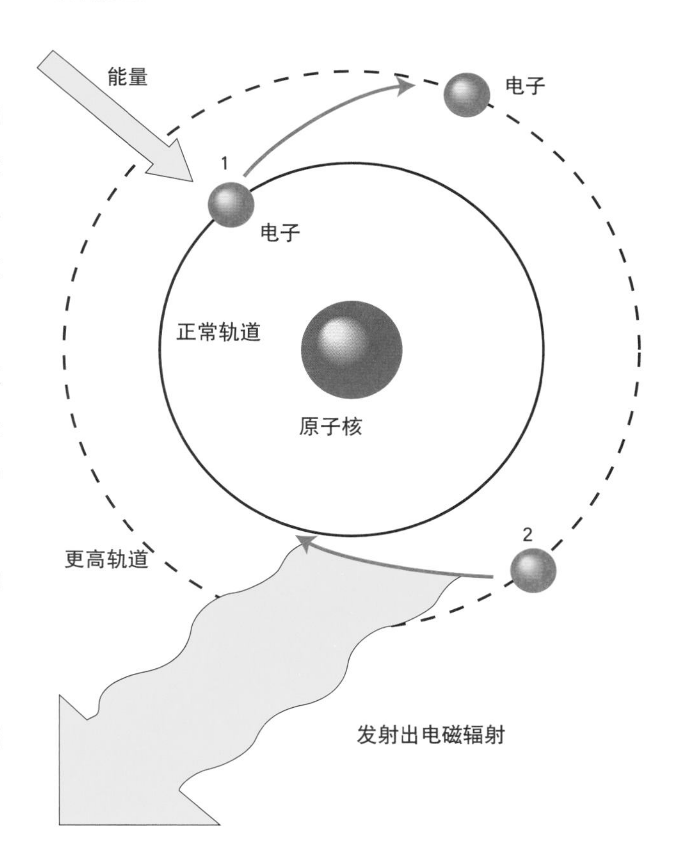

◎尼尔斯·玻尔和他的家人们。

不同元素的个体结构的进一步证据来自德国物理学家麦克斯·冯·劳厄于1912年在X射线结晶学上的发现。当一细束X射线通过任何物质的结晶体时，得到的照片显示出晶体中原子的规则性排列。这种照片并非原子的直接照相，不过是X射线在一种结构模型上的折射，而每种物质都有特定的结构模型。这些研究进展使得元素周期表的意义变得更为清晰，因为它清楚地表明周期表内不同元素之间的关系是在原子层次上的结构性关系：相似的原子结构产生相似的化学性质。

这一点现在看来可能是不言自明的，然而在卢瑟福和玻尔之前并非如此。英国物理学家詹姆斯·查德威克对粒子的实验研究导致了原子核图像的精化。关于原子核的不解之谜就是它的重量几乎总是准确等于它的质子总重量的二倍，查德威克指出，原子核是由质子和中子组成的，质子带正电荷，而中子具有与质子相同的质量，但是不带电荷。

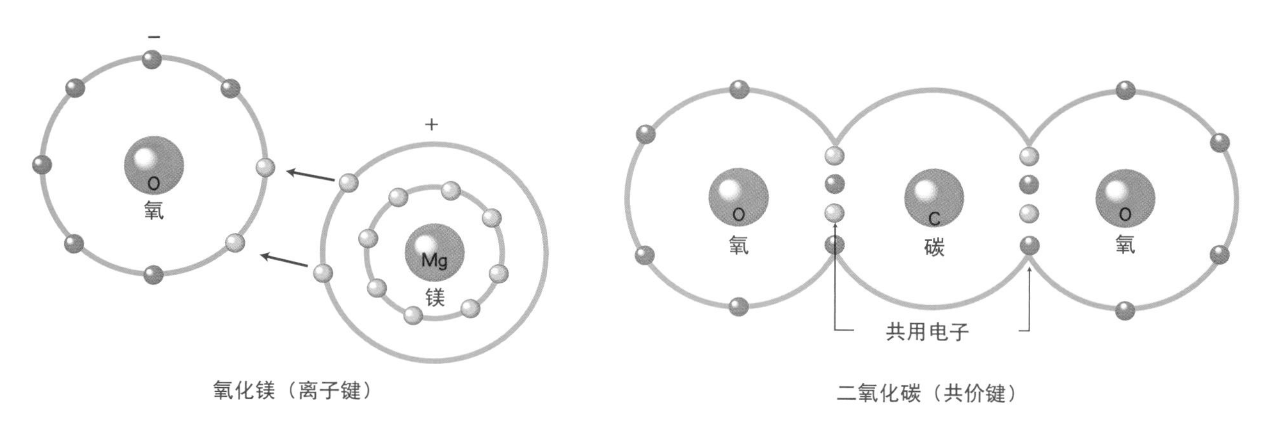

◎化学变成了物理学。玻尔的理论解释了不同元素通过共用电子组成一种化合物的化学键问题。

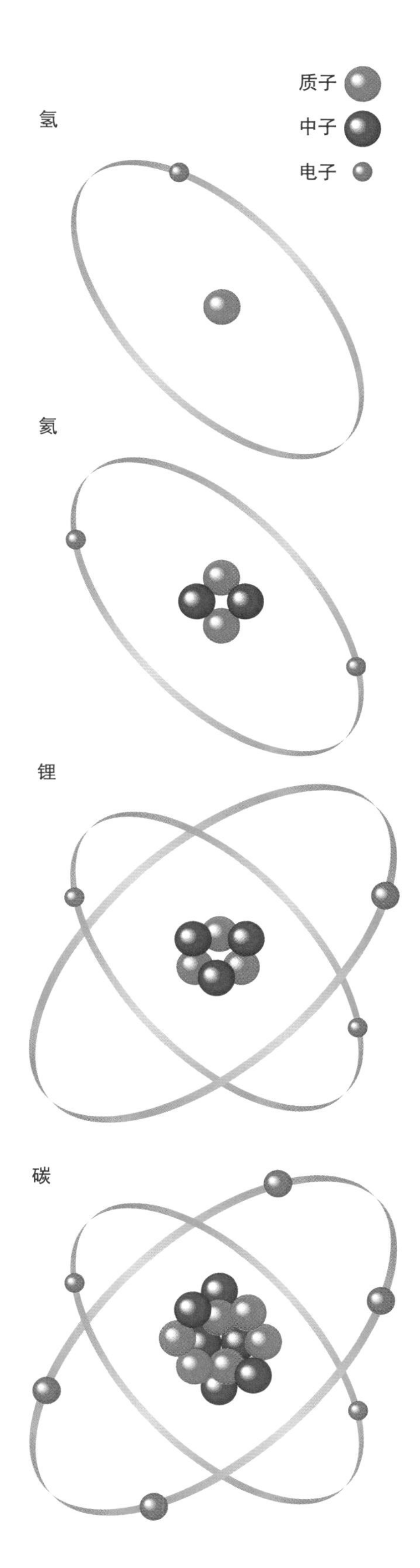

◎原子的稳定性。质子、中子和电子的数目总是相互平衡。

A NEW RAY

DR. CHADWICK'S SEARCH FOR "NEUTRONS"

Dr. James Chadwick, F.R.S., Fellow of Gonville and Caius College, Cambridge, in an interview on Saturday said that the result of his experiments in search of the particles called "neutrons" had not, at the moment, led to anything definite, and the element of doubt about the discovery still existed.

There was, however, a distinct possibility that investigations were proceeding along the right lines. In that case a definite conclusion might be arrived at in a few days, and on the other hand it might be months. Dr. Chadwick described his experiments as the normal and logical conclusion of the investigations of Lord Rutherford 10 years ago. Positive results in the search for "neutrons" would add considerably to the existing knowledge on the subject of the construction of matter, and as such would be of the greatest interest to science, but, to humanity in general the ultimate success or otherwise of the experiments that were being carried out in this direction would make no difference.

Lord Rutherford, at the conclusion of his lecture at the Royal Institution on Saturday, confirmed in a statement to a representative of *The Times* the importance of the experiments by Dr. Chadwick. They seemed to point, he said, to the existence of a ray whose particles, known as "neutrons," were indifferent to the strongest electrical and magnetic forces. He did not, however, confirm the assumption that these particles were matter in the everyday sense of the word from the fact that their collisions obeyed the laws of momentum; nor the further assumption that they moved at a speed more than a tenth of that of light or electricity.

Lord Rutherford's own lecture dealt with the "Discovery and Properties of the Electron," and in the course of it he conducted a number of experiments in the generation of cathode rays, with glass tubes and bulbs used 50 or more years ago by Sir William Crookes, and with others lent by Sir William Pope.

The discovery in 1897, said Lord Rutherford, of the negative electron had been of profound significance to science. The electron tube was essential to-day not only for the generation of continuous radiations, but for their reception, and thus rendered possible the rapid development of radio-telephony and broadcasting. When they looked back, it became clear that the year 1895 marked what they might call the definite line between the old and the new physics. It was in that year that Röntgen made his famous discovery of the X-rays. The importance of the discovery was really, in a sense, greater than itself, because it gave the impetus to experiments which led to two epoch-marking discoveries of radioactivity by Becquerel in 1896 and of the electron in 1897. Those two discoveries opened up new vistas of the wonderful ways in which Nature worked. They gave us, for the first time, methods for attacking the question of the structure of the atom, and we now had a fairly definite general view of that structure; and they had given us, for the first time, a fairly clear idea of the mechanism of radiation.

MARCH SESSION AT OLD BAILEY

TWO MURDER CHARGES

◎詹姆斯·查德威克通过他对中子的发现完成了对原子的经典理解。图为伦敦《泰晤士报》（*The Times*）上的一篇文章。

波、粒子及奥秘

ATOMS AND GALAXIES：MODERN PHYSICAL SCIENCE

玻尔的原子模型对于轻元素，例如只有一个电子的氢原子，是容易想象的。然而对于有许多电子的重元素，尤其诸如92个电子的铀原子的极端情况，就会难以想象。在20世纪20年代，量子物理学由于接受了辐射（包括电子的能量）同时具有波和粒子双重性质的概念，而获得了迅速发展。例如整个19世纪在经典电磁理论中作为波来描述的光，现已发现具有离散能量份额的行为，并被称为光子，它能产生可测的物理效应。

◎路易斯·德布罗意。

双重性质

原子内部的能量具有双重性质——有时像波而有时像粒子的概念，是由法国物理学家路易斯·德布罗意提出来的，并由奥地利科学家埃尔温·薛定谔给出新的数学描述。1926年，薛定谔的波动方程把电子视为波，电子的能量和频率随它们与原子核的距离增大而增加。像铀这样复杂的重原子现在就无须被看作有序的小太阳系，而是一团电子云。于是，一个电子准确的物理位置能否被确定就成了疑问。德国物理学家沃纳·海森伯明确地回答了这个问题，他宣布单个原子只能用概率的方法进行分析。海森伯宣称量子跳跃这种令人迷惑的事实使得我们必须彻底放弃把原子形象化的企图，而只能对它进行数学思考。

有一个非常简单的理由可以说明为什么会这样，因为无法设计出一种实验来显示单个电子的位置，由于任何观察必须输入某种能量，这就会造成电子位置的变化。如果我们能够用波长非常短的光束去照明原子，则光束的能量必定会对电子产生剧烈的效应。因此我们永远不可能看见自然状态的原子。正如在空中旋转的硬币，我们无法确定其正面或是反面，只能从根本上干预它的运动之后才能确定。至于要问物理学为什么要采用如此神秘的描述模型，物理学家的回答是因为这样的模型管用。

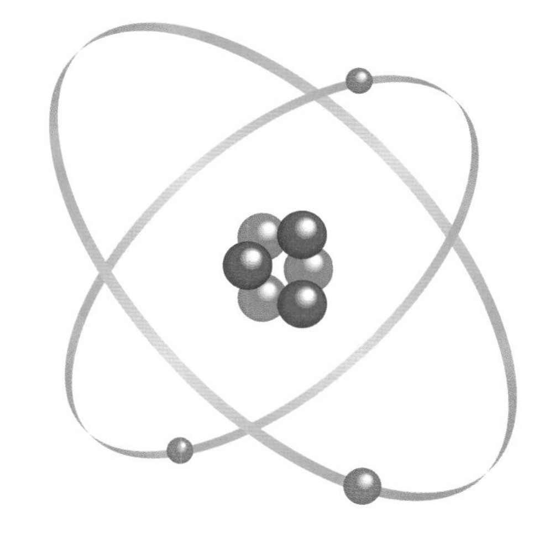

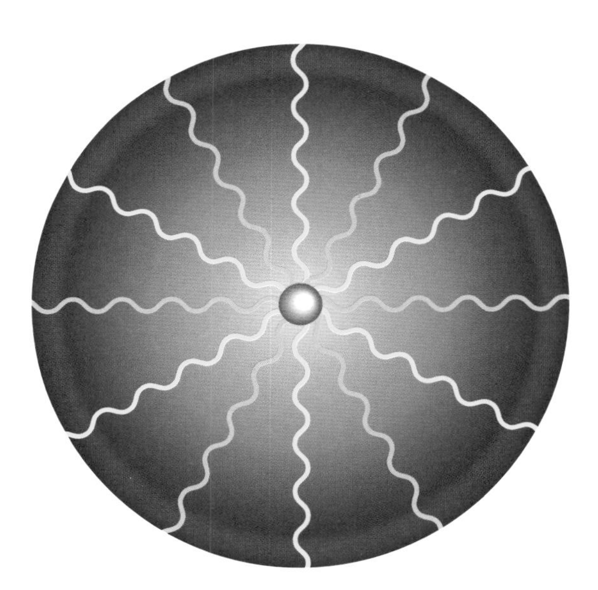

◎原子概念的演化。从上到下依次是：德谟克里特的颗粒观点、卢瑟福的电子绕原子核转动的概念、薛定谔的量子力学描述。

物质的最终基元

在实验室中，原子的集体行为使我们能够推测在单个原子的层次上情况如何。物理学家的目标在于用更精确的数学语言去阐述自然规律。1945年的原子弹爆炸是这种工作成功的首次历史性例证。可见简洁的数学语言可以描述原子将会如何行动，而无须让我们知道它们看起来像什么，也无须知道它们实际上是怎样的。以往半个世纪的研究已经揭开了亚原子粒子的复杂世界，它们纯粹是各种高能量的载体，它们的功能是捆绑原子核。这些亚原子粒子或夸克似乎是构成宇宙的最终基元，然而它们在自然界中不能独立存在。 它们的性质和行为可以从数学上进行分析，但无法对它们再说出更多的东西。这一点完全偏离了经典物理学和力学的概念，偏离了牛顿所提出的传统观念，后者认为原则上说物质的任何粒子的每一个位置和路径都是可知的，因而可以从它们的相互作用来绘制宇宙结构的图像。但这种知识现在被证明已经不够用了。

变幻的沙滩

新的量子物理学不乏哲学含义的支持者。他们断言物质在其最深层次上是易变和不确定的， 是不可观测、不可预报的。许多人回忆到古希腊人认为物质是赫拉克里特之火，因而变化是永恒的概念。像普朗克和薛定谔这些学者，他们坚守自己的信念，认为人类的理性以某种方式参与了自然的规律，而且二者不会产生矛盾，正如量子物理学所展现的那样。原子是实心建筑砖块的老式概念现已更新为它们是一种荷载电能的波浪，一组叠加在一起的波。从这些波和荷载的能量构造出宇宙所有物质——恒星、云、河流、岩石、树木、船只、人类和其他每一样东西。所有电子和所有质子都是一样和无差别的，一个氢原子与一个铀原子之间的唯一差别就在于每个氢原子只有一个电子，而每个铀原子有92个电子。通过这种差别，产生了所有化学元素和化合物，造就自然界的千姿百态。从拉瓦锡到薛定谔发展起来的物质科学，一方面提供了具有明确和统一威力的各种定律，另一方面也展现了为什么会由如此简单的原子组成如此复杂的世界的难以理解的奥秘。

空间和时间的重新定义：阿尔伯特·爱因斯坦

ATOMS AND GALAXIES：MODERN PHYSICAL SCIENCE

在塑造 20 世纪初的新物理学中，有一位科学家尤为突出，因为他使我们并非对物质的微观性质，而是对构成宇宙的宏观状态的了解有了革命性的变化。为了描述宇宙的力学关系，必须有三个基本要素：空间、时间和质量。然而阿尔伯特·爱因斯坦指出了这三个因素之间存在的关系，这是人们过去从未真正了解的关系。爱因斯坦常常迫切感到需要用一种简单和非技术性的方法来概括这一观点，因而有一次他说道，在他的“相对论”之前，人们总是认为如果物质从宇宙中消失，将留下空间和时间，但是根据相对论，这是错误的。

◎玻尔和爱因斯坦，20世纪两位最有影响的物理学家。

分析运动

爱因斯坦的理论发表于1905—1916年。他最感兴趣的是研究在不同参考系中的运动。在海上的一只船，船上的一个人，海又在地球表面，而地球又在太阳系中，所有这些物体都朝不同方向运动，爱因斯坦问道，是否存在一个绝对的时间和空间标准，可以在这个绝对的时空标准中研究这些运动之间的相互关系。他的答案是否定的，因为所有事件都是通过光来定义的，而光的速度是有限的，于是在不同参考系中的观测者看来，任何事件或任何运动将发生在时间和空间中的不同点。因此，事实上不存在同时性的事件。

为光下定义

爱因斯坦的理论引起全世界的兴趣，部分原因是它看起来太荒谬，与普通人的感觉背道而驰。不过应当强调的是，相对论的效应在日常生活中是感觉不到的。爱因斯坦所做的是对远比日常生活中遇到的大得多的速度和距离尺度构造出数学模型，并计算出它们的效应。他的计算表明，当速度增大时，时间将会变慢，当速度最终达到光速时，时间也就停止了。为什么会这样呢？因为所有事件都是用光来定义的：如果某事物以光速运动，光就追不上它，于是该事件绝不会发生。这就是为何光速会成为宇宙中极限速度的原因之一。对于以较低

◎作为质量和能量可互换论点的一部分，爱因斯坦正确地预言光线将因引力而弯曲。

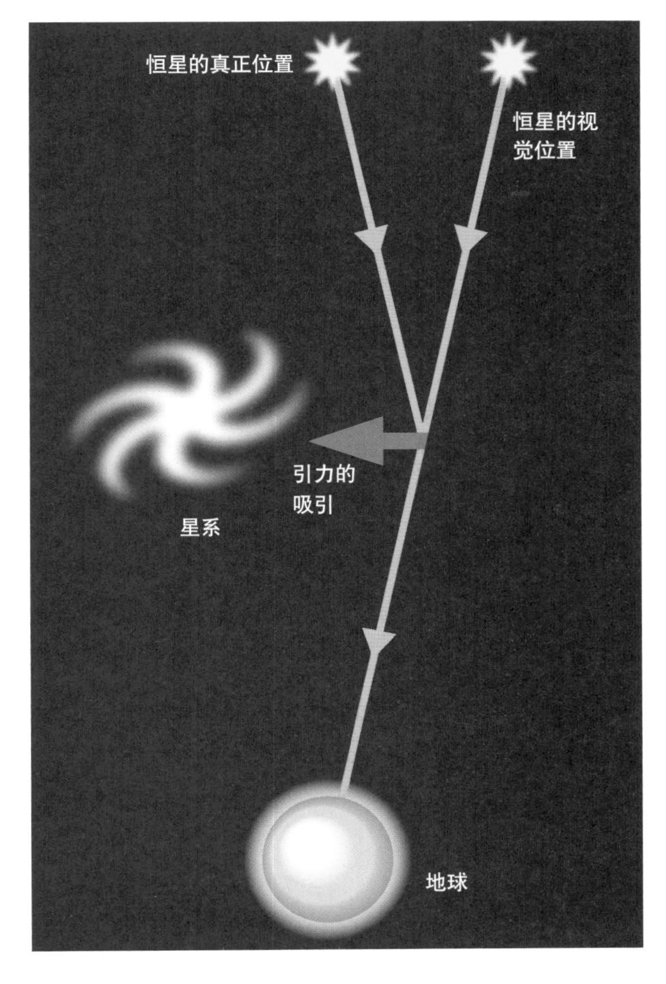

速度运动的物体，例如一列火车，同样存在这种效应，不过用通常的方法无法测出这种效应。

用同样的方法，爱因斯坦指出物体的物理质量也随速度的增大而增大。在经典物理学中，物体的质量是不变的，与它的运动无关，然而爱因斯坦指出这是不对的。如果用改变物体运动的阻力来定义物体的质量，那么很显然，对以较高速度运动的物体必须以较大的力去推动，对以非常高的速度运动的物体必须用更大的力去增加它的速度，直到临界光速的理论速度时，任何进一步的加速必须用无限大的力量。这再一次证明任何速度都不会超过光速。相对论的这一特征已经在研究加速器中粒子的行为时在原子层次上一再得到证实，以接近光速运动的微不足道的电子获得了巨大的质量。

能量和质量

爱因斯坦根据他的发现，进一步得到了一个在理论上和实用上均有重大意义的推论。由于运动中物体的质量随运动而增大，而运动又是能量的一种形式，可见增大的质量必定来源于能量。所以爱因斯坦论证了能量具有质量，或者说能量和质量是可以互换的，它们之间的

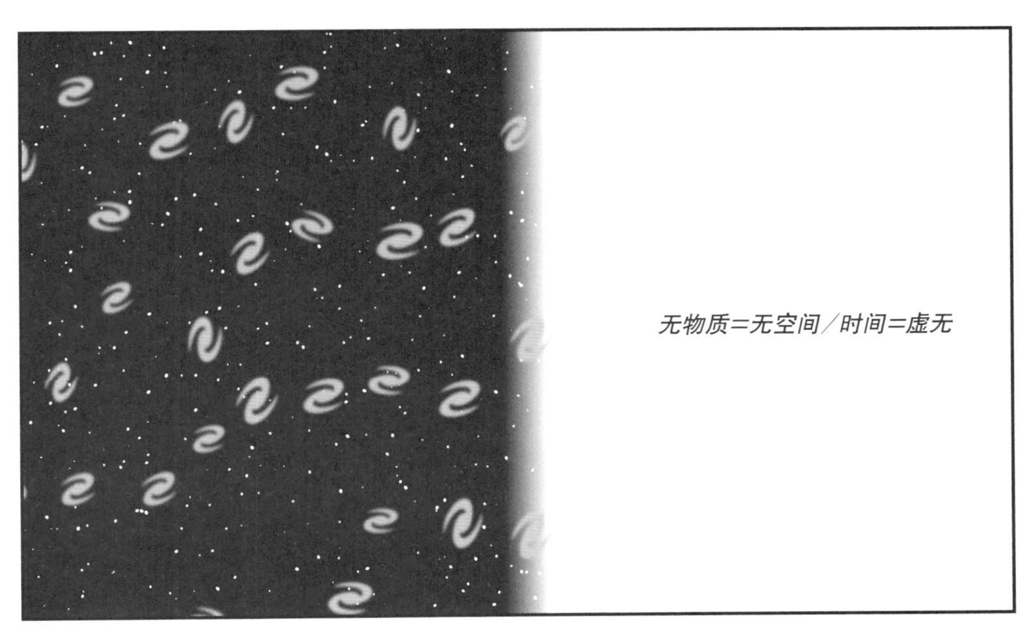

◎爱因斯坦的宇宙观。宇宙是由物质、空间和时间构成的，爱因斯坦解释为何这三者是相互依赖的：没有物质就没有绝对的空间和时间，就像一间房子只有用包围它的四面墙来定义那样。这意味着空间和时间是可变的，具有在不同条件下变化的性质。

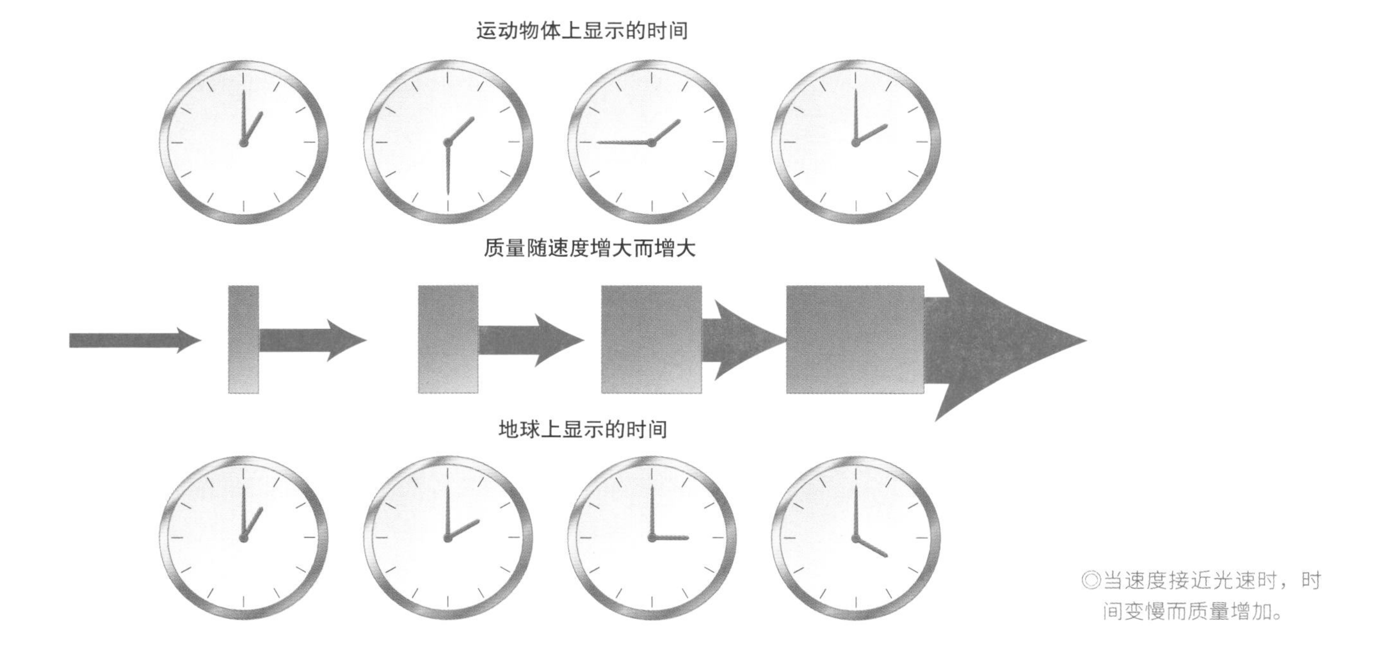

◎当速度接近光速时，时间变慢而质量增加。

差别仅仅是各为其暂时状态之一。

通过对增大的速度趋近光速的计算，爱因斯坦得到了著名的公式$E=mc^2$，它表示任何物体的质量中所含有的能量大小：任何物质粒子中包含的能量等于以克为单位的质量乘上以厘米/秒为单位的速度的平方。这意味着如果1千克煤完全转换为能量，将产生250亿千瓦·时的电能，可供一个国家用上几星期。不过这种转换只能通过打碎原子核来实现，不要与普通燃烧产生的化学能混为一谈。不过也应记住，当爱因斯坦于1905年推导出这一公式时，不管是爱因斯坦还是别人都不具备原子结构的清晰概念，也不知道如何来释放它的能量。因此，爱因斯坦只能是理性意义上的核能和核武器之父。

永久的奥秘

质量和能量可以互换对物理中一些最深奥的谜团提供了部分解答。它指出了像铀这样的放射性物质发射带电粒子为何可以延续几千年；它也解释了太阳和其他恒星发射光和热可以长达几十亿年。或许最重要的是它解释了物质的双重性，即为什么有时像辐射和电，有时又表现为可测的质量。如果物质的质量消失并以光速运动，它就是辐射或能量，如果凝聚为质量，它就成了化学元素，我们称它为物质。然而奥秘并未消失：什么是“真实存在”，它起源于何方，它将如何终结？19世纪初到20世纪科学的总体冲刺是朝着自然形式和力的统一：物质守恒、能量守恒、热力学定律，以及现在爱因斯坦的物质与能量等价。所有这些基本定律似乎表明宇宙是一种单一的过程：由元素承担的不同形式的轮换，元素本身永远地运动在浩瀚、 复杂和无终止的循环当中。

宇宙的深度

爱因斯坦的理论在原子和宇宙学的层次上具有深刻的影响。如果空间和时间的存在只能依赖于物质，那它们就不能分离。换句话说，它们形成了空间–时间连续体。连续体是由光来定义的，而光作为质量–能量应受到引力的作用，它在物质周围应当弯曲。因此，按照爱因斯坦的观点，引力是由于宇宙中存在物质而产生的空间–时间弯曲。如果宇宙中没有质量–能量，也就不会有空间–时间。

光线在巨大的恒星引力场中弯曲已由英国天文学家阿瑟·爱丁顿爵士于1919年所做的著名实验所证实。这一具体证据使爱因斯坦受到了名望热浪的包围，他被誉为宇宙新模型的创始人。当他宣称宇宙必须是有限但是无界时，这一观点的奇妙性又为他增加了声望。这种观点也已被1920—1950年发展起来的新宇宙学证明是正确的。

有人会说，牛顿的物理学已被推翻，但是牛顿物理学仍然统领着我们地球上的事物，例如航空或太阳系以内的空间航行只需要牛顿物理学。爱因斯坦的物理学则把我们带到了原子领域、光速以及宇宙的深处。

爱因斯坦在他人生的最后30年致力于对包含引力、电磁、宇宙和原子在内的“统一场理论”的探索。他对量子力学打心眼里怀疑，他觉得必定能构造出一种物理真实性模型，而不应该仅仅是一种概率系统。他对量子理论的批评 “上帝不会对宇宙掷骰子”已成为名言。或许，尼尔斯·玻尔的答复也具有同样的分量：“我们无法告诉上帝如何去组建宇宙。”

阿尔伯特·爱因斯坦
（Albert Einstein，1879—1955年）

- 数学物理学家。
- 生于德国乌尔姆。
- 在德国慕尼黑、瑞士阿劳和苏黎世接受教育。
- 1901年，入瑞士国籍。
- 1902—1905年，在伯尔尼专利局工作。
- 发表理论物理学方面的论文。
- 1905年，发表狭义相对论理论，获全世界赞誉。
- 1909年，在苏黎世为他设立了特殊教授职位。
- 1914—1933年，担任柏林的凯泽·威廉物理研究所所长。
- 1916年，发表有关相对论的后续理论——广义相对论。
- 1921年，获诺贝尔物理学奖。
- 1934年，希特勒掌权时离开德国，到了美国普林斯顿。
- 1939年9月，致信罗斯福总统，谈原子弹的潜力。
- 1940年，成为美国公民，任职普林斯顿大学教授。
- 第二次世界大战后倡导国际限制和控制核武器。

◎爱因斯坦同他的女儿和女婿在一起。

曼哈顿计划：科学与长期实力

ATOMS AND GALAXIES：MODERN PHYSICAL SCIENCE

从卢瑟福至海森伯发展起来的新物理学代表着我们了解物理宇宙上的智力革命，而把这场革命带离实验室的是曼哈顿计划。曼哈顿计划是制造第一颗原子弹的名称代号，此计划网罗了世界科学家的领军人物及其最新理论，而且引发了关于科学的目的和后果的疑问，随着时间流逝，这些问题愈益显得紧迫。原子弹是由同盟国的科学家在 1941—1945 年设计和制造的，效率如此之高的原因主要是害怕纳粹德国首先研制出这种武器。围绕曼哈顿计划最具讽刺意义的是，纳粹的政策把许多重要的科学家驱逐出德国，而正是这些科学家具有研制原子弹所必需的理论和技术，他们离开德国是因为他们中有些人是犹太人，有些人反对纳粹主义。

◎意大利物理学家恩里科·费米。

20 世纪 30 年代后期在意大利，恩里科·费米发现，某些元素受低速中子轰击之后，它们的原子性质改变了，变成了不同的元素。其他国家的科学家研究和分析了这一结果，并且弄清是这些元素的原子核分裂了，同时在此过程中释放巨大的能量。

链式反应

1939年，不止尼尔斯·玻尔一人（他当时正在美国短期工作）发现这种裂变过程还释放出另外的中子。如果在适当的条件下采用适量的物质，似乎就有可能开启一种非常快速的原子核分裂的链式反应：每个中子击裂一个原子核，释放更多的中子，中子再去击裂更多的原子核……这种过程是爆炸性的，从而释放巨大的能量。至于如何来实现这一点和有什么用处，当时大家都不清楚，但有一点是明显的，就是可以用于制造威力空前的武器。德国的物理学家当然知道这种实验和可能的结果。玻尔感到必须对这种危险提出警告，于是在1939年夏天，他与来美国避难的科学家爱德华·特勒和利奥·齐拉特（亦译为西拉德）一起，劝说当时最著名的科学家爱因斯坦致信罗斯福总统，主张在核裂变研究领域“保持警惕，必要时采取行动”。当时美国尚未参战，不过的确成立了一个咨询委员会，并在哥伦比亚大学开始进行基础研究。到了1940年3月，已经从理论上证实，采用铀或钚的核裂变有很大可能性，但作为武器形式的设计和过程的控制需要好几年的工作。

灾难性的威力

美国于 1941 年 11 月的参战使这一计划得以快速推进。此项计划获得了大量经费，吸收了几百名优秀的科学家，其中有不少是来自欧洲的避难科学家，例如恩里科·费米、爱德华·特勒、尼尔斯·玻尔、汉斯·贝特和约翰·冯·诺依曼，同时也加入了许多美国科学家，他们中的一些人后来在其他领域取得了重要成就，例如理查德·费曼。当时存在两方面的问题：从理论上预言链式反应中将会发生什么情况，以及在实践中设计一种程序使其在预定的时间发生。这是别的工程计划从未遇到的情况，因它涉及深入物质本性的基础研究，而其目的是为了促发一种具有毁灭性破坏力的事件。

此计划的每一阶段都是对未知领域的探险，甚至对武器的基本材料都难以确定，因为不管是铀或钚，在自然界并不单独存在，对它们的提纯很复杂，花费也很大。从来没有过新的理论知识以如此快的速度转化为新的技术系统。一座重要的里程碑出现在1942年11月，即费米在芝加哥的实验室建成了第一台可控制的裂变链式反应装置。不过原子弹的物理设计显然与实验室中的装置有很大差别，为了装置可裂变材料并使其在预定的时间起爆，需要克服上千个困难。

1942年6月，卓越的青年物理学家罗伯特·奥本海默负责领导曼哈顿计划，他的任务是对现已达到几千人

◎链式反应：每个铀原子分裂时释放中子，中子又去击裂更多的铀原子，结果束缚原子的巨大能量在瞬间被释放出来。

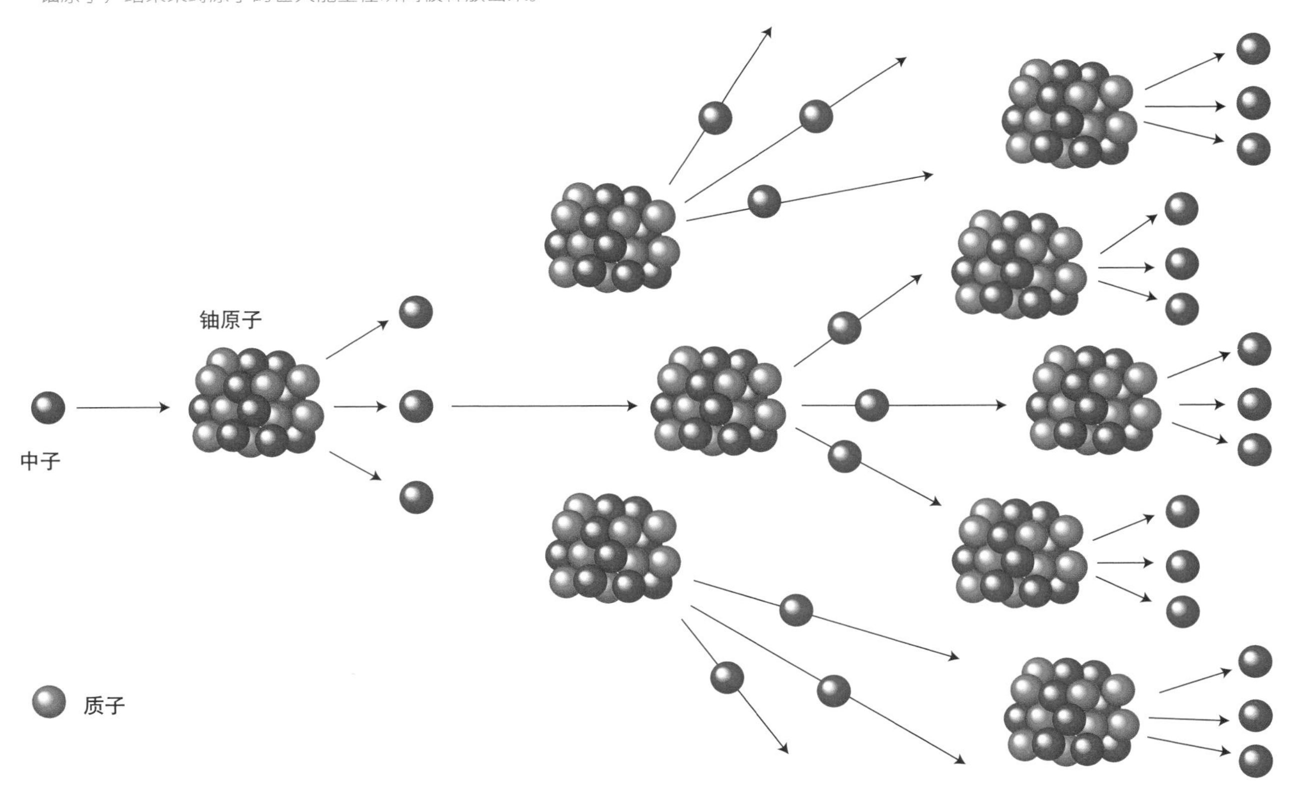

Albert Einstein
Old Grove Rd.
Nassau point
Peconic, Long Island

August 2nd, 1939

F.D.Roosevelt
President of the United States,
White House
Washington, D.C.

Sir:

Some recent work by E. Fermi and L. Szilard, which has been comunicated to me in manuscript, leads me to expect that the element uranium may be turned into a new and important source of energy in the immediate future. Certian aspects of the situation which has arisen seem to call for watchfulness and, if necessary, qucik action on the part of the Administration. I believe therefore that it is my duty to bring to your attention the following facts and recommendations:

In the course of the last four months it has been made probable – through the work of Joliot in France as well as Fermi and Szilard in America –that it may become possible to set up a chain reaction in a large mass of uranium, by which vast amounts of power and large quantities of new radium-like elements would be generated. Now it appears almost certain that this could be achieved in the immediate future.

This new phenomenon would also lead to the construction of bombs, and it is conceivable – though much less certain – that extremely powerful bombs of a new type may thus be constructed. A single bomb of this type, carried by boat and exploded in a port, might well destroy the whole port together with some of the surrounding territory. However, such bombs might very well prove to be too heavy for transportation by air.

◎爱因斯坦写给罗斯福总统的信（片段）。这封历史上著名的信件启动了原子裂变的研究工作。爱因斯坦后来总是为自己写了这封信而内疚。

数的科学家和技术人员，以及以新墨西哥州沙漠中的洛斯阿拉莫斯试验场为中心的各种工作小组进行协调。当战争进入1945年时，德国战败已成定局，因此看来日本将会成为原子弹的最后目标。

有案可查，所有科学和技术问题都得到了解决，1945年7月16日在沙漠中爆炸了一个试验性的原子弹。少量的（几十克）钚产生了相当于21000吨TNT的爆炸力，汽化了支撑原子弹的钢支架，半径为800米范围的沙粒被熔化，冷却后变成玻璃。奥本海默的头脑里浮现出一句印度古诗：“我似乎成为死神，成为世界万物的毁灭者。”随后，两颗原子弹在三个星期内投向了日本，第二次世界大战就此结束了，但造成了广岛和长崎

◎罗伯特·奥本海默，年轻的曼哈顿计划研究领导人。

罗伯特·奥本海默

（Robert Oppenheimer，1904—1967 年）

· 核物理学家。
· 生于纽约州纽约市。
· 曾在哈佛、剑桥大学，以及莱顿、苏黎世和格丁根大学上学。
· 1927 年回美国之前，获格丁根大学博士学位。
· 在伯克莱和加州理工学院创办理论物理学院。
· 学习和研究核物理学，特别是宇宙线理论、电子—正电子对以及氘核反应。
· 1943—1945 年，创立并运作研制原子弹的洛斯阿拉莫斯实验室。
· 1947 年，任普林斯顿大学高等研究所所长。
· 1946—1952 年，任美国原子能委员会下属的咨询委员会主席。
· 公开并大张旗鼓地反对研制氢弹，被调离秘密的核研究工作。
· 1953 年，因被宣布为危险人物而被迫从公众视野中消失。

20万居民的死亡。

自然界最深层的力量

曼哈顿计划中的一些领军人物，最著名的如爱德华·特勒，后来参加了第二代核武器的研制，即基于原子核聚变从而释放出更多能量的氢弹的研制。然而他们中的大多数对他们完成的工作显然怀有一种骄傲与内疚相结合的感情。一方面，为了寻找自然界最深层的力量，他们探索科学理论已达到它们的最后疆界，但其结果却是人类生活的灾难性损失。当然，从战争的角度看来，曼哈顿计划可能是合理的，不过这些科学家真正的感觉则表现为他们中的大多数在晚年选择了献身于禁止使用核武器的事业。特别是爱因斯坦，他为最先发现质量与能量等价所导致的结果感到不安。另一方面，战争

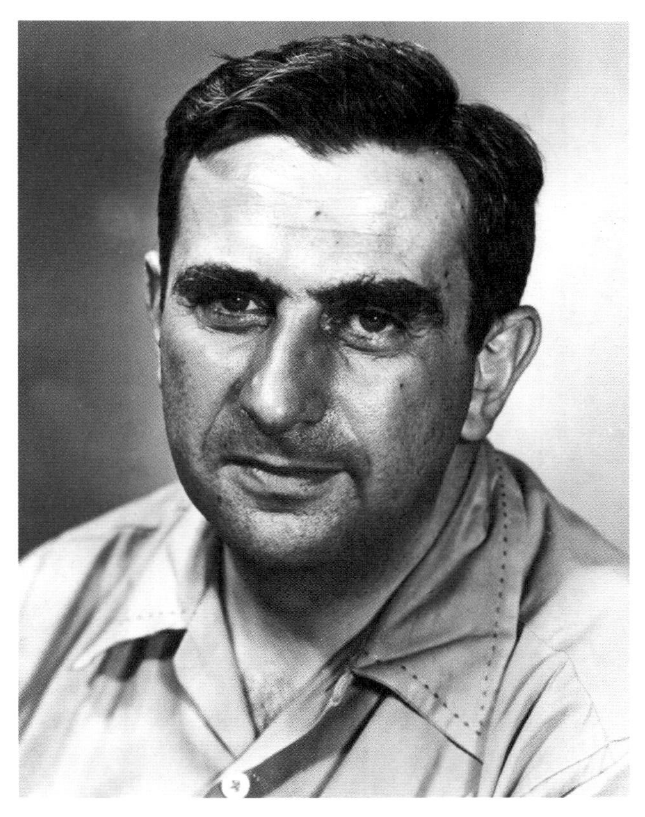

◎爱德华·特勒，曼哈顿计划之后继续参与了第一颗氢弹的研制。

◎上图：原子弹爆炸时所带来的巨大破坏力。

◎下图：非同寻常的网球队，他们是参与原子弹研制的物理学家，摄于1946年。

结束之后终于获悉，德国在原子武器研究方面从未超过最初阶段。那些留在德国的物理学家如海森伯，在许多重要的事情上似乎犯了基本的计算错误，例如关于所需的铀数量。实际上，在德国所做的工作与在美国的投入相比是微不足道的，这又是一个对曼哈顿计划的讽刺。

原子弹的发明标志着科学进入了政治和伦理道德的领域，因为原子弹曾经是纯理论科学的产物，是世界上顶尖科学家的研究成果，但却导致可怕的破坏。而且，它也并非是有限的一次性事件，它开创了受核武器处理支配的国际政治新纪元。曼哈顿计划引起的现实问题包括：是否应不惜代价地追求科学真理？科学家能否逃脱他的研究工作后果？科学家们是否有权去重新塑造人类必须生活的世界？是否存在最好把真理隐藏起来的时刻？最近，这些问题的迫切性已经从武器转向生物研究领域。

地球物理学：动力学的地球

到了 20 世纪初期，地质学的传统研究——岩石和地貌分类——已逐渐扩展到范围更广的地球物理学，它定位于对地球的整体了解：地球核心的性质、陆地与海洋如何相互作用、火山活动的真正原因、地磁场的起源以及诸如此类的总体性问题。

20世纪的重要突破之一是关于地球的年龄。莱尔和达尔文的理论要求地质年龄必须为几亿年，才能使生物和非生物实现变化积累。而一些顶尖物理学家却指出，要求地球有这样的年龄是不可能的，因为流行的观点是地球自形成以后一直处在逐渐冷却当中。他们认为地球

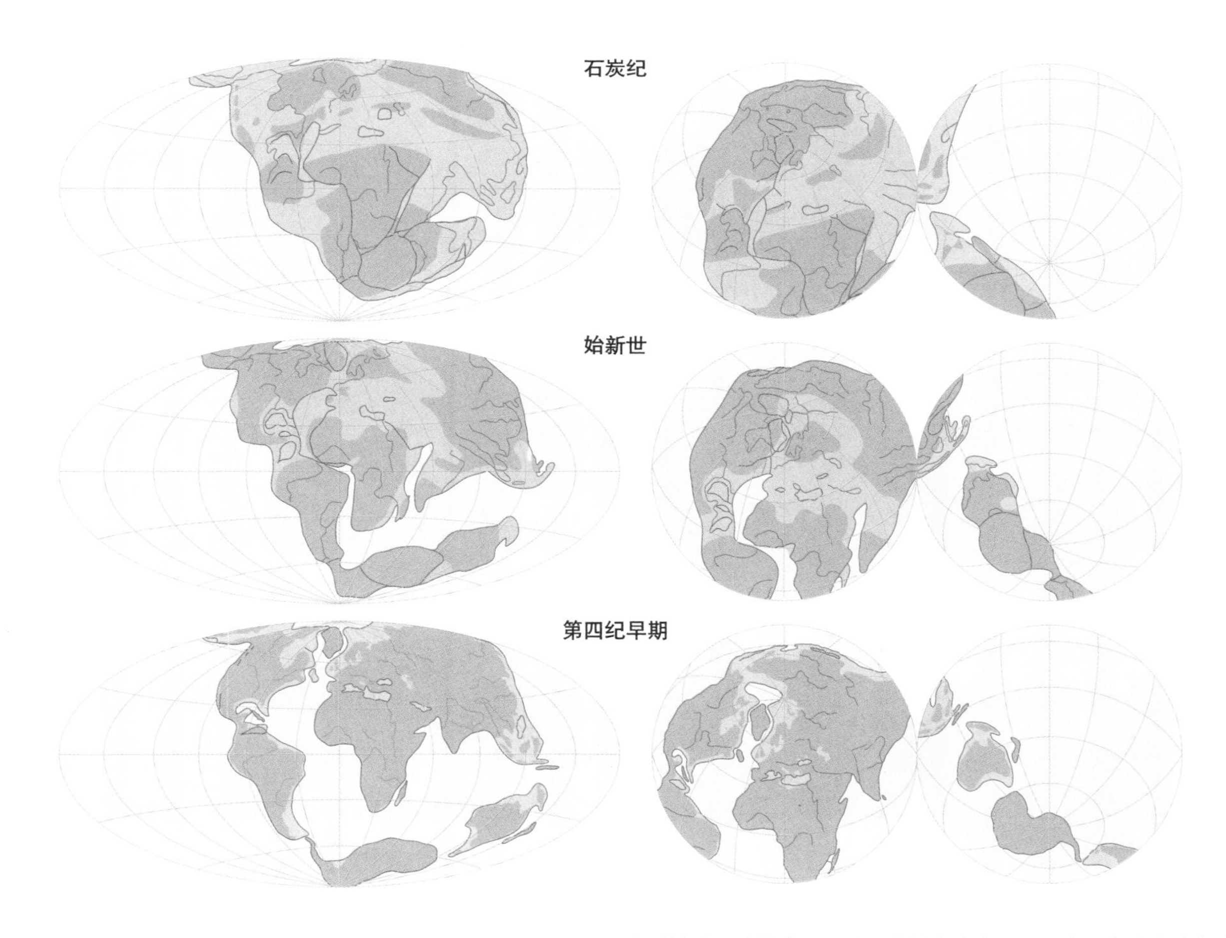

◎魏格纳原始的大陆漂移概念首次发表于1915年，但在很多年内未被人们广泛接受。

的可信年龄只有2000万年。但是，可作为地球内部长期加热能源的放射性的发现，彻底地改变了这种看法。到了1910年，美国化学家伯特伦·博尔特伍德利用放射物质的衰变率计算出地球年龄可以长达2亿年。随后这个数字逐渐增大，20世纪70年代估算的结果达46亿年，这个数字已获陨星样品和月球岩石的证实，现已被接受为我们太阳系的年龄。

惊人的符合

在了解地壳形成的过程中，板块构造理论实际上已使地球物理的每个方面产生了革命性的变化。它能够解释地震活动、火山、造山和海床特征。

板块构造理论形成的第一步来自德国的气象学家阿尔弗雷德·魏格纳。魏格纳的出发点是一些大陆的海岸线居然惊人地相互符合，最明显的是南美洲的东海岸与非洲的西海岸之间。以前的地理学家也曾注意到这一点，但魏格纳相信这绝不会是巧合。他在1915年出版的《海陆的起源》（*The Origin of Continents and Oceans*）中提出，在地质年代的大部分时期，地球上只有一大片陆地，他把它命名为Pangaea（在希腊文中意为“整块土地”）。他认为大约在2亿年前，这一大片陆地开始分裂成现在我们看到的各个大陆，它们沿着地球表面漂移。

魏格纳还为这一惊人的理论提供证据，即相互面向的大陆海岸的岩石类型往往非常相近，同时这一理论也

◎圣安德烈斯断层的航空照片，此断层从加利福尼亚西北到加利福尼亚湾，横越卡里索平原。这个贯穿加利福尼亚州并成为大部分卡里索地震源区的断层，呈现从图中右下部至中上部的狭窄和凹谷似的痕迹。其荒凉的地貌是由几百次的断层运动产生的挤压山脊造成的。卡里索平原在左面，右面是高耸的埃尔克霍恩山。这里是圣安德烈斯断层最壮观的地方。

◎地壳下面熔层中岩浆的热动力产生了地壳板块构造的运动。有时在板块的边缘，岩浆会经由火山涌出地面，就像图中所示夜间火山爆发时的熔岩喷泉。熔岩就是从地幔通过地壳的裂缝渗透出来的熔化岩石。因为地下的压力很大，熔岩是被挤压出来的。熔岩的一些成分随着压力骤减变成了气体，这些气体在地壳下不断膨胀形成高压而压迫熔岩，使其像喷泉那样喷发。这张照片是在印度尼西亚的巴厘岛拍摄的。

有助于解释为何有些动物种类只在一个大陆出现，如澳大利亚的袋鼠，而另一些动物则在所有各大陆都有。魏格纳的理论曾受到冷遇，因为许多科学家不愿相信像大陆这样的庞然大物能够漂移。魏格纳于1930年在格陵兰探险中去世，未能看到他的理论被人们接受。魏格纳理论的另一种版本是20世纪30年代由南非地质学家亚历山大·杜托伊特提出的，他认为存在两个超级大陆，北面的叫“劳亚古陆”，南面的叫“冈瓦纳古陆”。

磁场图像

虽然存在着有利于大陆漂移的有力证据，但魏格纳未能构想出驱动大陆漂移的机制。进一步的证据出现在20世纪50年代，最初是从一些含铁岩石中的磁场图像发现的。对这些岩石磁场图像的研究似乎表明，这些岩石形成时地球磁极的位置与现在地磁极的位置不一样。将每个大陆的岩石拼合后的结果有力地表明，正如魏格纳所宣称的，这些大陆原先是一个整体。另一个重要的突破来自第二次世界大战后出现的海床探测，探测结果表明海洋底部是由比大陆浅薄和年轻的岩石构成的。在中洋脊的两边，海底岩石的年龄和磁场图像是对称的。

正是加拿大地质学家约翰·图佐·威尔逊把所有这些线索连接在一起，并且宣布了惊人的理论：地球表面可以分为六大板块和一些小板块，它们坐落在地壳下面的熔层上。炽热的新岩石出现在海洋中脊所在处的表面，而那里也是板块相碰的地方，板块的相互碾磨产生了地震，例如北美洲的西海岸就是这种情况。大山脉的形成，例如喜马拉雅山地区，则是起因于一个板块闯入另一块的结果。板块运动的能量据信来自地壳下面炽热熔化层中岩浆的热力。

现代的观点是大陆板块以现在的形式至少已存在了5亿年，它们的确曾经连成一片成为“劳亚古陆”，然后约在2亿年前开始如魏格纳猜测的那样分离开了。板块构造是一个强大并获得支持的理论，不过它仍然神秘。正如现代物理学似乎已震撼了我们关于物质和宇宙知识的坚固基础那样，地球物理学已向我们展示，我们脚下的坚实土地正在服从巨大的自然力而处在运动当中。

地球的磁场：詹姆斯·范·艾伦

ATOMS AND GALAXIES：MODERN PHYSICAL SCIENCE

磁力的存在是最古老的科学事实之一，而且一直最具实用价值，因为中世纪指南针的发明使航海技术产生了革命性变化。然而磁效应的根源是什么？最早期的理论之一认为指南针是指向天极，直到伊丽莎白时代的科学家威廉·吉尔伯特宣称他发现地球本身是一个巨大的磁块。这一概念被普遍接受，但直到20世纪早期更精确的地球物理测量得到发展之前，几百年间一直不能对地球磁力给予科学的解释。

◎由20世纪早期地震学家绘制的地磁场图。

激波

英国地震学家理查德·奥尔德姆于1895—1910年对印度的地震做了仔细研究，他当时是印度地震调查局的负责人。通过对不同监测站的数据进行比较，奥尔德姆发现地震波是以不同的速度传播到震动焦点相反方向的地方。据此，他认为地球内部是不均匀的，而且存在密度较大和更有弹性的中心核，波通过此地带时速度较快。随后许多年，对这些激波速度和路径的研究提供了绘制地球内部结构图的可能，结果表明地球内部存在不同的固态和液态层。这些层的存在也提供了对地球磁场的解释，即地球的行为像地磁发电机。主要由熔铁组成并处在高压和高温下的液态外核中的运动产生了电流及其伴随的磁场，而这些运动是借助地球自转不断维持的。

范艾伦辐射带

地球自转，从而它的磁场对气候和人类生活具有深刻的影响。在地球周围形成了一个称为磁层的区域，其磁场延伸到64000千米的空间。在这个地球磁场区中，磁力对来自太阳辐射中的大部分带电粒子产生偏转，在对着太阳的方向（*译注：原文误为地球运动的方向是磁层头的方向*），磁层就像船在水中航行时形成的弓形波，而在背着太阳方向形成的磁尾则可延伸到比月亮轨道更远的空间。在磁层内部最重要的区域是两个范艾伦辐射带，是美国物理学家詹姆斯·范·艾伦于1958年指出的。

范·艾伦生于1914年，是一位海军科学家，他于第二次世界大战后转为研究火箭。最早期的轨道卫星荷载的一系列实验表明，相当大量来自太阳的带电粒子滞留在磁场中，并且集中在两个弯月形的地带，其中一个在里面，一个在外面，弯月形的尖端指向地磁的两极。它们的功能已通过几次在地球上空约480千米的小规模核爆炸试验所证实。这些爆炸试验的目的是释放非常高能的粒子进入磁层。对这些粒子的监测表明，它们的确被捕捉在范艾伦带中。

地球磁场通过范艾伦带的作用，保护着地球免受来自宇宙空间的有害辐射。它是一个说明自然界中平衡和匀称的突出例子：如果在现实世界中，任何一方面稍有偏差，地球上的生命可能就不会存在。

詹姆斯·范·艾伦

（James van Allen，1914—2006年）

- 先驱空间物理学家。
- 生于艾奥瓦州的芒特普莱森特。
- 1935年，毕业于艾奥瓦州的韦斯利安学院。
- 在华盛顿卡内基研究所地磁部工作，研究光致蜕变。
- 1942年，转到约翰·霍普金斯大学的应用物理实验室。研制一种粗壮真空管和帮助研制武器使用的无线电贴近引信，特别是美国海军使用的防空炮弹。
- 1942年，任职于美国海军，派遣到太平洋试验引信。
- 1946年，作为约翰·霍普金斯大学高空研究负责人，从事地球高层大气研究。
- 1951—1985年，为艾奥瓦大学物理系主任和物理学教授。
- 1958年，参与研制美国第一颗人造卫星探险者Ⅰ号，它也荷载了他的宇宙线检测器。
- 卫星观测表明存在两个环形辐射带——被地球磁场捕获的磁敏感荷电粒子绕地球运动——就是著名的范艾伦带。
- 参与研制前四颗探险者探测卫星、先锋号、水手号和其他地球物理观测台等人造卫星。

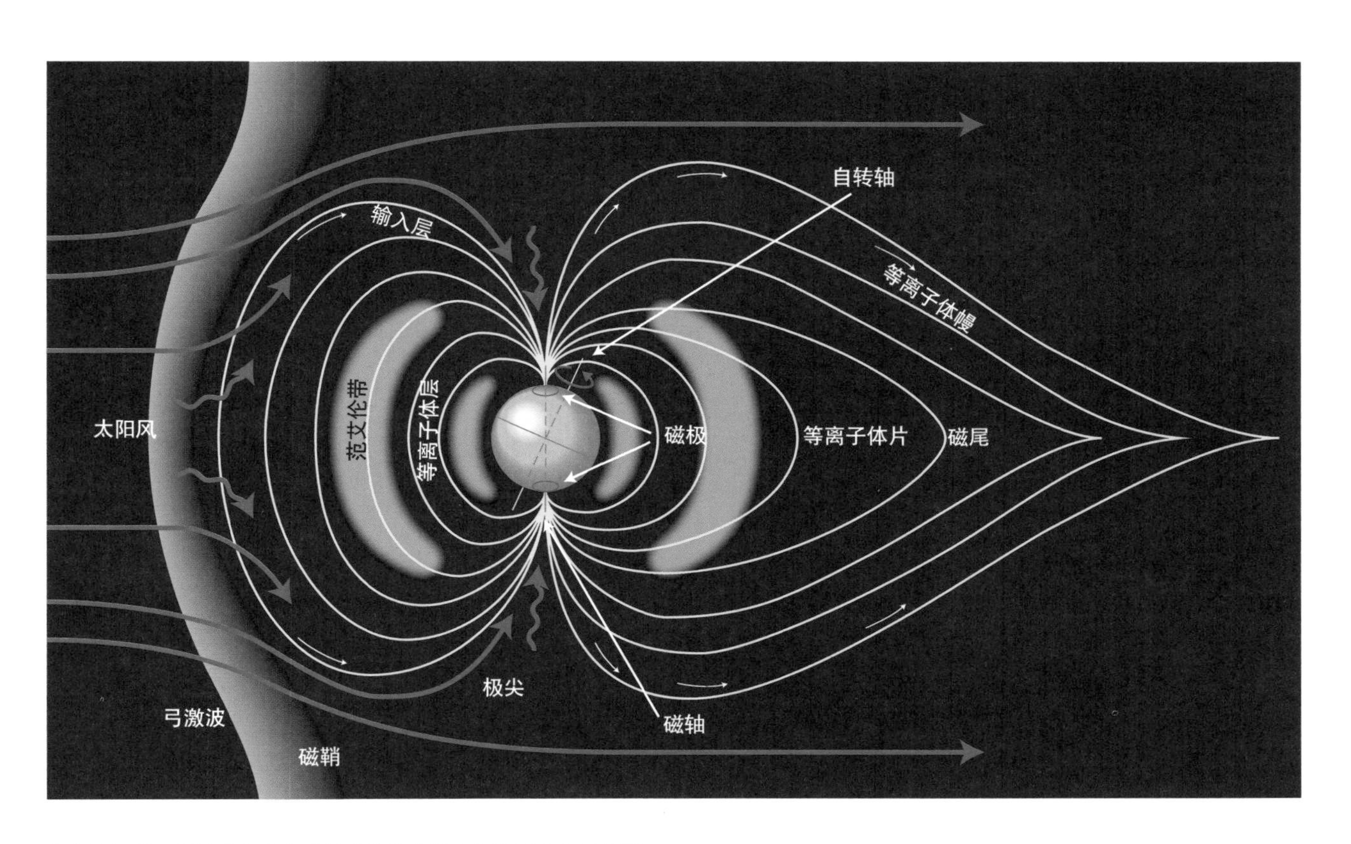

◎像防护罩一样的范艾伦带保护着地球免受太阳粒子辐射的损害。

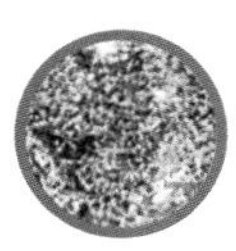

宇宙结构：恒星的演化

ATOMS AND GALAXIES：MODERN PHYSICAL SCIENCE

20世纪的天文学从根本上产生了一套关于宇宙结构的新概念。这些概念是经历一系列阶段而形成的，通过这些阶段，新的观测结果和解释这些结果的新技术向科学家指出了他们可以如何去理解宇宙的尺度，甚至理解它们是如何产生的。化学和物理学的发现越来越多地被应用于建立恒星和恒星之间所发生过程的模型，从而诞生了一门新的学科——天体物理学。

星表

研究物体发射的光和能量辐射，是光谱学最初的思路。19世纪90年代，在哈佛大学有一个由爱德华·皮克林领导的天文学家小组，从事分析几千个恒星光谱（光波）的庞大课题研究。其中一位女天文学家安妮·康农注意到这些光谱可以很自然地分为大约10个类型，从蓝光占优势至红光占优势，以及表明各种元素存在的暗黑光谱线按一定规律出现的不同类型。1901年，她发表了一个此类光谱的星表，20年后哈佛星表扩展到包括225000个恒星光谱，全部证实了上述分类。

许多天体物理学家立即看出这些光谱揭示了恒星的表面温度，有两位天文学家分别独立地给出了这些温度谱与恒星视星等之间的关系。丹麦人埃纳尔·赫茨普龙和美国人亨利·罗素二人提出的关系图均表明，绝大多数恒星是聚集在从高温和高亮度区过渡到低温和低亮度区的主星序中。进一步的分析

绝对视星等
−4
−2
0
+2
+4
+6
+8
+10
+12
太阳
B A F G K M N
光谱型

◎表示恒星温度与亮度之间关系的赫罗图，从右下角的低亮度至左上角的高亮度。

◎阿瑟·爱丁顿爵士，他提出恒星燃烧的是原子能。

技术使他们能够计算很多恒星的相对大小，结果发现了两类不包括在主星序中的重要亚群：一类是温度很高但因很小而远比应有的亮度暗得多的恒星；另一类是温度很低但因很大而非常亮的恒星。

恒星的生命轮回

那么这些情况意味着什么呢？它是否意味着存在许多不同类型的恒星以不同的方式生存？对此，赫茨普龙和罗素有相同的看法，他们认为这些光谱表明这些恒星是通过一种演化轮回联系着的：我们看到的是处在这一轮回中某个具体阶段中的一颗恒星，所有恒星都得度过这样的轮回。那么恒星在这种演化轮回中是如何度过呢？罗素认为恒星应当是从大的、红的和较冷的状态开始，然后逐渐向较热和密度较大的状态演化。而赫茨普龙则持相反然而是正确的观点：恒星是由热逐渐向冷演化。

首次出现于1913年的赫茨普龙–罗素恒星演化图（译注：通常简称为赫罗图），很快就成了天体物理学家的基本工具之一，它指明了任何恒星在宇宙演化树中的位置。长期认为宇宙是永恒不变的观念被抛弃了，令人惊讶的新观念是：恒星自身是动态的，简单地说，它们存在诞生和死亡。

原子聚变

那么事实上，在恒星燃烧而变得更热或更冷的过程中，发生了什么呢？太阳和恒星之火可以燃烧几千年甚至几百万年而无须燃料，这个问题曾经长期困惑着天文学家。在原子物理诞生之前，无人知晓太阳稳定性的物理机制。正是英国天体物理学家阿瑟·爱丁顿爵士把原子理论应用到恒星。爱丁顿采纳了爱因斯坦关于质量与能量等价性的发现，指出太阳的能源来自氢聚变为氦的原子聚变，从而释放出巨大的能量。在他的经典著作《恒星的内部构造》（*The Internal Constitution of the Stars*，1926年出版）中，他还计算了太阳的质量，并指出太阳的寿命为几十亿年，这与隐含在赫罗图中的过程相符。正如卢瑟福关于原子的工作揭开了有关地球年龄的新概念，爱丁顿把同样的原理应用到了太阳和恒星。

爱丁顿没能进一步阐明发生在恒星内部的原子蜕变的精确模型，几年之后，汉斯·贝特，从德国逃难到美国工作的科学家之一，给出了更详细的答案。贝特指出，需要有6个单独的原子蜕变过程，导致从氢原子变成氦原子，而且是用碳作为关键的催化剂。进一步的仔细研究表明，最热的恒星是最年轻的，并且是以红巨星和白矮星的形式结束它们的一生，红巨星和白矮星组成了赫罗图中两个重要的亚群。爱丁顿和贝特指出了原子结构和行为的如此异乎寻常、不可预期和巨大威力，它们也是解开大尺度宇宙过程的钥匙。

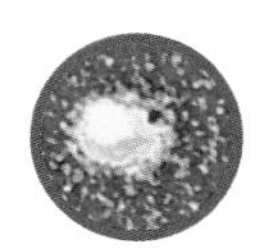

天涯海角：宇宙的尺度

ATOMS AND GALAXIES：MODERN PHYSICAL SCIENCE

在人类能够了解宇宙结构之前，摆在面前的是领会宇宙尺度这一基本问题。肉眼可见的点缀天空的几千个天体和正在由更强大的新望远镜观测到的几百万天体散布在与地球不同距离的浩瀚空间中。所有这些天体都是单一系统的一部分？或是属于不同的族群，或者说属于天体中的不同层次？赫歇耳曾经提出过："如何绘制三维的宇宙图像，这是一个比在天球上画出许多点困难得多的任务。"对于较近的恒星，现有的视差计算技术可以给出合理的恒星距离概念，但对于更为遥远的恒星，需要一些非常不同的测量标志。

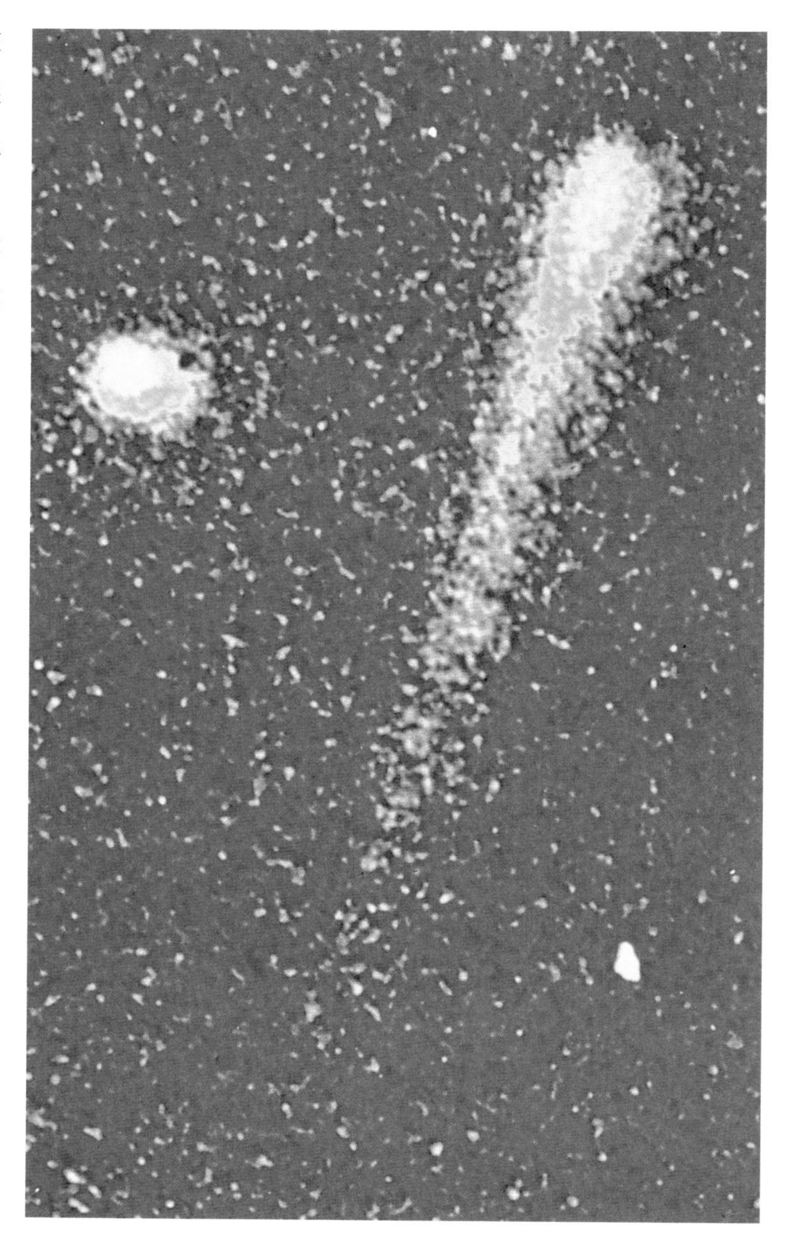

◎1974年12月25日在天空中看到的科胡特克彗星。

变星

这样的标志于1912年被亨丽埃塔·莱维特找到，她是在爱德华·皮克林领导的哈佛星表研究组工作的另一位天文学家。莱维特当时正在研究一群变星——其亮度通常在几天的周期中起伏变化的恒星。她所研究的这些恒星均位于远在南天的小麦云中，她注意到亮度变化周期越长的恒星亮度也越大。这种关系立即显现为非常精确：它们就像是预先设置的灯塔，只要观测它的亮度变化周期，就能知道它此刻有多亮。因此，如果这样的变星有非常长的周期，但却看起来很暗，那么它的视星等与它的星等之间的差别就能指出它的距离有多远。

这一新技术被一些天文学家应用于尝试重新标定恒星在天上的分布。其中最出色的一位就是年轻的美国人哈洛·沙普利，他是威尔逊山天文台的工作人员，他使用的是当时世界上最大的60英寸（约1.5米）反射望远镜［直到1918年才建成100英寸（约2.5米）望远镜］。通过研究那些接近于可见极限的最暗弱变星，沙普利于1917年宣布他发现银河系的直径必定近于30万光年。

在当时，这是一个令人惊愕的数值，因为它比其他天文学家估计的要大10倍。他认为银河系的形状像一个扁平碟，中央部分隆起，太阳在碟的边缘附近。沙普利关于我们银河系尺度概念的主要方面是正确的，但他却得到了一条令人遗憾的结论：由于银河系如此庞大，沙普利认为银河系就是整个宇宙，而且我们在天空中能够看到的所有最暗的天体都是在这个银河系中， 因此他认为已经解决了宇宙大小和结构的基本问题。

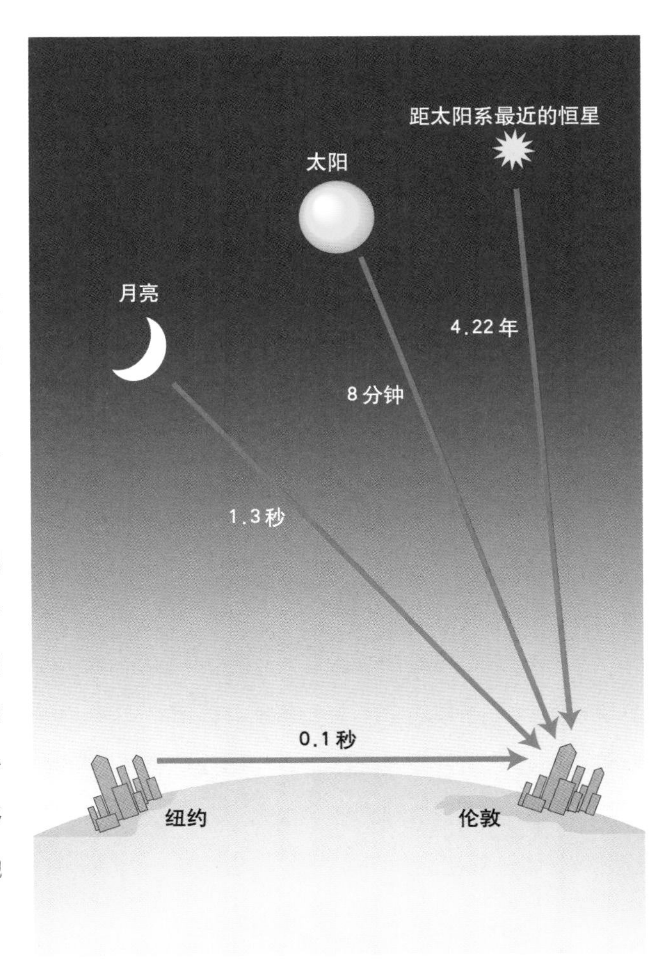

◎天文距离的巨大尺度需要一种新的单位，称为光年，约为 9.46×10^{12}千米，是光在真空中一年内经过的距离。图中示出光从各地到达伦敦所需的时间。

恒星系统

大多数天文学家勉强接受沙普利的观点，因为它的尺度变化太大，但少数天文学家则因别的理由不同意他的看法。其中有加利福尼亚州利克天文台的希伯·柯蒂斯，他一直在研究旋涡星云。柯蒂斯隐约地觉得这些星云是在我们银河系之外的自身包含恒星的系统，但他的困难在于必须找到某种距离标志来解决这一疑问。1915—1920 年，柯蒂斯在这些星云中证认出一些新星——一种正在爆发的恒星，是天空中最亮的星体。这样，他就首先确定了星云肯定是由恒星组成的，同时从它们非常暗的亮度与已知新星的巨大亮度进行比较，可知它们的距离至少比已经观测到的任何新星的距离还要远 100 倍。利用仙女座星云中这类新星的亮度，柯蒂斯估计它至少在 50 万光年之遥，远远超过沙普利所允许的距离，其结论是这个星云本身具有宇宙岛的资格（译注：宇宙岛是19世纪中叶德国科学家洪堡提出的宇宙结构图像，将宇宙比喻为大海，银河系和其他类似天体系统则是海洋中的小岛），是与我们自己的银河系相当的另一个恒星系统。

柯蒂斯与沙普利于1920年在华盛顿的国家科学院会面，并各自为他们的不同观点进行公开辩论。这是一次天文学史上的著名会面，常被称为“大辩论”，但实际上是学者式的和非结论性的。他们二人都只是部分正确——沙普利关于银河的庞大，柯蒂斯关于仙女座这类星云是银河系外星云的认证，不过他们成功地定义了随后10年宇宙学者争论的重大问题。

宇宙的尺度问题是随着技术水平，即采用新的观测和精巧的测量方法而发展的。而且，这也是一种智慧的追求，一种由人类重新绘制宇宙和人类所处位置的尝试。正像这个时期的原子物理学家揭示了物质构成中难以置信的复杂性，天文学家也正在追寻难以预料的宇宙尺度的新幻想。对于天文学家来说，这是一个非常激动人心的时代，其最终呈现的图像可能会超出任何人的预期。

视差和三角形

计算天文距离的传统方法，就是人们熟悉的基于已知一个边和两个角的三角形计算法。如果一位观测者看到月亮在头顶上，而站在这位观测者地平线上的另一位观测者测量出月亮的视角，那么就可以计算出另外两个边长——观测者与月亮的距离。这种方法对于地球附近的天体很有效，然而对于遥远的恒星，需要有更长的基线。天文学家想到了利用地球绕太阳公转的轨道作为这种基线：如果人们相隔6个月观测同一颗恒星，那么基线就是地球轨道的直径，大约为3亿千米，这两次观测同一颗恒星时看到它的位置移动称为视差位移，这与人们伸出手指再将左眼和右眼交替闭合时看到手指似乎在跳动相似（基线就是两眼间的距离）。当这一基线与更为遥远的恒星距离相比显得太小时，这种方法也就达到了极限，就得另外寻找其他方法。

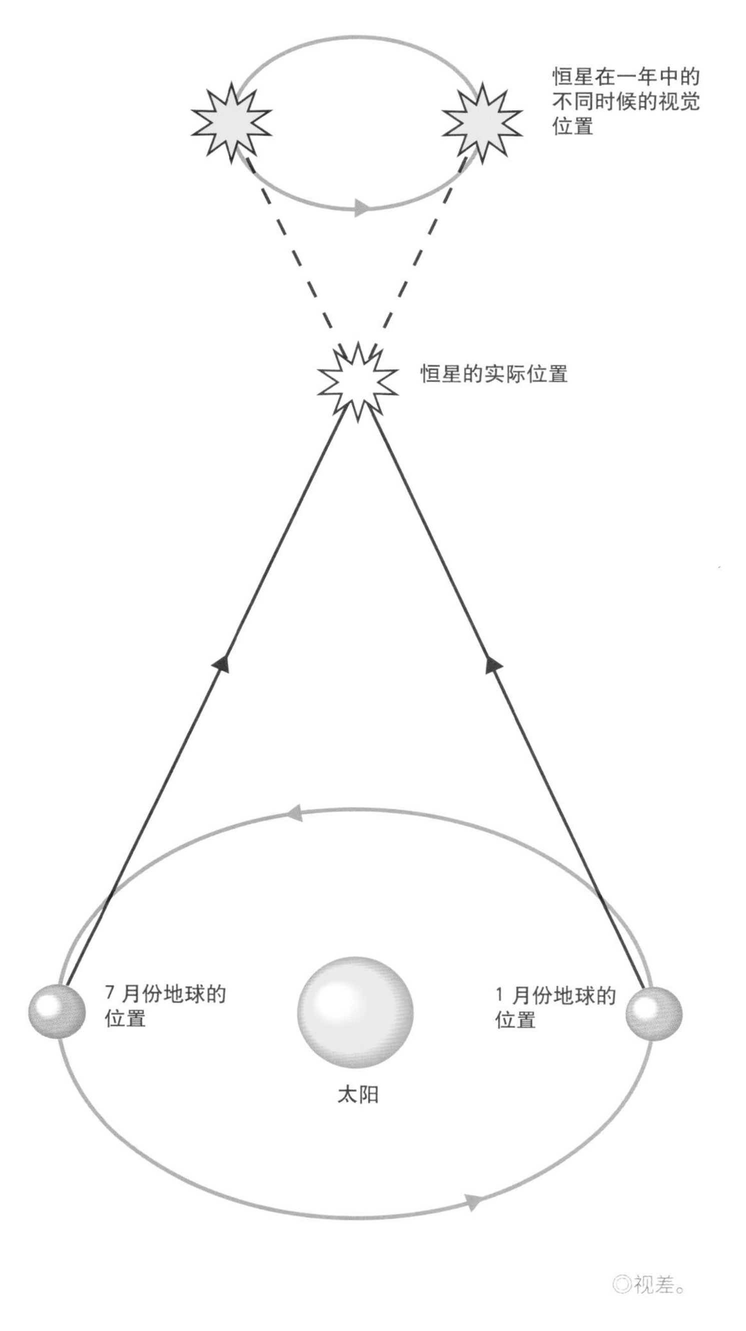

◎视差。

◎猎户座大星云的真实彩色光学像（M42和M43为粉红色，图上方为NGC1977），显示出外部区域的模糊线纹。这些星云位于约为1500光年之遥的猎户星座中。M42和M43为H11区，由气体（主要为氢）和尘埃组成，其中新诞生的恒星激发气体，使其发光。M42和M43是由包含在它们里面的一个恒星群即猎户座四边形激发的 。在图中恒星已被中心亮区所遮掩。NGC1977是一个反射星云，它因反射包含在星云中的恒星的光而发亮。这些反射星云通常为蓝色，因为蓝光比红光更容易被散射。

膨胀的宇宙：埃德温·哈勃

ATOMS AND GALAXIES：MODERN PHYSICAL SCIENCE

20世纪20年代，由于另一位天文学家的工作才打破了关于宇宙尺度的僵局，他就是1919年来到威尔逊山天文台的埃德温·哈勃。借助于新的100英寸（约2.5米）反射望远镜，哈勃寻找解决沙普利和柯蒂斯矛盾观点的通道，即我们的银河是否与宇宙有共同边界——时间和空间的共同界限，或者说是否还有许多与银河类似的恒星系统存在于更为广阔的空间中。

宇宙学的里程碑

导致哈勃决定性新发现的方法来自沙普利和其他人已经研究的同类变星。到了1923年，哈勃在仙女座星云里已经认证了至少36颗这类变星，并且仔细地测量出它们的周期和亮度。由此，他估计出它们与地球的距离至少为1亿光年。这个数字远远超过沙普利对我们银河系尺度的最大估计，而与柯蒂斯关于宇宙可能范围的观点一致。哈勃的结果是在1924年12月宣布的，被认为是

埃德温·鲍威尔·哈勃
（Edwin Powell Hubble，1889—1953年）

·天文学家和现代宇宙学的奠基人。
·生于明尼苏达州的马什菲尔德。
·进入芝加哥大学学习数学和天文学。
·1910—1913年，用罗兹奖学金在牛津学习法律。
·转到芝加哥大学学习天文学，后在叶凯士天文台得一研究职位（1914—1917年）。
·第一次世界大战时在军队服役。
·1919年，回到天文学领域，在卡内基学会所属的威尔逊山天文台研究星云。
·发现旋涡星云是独立的恒星系统，研究星系速度。
·1929年，发表关于宇宙膨胀的发现：星系的后退速度随距离增大而增加。“哈勃常数”是这种速率的度量。
·1990年，由航天飞机发现号发射的哈勃空间望远镜以他的名字命名。

◎埃德温·哈勃，宇宙学新纪元的开创者。

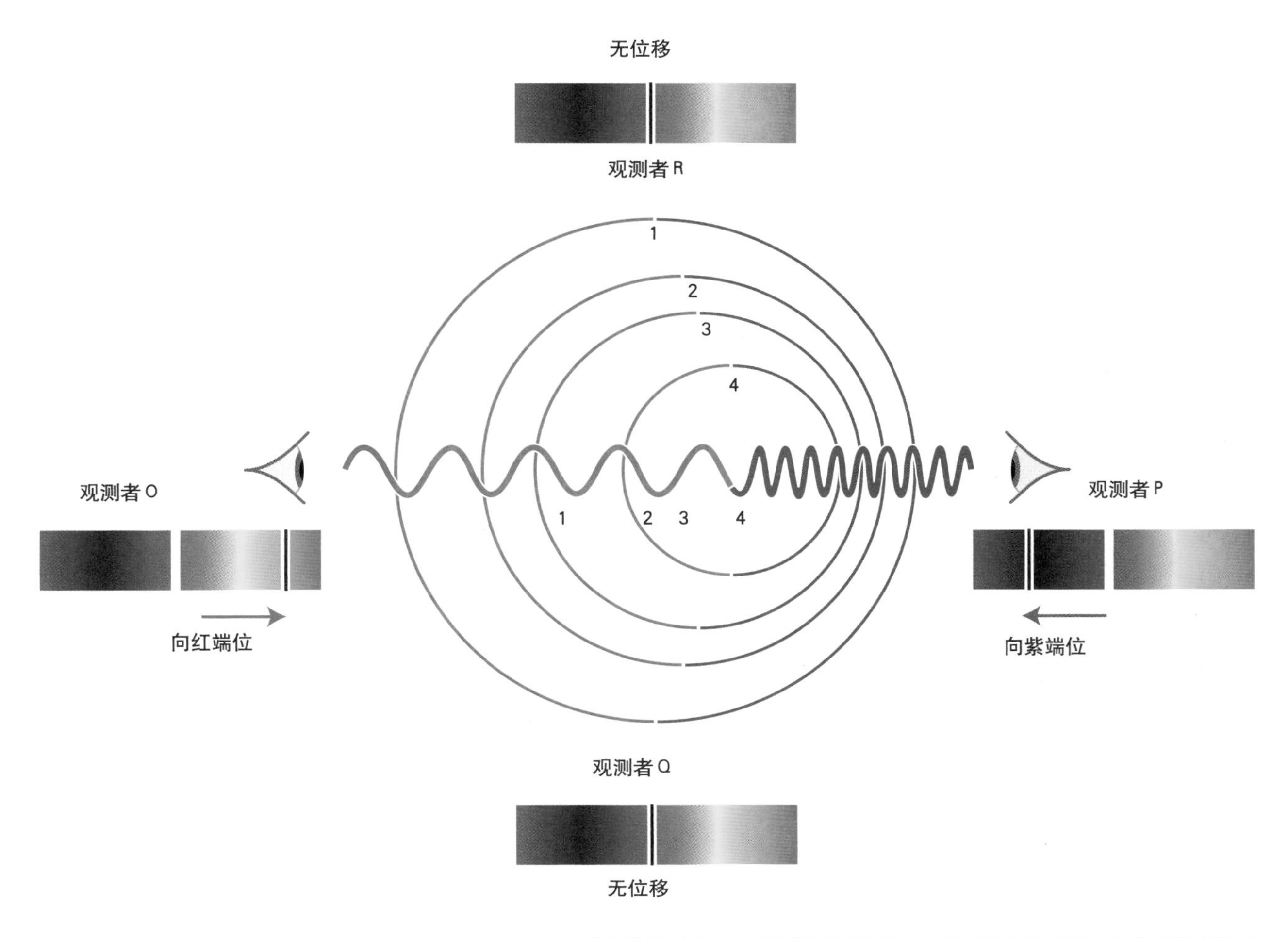

◎多普勒效应：向着观测者运动的光波挤成较短的波长，远离观测者运动的光波拉成较长的波长。红移是一种表明宇宙膨胀的关键证据。

宇宙学发展中的一座里程碑，并且揭露了宇宙的新尺度和可能的新结构。现在的问题在于，是否有可能去确定银河系外的宇宙有多大范围和能否研究它。很显然，下一步必须研究星系本身，包括它们的特征和它们在空间的分布。不同星系展现的不同形状有何重要意义？它们在空间的分布是无规律的，或是宇宙中存在某种更大尺度的结构？

哈勃成了这一研究领域的带头人，在随后的30年中，他对星系进行了分类，结果表明星系的形状基本上为包括椭圆和旋涡形状的许多变种，尽管他还不能从理论上阐明为何会导致演化成这些形状的任何可能过程。他的另一个基本任务就是尽量设法利用像变星这种自然标志物来建立一种距离标度。

通过对遥远星系中不同类型恒星的比较，哈勃逐渐建立了一个不断增大的宇宙图像，到 1930 年，他的观测使他相信，在天空中我们能够看到的天体的距离范围至少已达到 2.5 亿光年。哈勃意识到他的估计可能有风险和不确定性，但是当 1949 年帕洛玛天文台山的约 200 英寸（约 5 米）望远镜投入使用后，他的观点不仅被证实，而且还显示他对星系间的距离至少低估了两倍。

宇宙岛

把星系理解为宇宙岛使哈勃提出的绘制三维宇宙的问题有了新的途径。首先，哈勃想到他已经证认出天空

◎用哈勃空间望远镜看到的一个星系团——艾贝尔2218（Abell 2218）。它距地球20亿光年。它的质量非常大，会使从它后面来的光线产生弯曲。此即所谓引力透镜，它造成图中的弧形光。

中有一个没有星系的很大区域，然而随后却被解释为是由深空尘埃造成的光学缺陷。因而看来很明显，当我们考虑很大的尺度时，星系在空间的分布是均匀的。这种观点后来由英国天文学家米尔恩扩展为宇宙在所有方向都是均匀的“宇宙学原理”。 哈勃去世之后，绘制星系图的后续工作实际上揭示了星系具有成团或形成大的星系群的倾向 ，从而产生了对均匀原理的质疑。但仍然不能确定这种成团是否由星系吸引到一块而形成的。

第二个哥白尼

哈勃最具历史性的发现出现在1929年，它与星系光谱有关。哈勃发现这些星系的光向光谱的红端位移，这表明光源是在后退。因此，哈勃认为这些已经距离地球非常遥远的星系实际上正在远离地球运动。而且，哈勃还发现星系的距离与速度之间的比值是一个常数：距离越远的星系退离的速度越快。哈勃所观测的一些星系的运动速度已经达到光速的七分之一。没有任何理由认为星系仅仅是针对地球逃离。不可能把地球设想为是宇宙的中心，而宇宙学原理指出这种远离运动对任一选择点都会出现。因此结论似乎是不可避免的：所有星系都以巨大的速度相互逃离，所以整个宇宙是在膨胀。

这个发现相当于第二次哥白尼式的革命，取代了永恒不变和静止宇宙的观点，现在出现的是一个强烈膨胀运动的宇宙。这一发现是如此的令人惊讶，以致哈勃对自己的发现也感到怀疑。 他怀疑是否可能是某种未知的光学效应在作祟，而宇宙其实是静止的。重要的是，并非宇宙中的每样东西都在膨胀：星系的内部并不膨胀，虽然它们具有内部运动。威廉·哈根斯于 1868 年发现的天狼星的运动是相对于其他恒星的运动，而非宇宙后退运动的一部分。基于柯蒂斯和其他人的领悟，哈勃的工作表明，星系是宇宙中的大尺度单元，了解宇宙结构的关键是星系的分布。

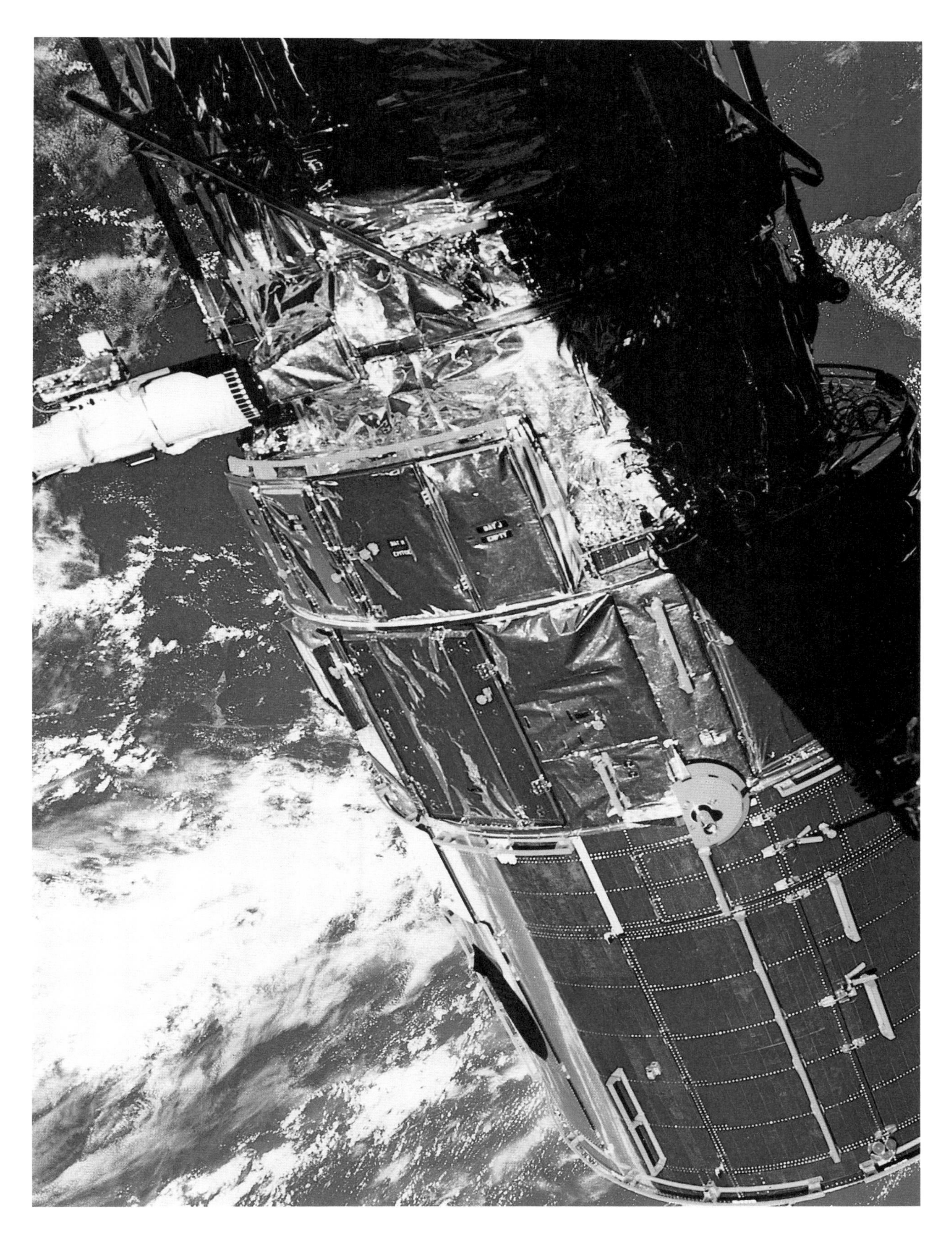

◎哈勃空间望远镜。

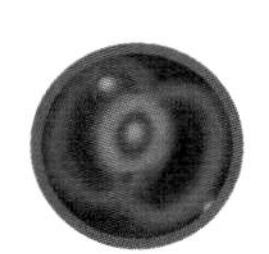

大爆炸：膨胀的宇宙

ATOMS AND GALAXIES：MODERN PHYSICAL SCIENCE

早在哈勃非同寻常的观测结果为人们知晓之前，一些物理学家就已开始研究爱因斯坦观点在宇宙学领域的效应。俄国人亚历山大·弗里德曼和比利时人乔治·勒梅特论证道，宇宙必定是非静止的，换句话说是不断发展和变化的，以及空间的曲率必定随时间增大。哈勃的研究结果对这一点提供了清晰的观测证据，并且引起了两个势不可当的问题：如果宇宙正在膨胀，那它是从什么样子开始膨胀的？它将会膨胀成什么样子？

膨胀的球

先来讨论第二个问题，空间与物质和光的相对性现在可以用更具体的方法来理解：由于星系向更遥远的空白空间运动，它们的存在就确定了空间和与它一起的宇宙结构。不可能存在游离于物质以外的空间，否则宇宙是有限但是无界的悖论就说得通了。空间的曲率也是这样， 因为现在可以把宇宙想象为一个膨胀的球，在其中所有点的距离都在同时增大。地球表面和任何其他球体也有同样的性质：它是有限的，但是无边界，而且可以把星系设想为膨胀的气球表面上的点。但是如果把这种膨胀随时间倒退回去，就像把电影胶卷倒着放映一样，那会是什么情况呢？如果每个地方的物质都退回去，从逻辑上可以推测它们总有一天会紧靠在一块，勒

乔治·伽莫夫
（George Gamow，1904—1968年）

- 物理学家。
- 生于俄国的敖德萨（今属乌克兰）。
- 在列宁格勒大学上学。
- 在许多大学研究物理学，包括格丁根、哥本哈根以及剑桥等大学。
- 1931—1934 年，任列宁格勒大学物理学教授。
- 1934 年，迁居美国，担任乔治·华盛顿大学物理学教授（1934—1955 年）。
- 1948 年，与拉尔夫·阿尔菲和汉斯·贝特一起提出宇宙创生的“大爆炸”理论。
- 研究分子生物学，探讨 DNA 链中核酸基的序列。因发现蛋白质中的密码而对了解 DNA 作出重大贡献。
- 写了很多科普方面的优秀著作。
- 1956—1968 年，为科罗拉多大学教授。

◎大爆炸理论是在20世纪四五十年代发展起来的，已成为现代宇宙学的主流思想。这幅概念化的艺术品描绘了大爆炸，就是天文学家相信宇宙诞生时的巨大爆炸。它大约发生在120亿～150亿年之前，虽然准确的数字尚不能确定。这些理论是基于如下事实：可观测的宇宙还在从一中心点向外膨胀，以及发现了被认为是爆炸余晖的微波背景辐射。

梅特在讨论中引入了量子概念。如果我们随时间倒退，将会发现能量的量子（单位）越来越少，直到整个宇宙被包裹进单个量子——一个具有难以想象密度的原子。勒梅特提出在这个奇点处将会发生某种不稳定性，导致巨大的爆炸，此处就是膨胀宇宙的出发点。这就是首次出现的大爆炸创生理论，尽管勒梅特不能给出任何精确的数学描述或提出宇宙的时间尺度。

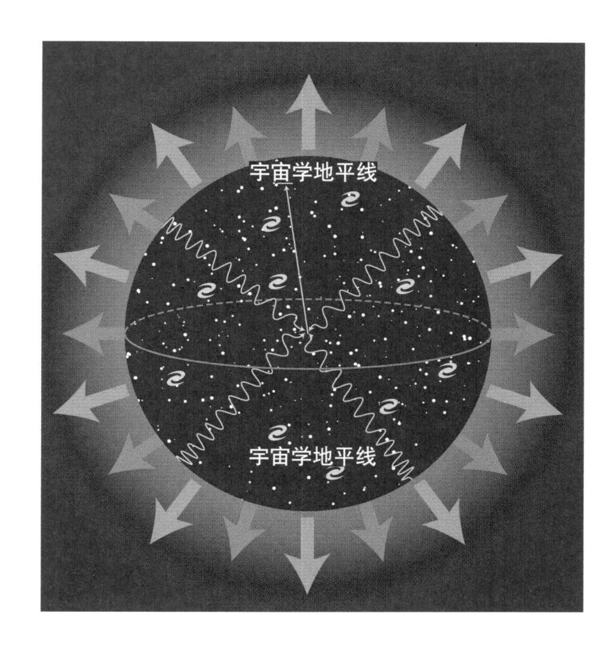

◎来自宇宙地平线的光（橙色箭头）向红端位移到无穷大，因为那些星系正在后退；当宇宙膨胀时，地平线甚至膨胀得更快（蓝色箭头），从而把新的景观带进视野。

现代神话？

更完整和详细的大爆炸机制理论是由乔治·伽莫夫于1948年在一篇科学史上著名的并被称为“α-β-γ”的论文中提出的，论文的合作者还有拉尔夫·阿尔菲和汉斯·贝特。伽莫夫后来又在自己的著作《宇宙的创生》（*The Creation of the Universe*，1952年出版）中做了比较完整的阐述。他提出所有质子、中子和电子是在具有难以想象高温的宇宙创生的瞬间产生的，而结构上最简单的元素氢和氦是在非常早期由核合成形成的。他相信较重的元素是后来在恒星内部形成的，这一观点已被普遍接受。伽莫夫试图把宇宙的膨胀置于时间框架当中，他计算大约需要170亿年才能使宇宙演化到目前的大小和形状。他还做了一个最为重要的预言，认为宇宙起始爆炸时产生的辐射，即使经过如此漫长的岁月后，仍然会弥漫在宇宙当中。

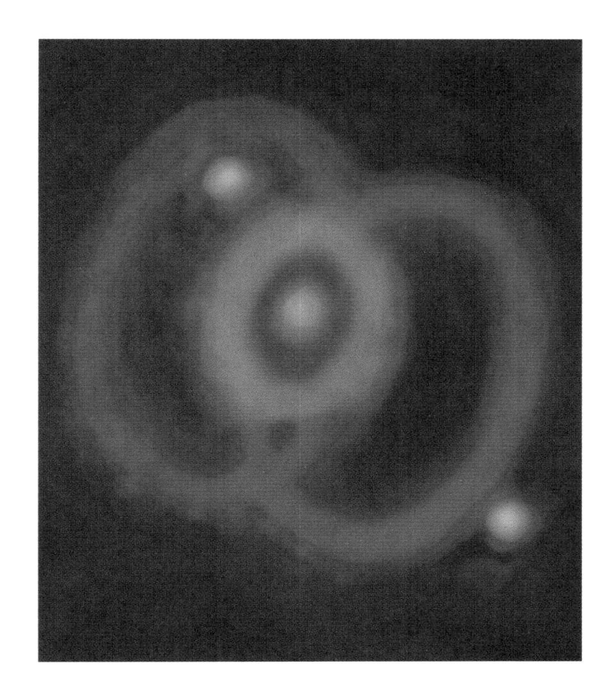

◎一个超新星遗迹。中间圆圈是由爆炸发生后向外释放的正在膨胀的圈状物质。中心亮点是一颗新的中子星。

大爆炸理论支配着现代宇宙学的思路，它被看作是创世神话的现代版本。就像古代神话那样，它仅仅是一种有限含义的解释，叙述了一些显示某种超自然的力量在起作用的确定事件。它满足了人们对宇宙如何出现和存在的疑惑进行解释的需要，但是最终这些事件是如何和为何发生的仍然不得而知。在现代的思考中，认为塑造出物质宇宙的是物理学定律，但如何规定这些定律呢？其唯一合理的答复是这些定律是物质自身固有的。

如果物质存在，它们必定是处在有序状态。但是物质为什么会存在呢？总是有科学无法回答的问题。

宇宙的元素：B^2FH

ATOMS AND GALAXIES：MODERN PHYSICAL SCIENCE

天文学家设法绘制宇宙图像时还要考虑的另一个因素就是星际介质的发现。恒星之间和星系之间并非空无一物，而是充满气体和非常稀薄的粒子物质。在20世纪20年代后期，瑞士出生的美国天文学家罗伯特·特朗普勒就为他所研究的星团在大小、亮度不一致和因此导致视距不一致所困扰。他想到它们的光可能是被看不见的介质所吸收，从而扭曲了人们对它们的感知。在以银河为中心、宽约20度的长条形天区中，完全看不到星系，以致哈勃和其他人相信在这个隐带中没有星系。不过特朗普勒却正确地理解到这种介质的吸收效应随距离增大而增加，使较遥远的天体显得较暗，导致对它们的距离估计过大。诸如哈洛·沙普利和其他对银河系大小做过估计的天文学家接受了特朗普勒发现的效应，并把他们估计的数字做了大幅下调。虽然星际介质是非常稀薄的，但是很显然，它们的含量肯定是很大的。

空际尘埃

空际尘埃并非是一种负面发现，因为它为恒星诞生的问题提供了答案。赫茨普龙和罗素的结论认为恒星是随时间演化的。再则，爱丁顿和随后的贝特指出在原子层面上这是如何发生的。 但是演化恒星的物质是从哪里来的呢？有些恒星很老，有些则很年轻，这表明存在着一种恒星的“生命轮回”和它们的物质来源。在哈勃从事研究之前几年，即在星云被确定为恒星系统之前几年，具有旋涡臂的星系的奇怪形状已经引起人们的很大兴趣：这种形状是如何产生的？

1919年，剑桥的物理学家詹姆斯·金斯从理论上解释球形气体会在引力作用下收缩，然后开始旋转，直到发生不稳定性。于是将会从边缘甩出物质纤维，然后凝聚成旋涡臂，就像在那些星云中所看到的。在星际空间发现大量气体之后，这种理论中还得加上附加力，总的来说这种理论迄今仍被认为是正确的。随后又发现，星际介质密度最大的地方，可以进行光谱分析，结果表明它们含有较轻的气体，主要是氢，但也有氮、氧和尘埃粒子，可见在星际空间充满大量基本的化学元素。这些气体并非均匀分布，而是形成一些相对较密的碎片。根据金斯描述的原理，似乎是在引力作用下，气体收缩和变密，以及变热到足以启动核反应之后，恒星就诞生了。

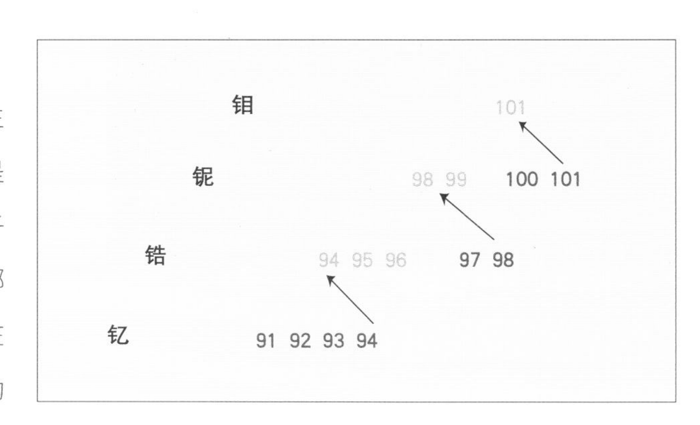

◎重元素是在恒星内部产生的。自由中子被原子核捕获，从而蜕变成新的元素。红的数字是不稳定的同位素，蓝的是稳定的。

◎一颗超新星——一种正在爆炸的恒星，它把化学元素喷发回到星际空间，用于重新形成恒星。

演化理论

20世纪30年代以后的恒星演化理论，是以地球上观测为基础的对原子物理学的深刻理解为指导的。众所周知，元素可以由损失或捕获质子和中子而变为另一元素，但这只适用于轻元素 。恒星形成过程不能明确解释地球上和太阳上存在重元素，太阳上的元素是早在19世纪60年代由基尔霍夫和本生通过太阳光谱而发现的。

许多出色的天体物理学家研究了这个问题，1957年由玛格丽特·伯比奇、杰弗里·伯比奇、威廉·福勒和弗雷德·霍伊尔四位科学家署名发表了题为《恒星中的元素合成》（*The Synthesis of Elements in the Stars*）的论文。这篇在科学界著名的历史性论文因而被称为

玛格丽特·伯比奇
（Margaret Burbidge，1919—2010 年）

· 天文学家，专长于星系和类星体。
· 生于英国达文波特。
· 在伦敦大学学院上学，开始对天文光谱学感兴趣。
· 1948—1951 年，任伦敦大学天文台副台长。
· 1951 年，移居美国，先到叶凯士天文台，后到加州理工学院，然后到加利福尼亚大学。
· 1964—1990 年，为加利福尼亚大学天文学教授。
· 1972 年，在皇家格林尼治天文台任台长一年。
· 1978—1988 年，为位于圣地亚哥的天体物理和空间科学中心主任。

杰弗里·伯比奇
（Geoffrey Burbidge，1925—2010 年）

· 天体物理学家。
· 生于英国奇平诺顿。
· 先在布里斯托尔大学、后在伦敦大学学院上学。
· 20 世纪 50 年代，与弗雷德·霍伊尔合作探讨反物质的天体物理后果。
· 1951 年，移居美国，先到哈佛，后到芝加哥、威尔逊山、帕洛马和加利福尼亚。
· 1957 年，与妻子玛格丽特·伯比奇以及弗雷德·霍伊尔和威廉·福勒合作发表了一篇关于核合成的理论研究——核物理在天体物理领域应用的论文。
· 1967 年，与妻子玛格丽特合作发表关于类星体的重要论文。
· 1970 年，洞察到星系中的“遗失物质”问题。

威廉·福勒
（William Fowler，1911—1995 年）

· 物理学家和核合成理论的奠基人。
· 生于美国宾夕法尼亚州的匹兹堡。
· 在俄亥俄州立大学和加州理工学院上学。
· 1936 年，通过对放射性核素的研究获加州理工学院博士学位。
· 1946 年，被任命为加州理工学院教授。
· 从事低能核反应测量的研究，证实了激发态氦的存在。
· 1957 年后，继续研究恒星的核合成和计算太阳中微子流量。
· 1983 年，与苏布拉马尼扬·昌德拉塞卡共享诺贝尔物理学奖。

弗雷德·霍伊尔
（Fred Hoyle，1915—2001 年）

· 生于英国约克郡宾利。
· 在宾利中学和剑桥大学的伊曼纽尔学院上学。
· 1945—1958 年，在剑桥大学讲授数学。
· 1948 年，与两位同事一起提出宇宙的“稳恒态”观点——宇宙在空间上是均匀的、在时间上是不变的，现已证明是不可信的理论。
· 研究超新星以及从第一代恒星抛射的物质形成第二代恒星的再循环。
· 1958—1972 年，在剑桥大学讲授天文学和实验哲学。
· 科幻及科学著作的多产作家。
· 1972—1978 年，为康奈尔大学的讲座教授。

B^2FH（编注：B^2FH是以四位作者姓氏的首写字母组成）论文，它奠定了氢和氦以外的重元素产生的物理规律。根据作者的论证，这些元素的合成过程是在恒星内部不断发生的。恒星内部的核反应不断释放自由中子，中子参与构成越来越重的元素，他们用精确的数学形式描绘了这种过程。只要恒星处在活动中，这种过程就在持续，但在一颗恒星生命的晚年，由于燃料耗尽，恒星将会崩坍，并以多种形式中的一种形式爆炸。

最壮观和看得见的方式是变成一颗新星或超新星，就是其亮度突然急剧增大的恒星，正如第谷在1572年看到的那颗星。一颗恒星变成了新星就是恒星物质（也就是化学元素）以原子形式被抛射到弥漫的星际介质中去，那里将会重新启动恒星诞生的又一轮回。B^2FH不仅是天体物理学中的里程碑，也是我们了解整个宇宙的里程碑，因为它指明了在恒星中运转着庞大的物理循环，它产生了所有化学元素，并构成了我们的地球和地球上的每样东西，包括我们自己。

宇宙学中的问题和争论

恒星参与浩瀚的宇宙过程并在其几十亿年的生命期间使化学元素再循环的概念，不可避免地会对大爆炸宇宙理论提出疑问。B^{2}FH的论文作者，特别是其中的弗雷德·霍伊尔，并不认可大爆炸模型，实际上正是霍伊尔为了玩笑杜撰出“大爆炸”（Big Bang）这一术语，尽管它现在已被整个科学界所接受。相反，霍伊尔曾与两位澳大利亚的物理学家托马斯·戈尔德和赫尔曼·邦迪一起构想出“稳恒态”宇宙的概念——物质是在星际空间不断创造出来的。尽管他们无法准确说明到底是如何发生的，但正如他们指出的那样，大爆炸理论也无法解释这一问题，并且他们宣称，物质是被“不断创造出来的”并不比“瞬间产生的”更离谱。

稳恒态

根据稳恒态理论，宇宙没有起始，可能也没有终结，从而避开了在爆炸理论中的一些哲学难题——其中最困难的就是如何想象宇宙创生之前是什么样以及创生的起因。他们批评说大爆炸面对的是一个物理定律不适用的时期，然后又莫名其妙地武断进入物理定律适用的时刻， 他们认为这是荒谬的。不过，稳恒态模型也存在几个严重困难：如果物质是在不断被创造出来，那就应当在某处观测到某个星系的诞生，但是并未观测到；同时，它也无法解释星系的剧烈后退运动。但是导致稳恒态理论受到削弱的事件来自射电天文学的新技术。

无线电波

射电天文学是在20世纪30年代，当贝尔实验室的工程师卡尔·央斯基被要求去调查干扰横越大西洋的无线电信号时偶然冒出来的。央斯基建造了一个巨大的天线，当把它指向天空时，发现总是出现一种可辨认的周期为24小时的干扰。央斯基意识到这种形式的干扰是地球自转造成的，干扰的无线电波必定来自地球以外；是恒星在以看不见的无线电信号不断轰击地球，正如它们发射可见光那样。

第二次世界大战后，这一技术被发展成用于研究恒星的无线电辐射，从而可获得完全独立于光学望远镜的天体图像。射电望远镜是研究宇宙背景辐射的工具。乔治·伽莫夫曾经预言大爆炸产生的辐射回波仍然弥漫在宇宙中，并且可以找到。1965年，天文学家阿诺·彭齐亚斯和罗伯特·威尔逊发现天空中的每一个角落，甚至看起来是空的区域，都存在短波辐射，其对应的温度略低于开尔文温标3度（3°Kelvin，通常简记为3K）。这种辐射完全是均匀的，与天体的个体无关，而是弥漫在整个天空。现已普遍认为这就是伽莫夫所预言的大爆炸辐射回波，这一发现之后，支持稳恒态宇宙理论的人就很少了。

奇异的特征

射电望远镜使我们对宇宙的认识扩大到可见的恒星之外的领域。1967年在英国剑桥，乔斯琳·贝尔首先发

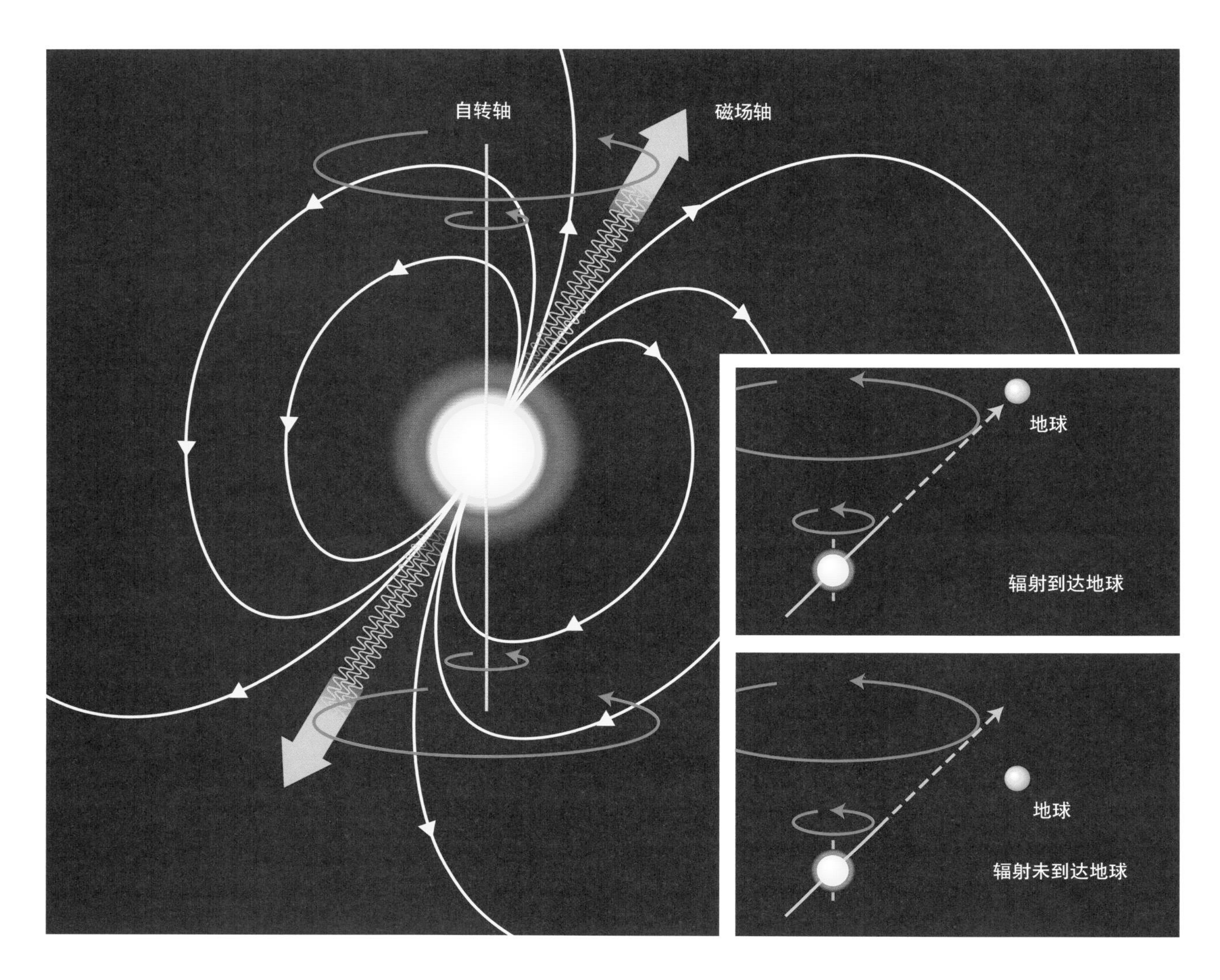

◎脉冲星的磁场绕自转轴在空间旋转。辐射是沿磁场轴线方向发射出去的，若地球位于此方向上，辐射就能到达地球。

现了脉冲星。它是像一种快速闪耀的无线电信标而被发现的，这一新奇信标起初被认为是来自宇宙深处的生命发出的通信信号。然而不久又发现了另一些脉冲星，因此其结论为脉冲星是恒星崩坍后留下的遗迹，其直径大多只有10千米左右，但比太阳重得多，并且快速旋转，有时其转速可达每秒好几圈。脉冲星可用光学望远镜观测到， 但它们的奇异特性不会显现出来，除非接收它们的无线电信号。

更为奇特的是类星体，它们先是由无线电发射探测到的，后来又是由光学定位的。类星体的大小不足1光年，但却具有相当于10万光年直径的整个星系的巨大亮度。这使得它们在距我们超过10亿光年的距离上仍能被观测。类星体最惊人的特征就是看上去距我们的距离不到30亿光年，而事实上大部分远远超过这个距离。

从宇宙学的尺度看来，看到遥远的天体就是一种时间度量：当我们看到一个距我们100亿光年的类星体时，表明我们现在看到的是一个100亿年前存在的天体。其明显的含义是类星体可能已不复存在了，它们可能是宇宙演化中的一个中间阶段，很多天文学家认为它们是胚胎期的星系。

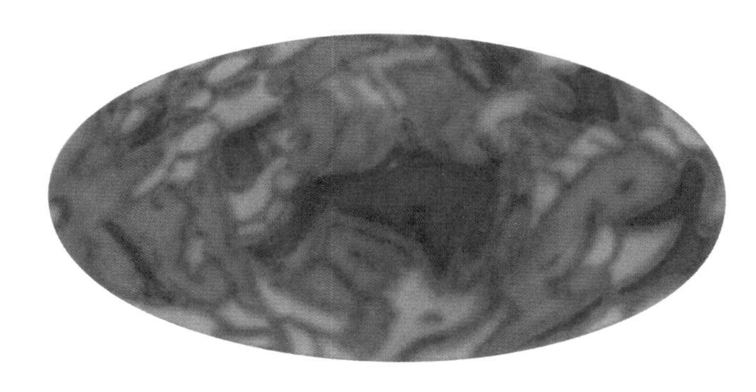

◎宇宙背景辐射，它是大爆炸宇宙理论的关键证据；红区温度较高，蓝区较低，但其分布是均匀的。

学家们对以下这些中心问题意见不一：宇宙是否会永远膨胀下去， 或者是否会在某一天减速膨胀，停止膨胀，或者走向反面——坍缩，所谓“大坍缩”或“大挤压”。在当代天体物理学家中存在一种倾向，在谈到一些诸如此类的基本问题时，认为正处在答案的边缘，或者已经有了答案。但是不要忘记，大爆炸的观念仍然是迄今被广泛接受的唯一理论。不过在我们了解宇宙的过程中，将来还可能会出现新的哥白尼式革命。

当代天文学中，黑洞也是天体物理学家感兴趣的最奇异的天体。有人认为，在某些条件下，一颗恒星有可能坍缩成非常高密度的天体，以致没有任何辐射（包括光）可以从它的表面逃离。靠近这个暗区的物质将因引力作用而被它吸入。物理学家认为，一些具有高辐射湍流的地方可能是黑洞的边缘，他们对这些地方非常感兴趣，因为它们可能代表物理学定律不适用的区域，因而是了解大爆炸之前宇宙本质的关键所在。

大挤压

宇宙的年龄和宇宙的大小是两个相互关联的问题。在20世纪30年代中期，哈勃发现的意义变得很明显之后，英国人阿瑟·爱丁顿曾提出宇宙的大小为20亿光年。然而恒星和星系演化的研究结果表明，它们的个体年龄都会超过20亿年。射电望远镜的出现和1949年在帕洛马山落成的200英寸（约5米）巨型光学望远镜均揭示出星系的距离超过20亿光年，从而再次扩大了尺度。目前的估计是宇宙的大小大约为150亿光年，宇宙的年龄为150亿年。

这两件事情是不可分的，因为当我们看到跨越150亿光年的空间时，我们所看到的仅仅是150亿年前逃离源头的光或辐射。不过还没有理由相信这是最终的估计，因为宇宙学的思想仍然是非常容易变化的。天文

◎乔德雷尔·班克天文台的历史是许多射电望远镜的典型史。它创建于1945年，当时伯纳德·洛维尔需要一个低干扰的地方用于观测宇宙线，位于曼彻斯特以南约32千米的曼彻斯特大学植物园成为理想地址。口径250英尺（约76米）的巨型射电望远镜马克Ⅰ（MarkⅠ）被用于观测类星体。乔德雷尔·班克也曾用于早期的空间跟踪活动。1964年建成了第二台射电望远镜马克Ⅱ（MarkⅡ）。1976年，开始建造一个83英里（约133千米）的射电望远镜阵，通过微波接力与乔德雷尔·班克相连接。20世纪90年代早期，现已称为梅林的无线阵已扩展为包括在剑桥的105英尺（约32米）望远镜和使其显著提高灵敏度的其他各种改进设备。

太阳系的诞生

ATOMS AND GALAXIES：MODERN PHYSICAL SCIENCE

1906年，美国天文学家福雷斯特·雷·莫尔顿和地质学家托马斯·钱伯林宣布了一种惊人的太阳系起源新理论。他们提出在过去遥远年代的某一时刻，有一个恒星漫游到靠近太阳时，由于引力作用从太阳吸出一串物质团，这串物质团冷却之后就形成了行星。这是一种全新的观念，因为直到那时为止，在科学思想上占支配地位是拉普拉斯星云学说。莫尔顿–钱伯林理论曾被广泛接受，而其含义之一就是太阳系是因某种非寻常和或许是唯一的事件而诞生的，因此太阳本身也可能是唯一的。

20世纪20年代和30年代，杰出的科学家如詹姆斯·金斯和阿瑟·爱丁顿等人也曾赞同这样的理论，因为没有在其他恒星周围观测到别的行星系统。迄今，太阳系的历史仍然属于理论探讨的范畴。奇怪的是，现代天文学家似乎对于宇宙整体的起源比对我们自己的行星和它的近邻的起源更有把握。19世纪的地质学家和博物学家莱尔和达尔文曾论证出地球的年龄必须有几亿年。这一数值与物理学家如开尔文勋爵等人的观点矛盾，后者的最佳估计是太阳本身的年龄不会超过几百万年，否则它将会烧光 。

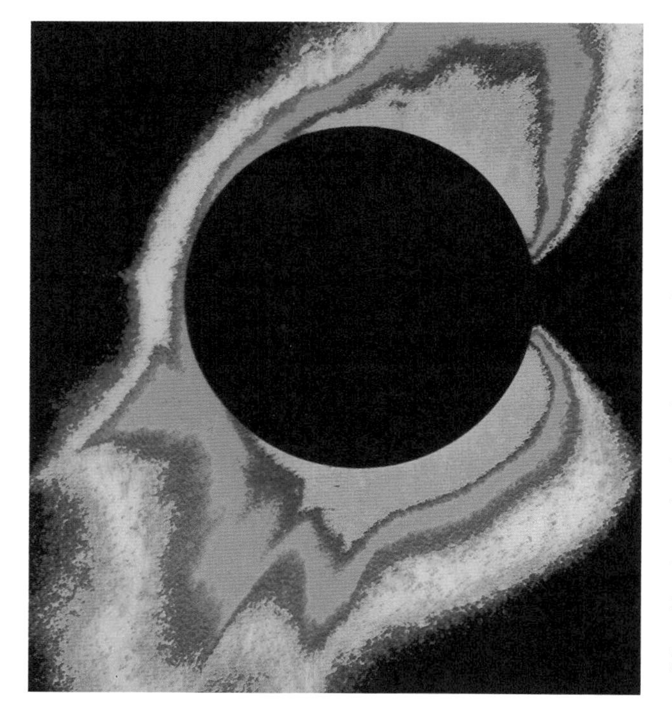

◎显示出日冕的假彩色太阳像。

陨星样品

发现核能是太阳能源使这一问题得到解决，同时，通过放射性衰变测定年代的技术又使地球科学家在20世纪60年代估计出地球的年龄约为45亿年。这一数字得到了地质学家分析陨星样品和后来月岩样品的证实。天体物理学家也同意太阳已经度过了它100亿年生命历程中的大约半程。所以整个太阳系似乎是在同一时间诞生的。于是莫尔顿–钱伯林的理论被普遍放弃，科学家们又回到了早期的星云模型。我们从光谱分析得知，组成地球的所有重元素——铁、镁、碳等，在太阳上也存在，看来拉普拉斯可能是对的：气体凝聚后在同一时期形成了太阳和行星。

◎由计算机绘制的从地球表面看到的太阳系行星。从左上方开始顺时针方向为土星、木星、无云金星、天王星和水星，地球是唯一有着由液态水构成的广阔海洋的行星。木星、土星和天王星是主要由氢和氦组成的气态巨行星。

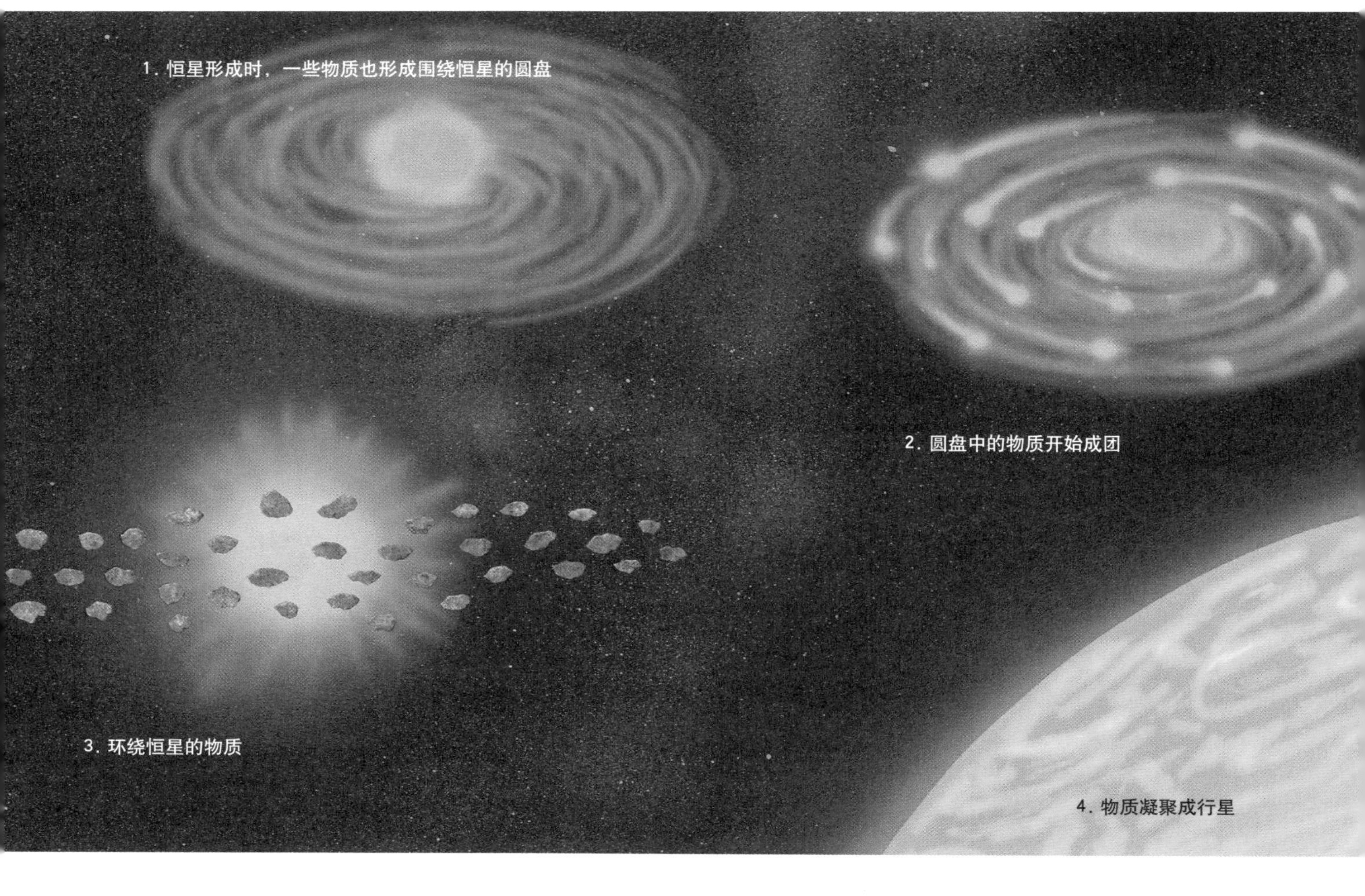

◎行星起源的现代理论：星际介质在自身引力作用下集聚，其较冷的外部区域形成行星。

固体粒子

星云假说是1945年由德国人卡尔·冯·魏茨泽克再次提出的。从被旋转的气体盘包围的原太阳出发，魏茨泽克论证了这团物质将会分裂成许多小的旋涡团，它们凝聚后形成了行星。而行星之间的构成差别，包括从较小和坚实并且具有石质和铁质内核的内行星，直到巨大的由冷气体组成的外行星，则是同旋涡团与太阳的不同距离造成的温度差别有关。

后来，在星际介质中发现的固体粒子，如：由冰包裹着的硅、碳和其他元素的粒子，发挥了更大的作用，现在，人们认为它们在原太阳的引力作用下聚集到一块形成微行星，微行星逐渐增大成为行星。小行星和太阳系中的其他天体，包括木星的一些卫星，甚至或许还有冥王星，可能都是留存下来的微行星。这种过程的动力学和地学演变迄今仍是理论研究的课题。

天文学家不时会提出新的灾变理论来解释太阳系的部分历史。例如，认为月亮是地球与另一大天体碰撞后分裂出去的。这听起来有点难以置信，但它却能够解释地球与月亮之间某些地质构造的相似性。而与此完全不同，也有人认为月亮是起源于太阳系中遥远地方的天体，漫游到地球附近时被地球引力“捕获”的。

更为神秘的是关于木星、土星和天王星这三颗行星的卫星的起源，它们有的是石质的，有的是冰块，有的是火山岩，其中有不少个与它们的母行星有很大差别。如果太阳系的起源能较为确定，我们就会更有把握去说是否会有其他类似的天体系统。现代天文学中的一件怪事就是尽管我们的探测已达到宇宙的深处，但关于我们自己太阳系的起源和可能的唯一性问题， 仍然是非常不确定的。

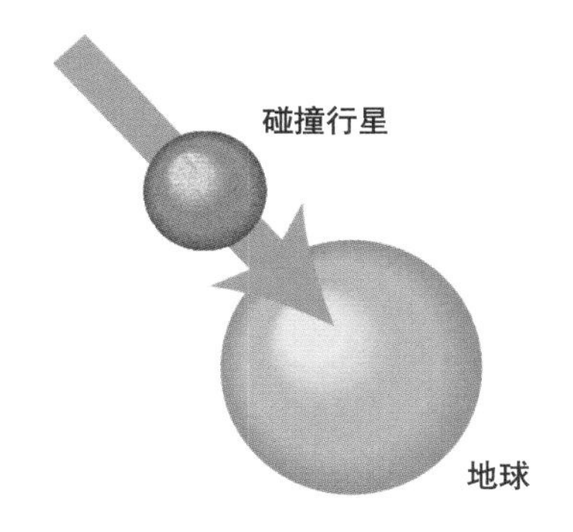

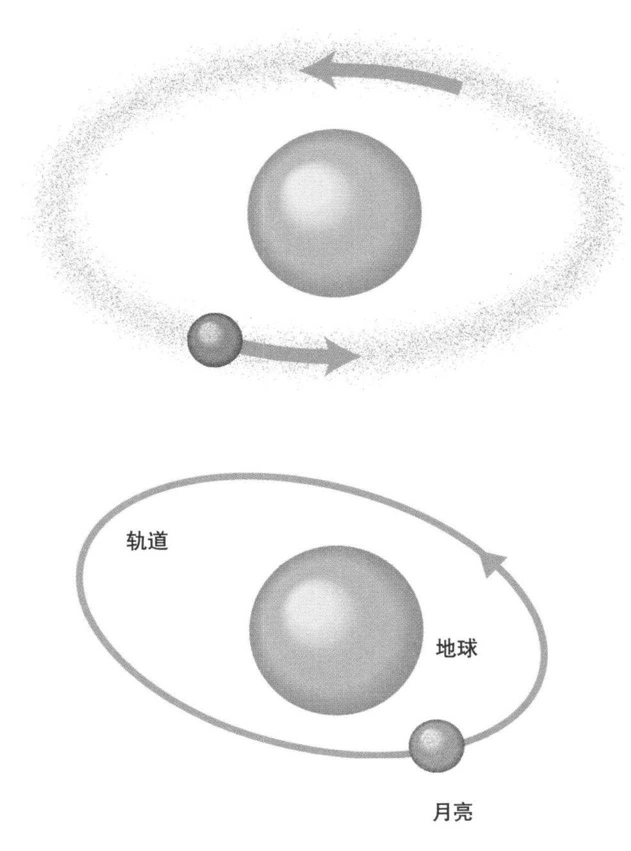

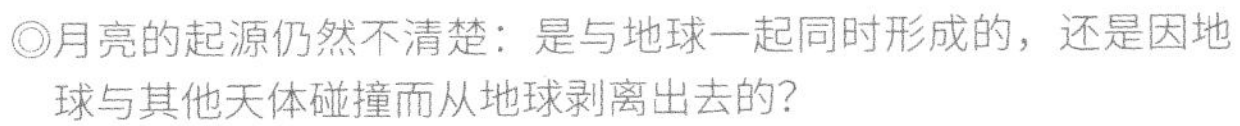
◎月亮的起源仍然不清楚：是与地球一起同时形成的，还是因地球与其他天体碰撞而从地球剥离出去的?

◎木星的16颗卫星之一 —— 木卫四的假彩色像。木卫四也是四颗所谓“伽利略卫星”之一，另外三颗是木卫一、木卫二和木卫三。其之所以被称为“伽利略卫星”，是因为它们是1610年1月由伽利略首先发现和观测的。

天文学：还有哪些尚待发现

ATOMS AND GALAXIES：MODERN PHYSICAL SCIENCE

太阳系起源的不确定性严峻地提醒我们，天文学领域仍然有等待解答的谜团。每一次关于恒星和宇宙的不寻常发现，似乎都带着意外，甚至令人费解。因此，对于我们已经站在最终回答宇宙起源和运作方式边界上的断言，必须持很大的怀疑态度：如果天文学家还不能解释我们自己的行星和它的近邻是从哪里来的，我们还能相信他们关于整个宇宙诞生的解释吗？在宇宙中存在一大堆基本问题迄今不能回答，从而使我们无法形成关于宇宙的可靠图像。

更老的宇宙

首先，存在着一个哈勃常数，它表明遥远星系的速度与它们离我们距离之间的关系。哈勃常数也表示宇宙以怎样的速度膨胀。但哈勃常数有多大呢？哈勃自己的估计是150千米/（秒·百万光年），据此，哈勃推测宇宙年龄为20亿年。然而现代的宇宙学者已把这一数字大幅下调为约14.5～29.0千米/（秒·百万光年）。这一较慢的速度意味着宇宙必须更老，可能在100亿～200亿年。不过这是一个很大的范围，目前的观测还难以使它更精确。

星系的起源

其次是星系，即宇宙的基本组成问题。恒星是在它们的引力作用下聚集到一起而成为星系的？ 或者星系

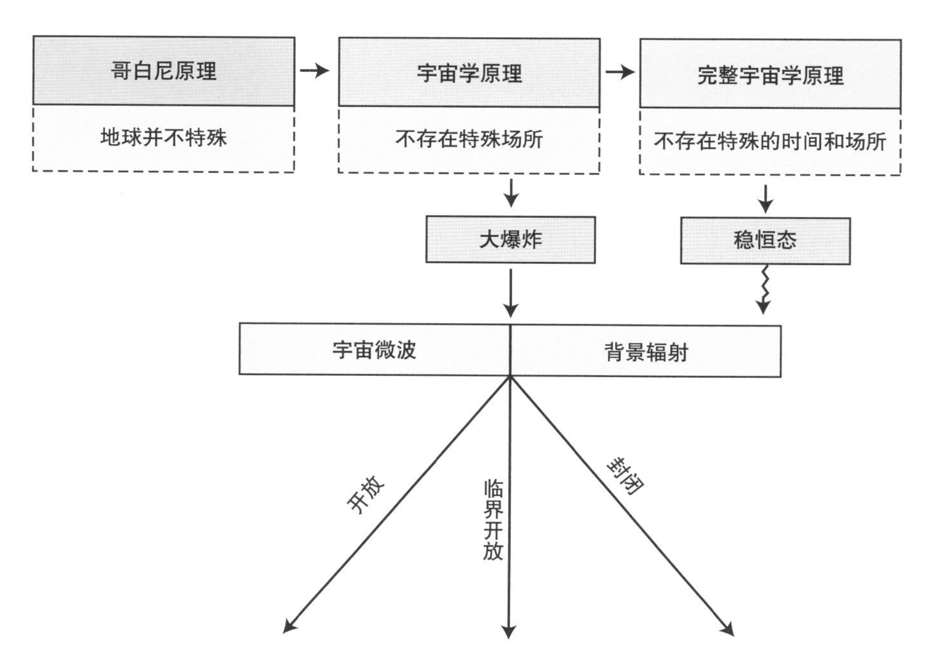

◎人们对宇宙的认识经历了多次革命，大爆炸宇宙理论可能不会是最终的，它的长期命运尚不清楚。

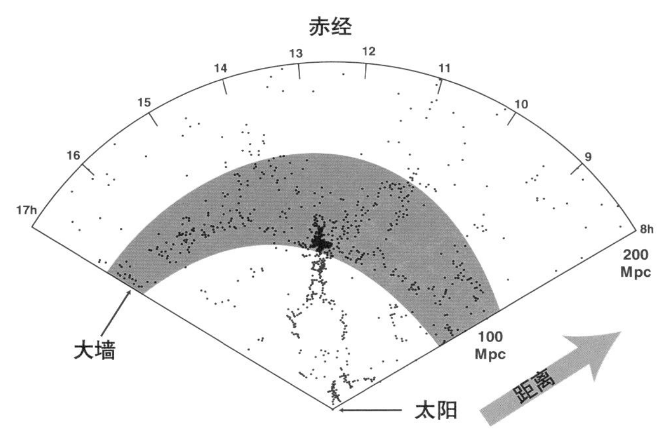

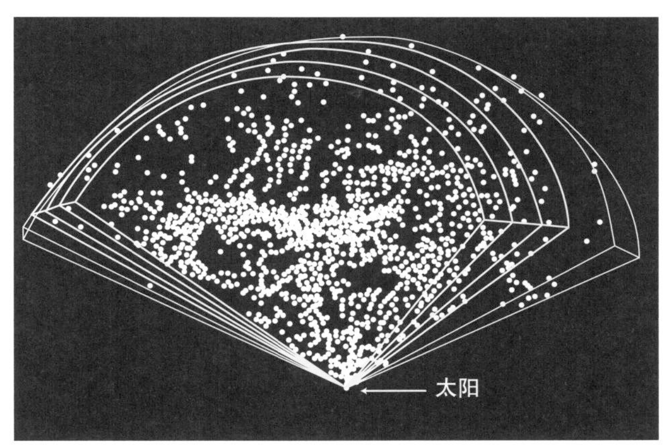

◎宇宙中是否有大尺度结构？星系位置图中呈现奇特的集聚，但无清晰的图案。

是由浩瀚的星际尘埃云产生的恒星群落形成的？前一种情况似乎不太可能，因为从未观测到不属于一个星系的恒星。但也从未观测到星系的形成过程。同时，迄今仍然未能绘出星系分布图。在某一观测空间范围内会出现许多星系集团但却是非对称的图样：宇宙是否有更大尺度的结构？或者星系是无规律地分散在空间？

膨胀的宇宙

最令人迷惑的问题是宇宙是否会一直膨胀下去。大爆炸的爆发力一旦耗尽或被星系之间的引力所战胜，它的膨胀将会变慢，然后停止吗？宇宙中的所有物质将坍缩回去吗？

天文学家宣称，从理论上说，通过对宇宙的质量与星系远离速度进行比较，他们可以回答这个问题。然而主要由于据信在空间中充满“暗物质”，因而不可能进行这种计算。

早在20世纪30年代，瑞士天文学家弗里茨·兹威基就曾试图利用太阳作为标准量度，从星系的光度去计算星系的质量。兹威基惊讶地发现，星系似乎具有比它们光度所应有的质量大50倍的质量。这个结果也被其他观测者所证实，其唯一结论就是星系中充满着大量看不见的弥漫物质。这一重大的未知数使我们不可能去谈论宇宙是“开放的”或是“封闭的”——即指它会永远膨胀下去，还是有一天会坍缩回大爆炸之前的高密态。这似乎完全是一道学术问题，因为不管是哪种情况，宇宙的终结都是几十亿年以后的事情，但在科学界仍引起了轰动，因为人类急切地想要知道自己所生活的宇宙的分布和形态。不过很显然，宇宙中未弄清楚的事物仍然是大大超过已弄清楚的事物。期盼着有一天，能弄清楚每一个事件背后的原因。

结论：科学的威力和责任

ATOMS AND GALAXIES：MODERN PHYSICAL SCIENCE

科学和技术无疑是塑造世界和人类生活方式的最权威力量。正因如此，我们有责任去思考科学在社会中的作用，并提出科学将把我们引向何方的问题。在生活的各个方面，已经没有机械和电气机器尚未进入的领域。人类生活着的环境，与其他生物一样，本应是自然环境。然而我们制造出的工具、机器和各种系统，意味着已经不再如此，人们现在生活在其中的是技术环境。

机器文明

技术已使人们远离诸如寒冷、饥饿、黑暗、距离和体力劳动等自然力，造就了一种我们可以随心所欲应付的环境。然而，如果技术使我们与自然界隔离，它是否也会把我们与人类的本性隔离呢？对文明的经典抗拒是机器已使人类成了它的奴隶，以取代人类是它主人的作用，而这恰恰是现代工业社会中千百万人的遭遇。

不再有纯粹的科学

直到大约一个世纪以前，人们或许能把纯科学和应用技术区分开来。机器是由工程师或技术人员为了寻找更好的运输、通信和生产方法而制造出来的，从科学意义上说，这些技术人员中很少是科学家。但现在的电子和核能时代，技术是由纯科学领导的，我们在日常生活中用到的机器，是按照最先进的物理学家发现的原理进行工作的。“自然哲学”——寻找自然界的基本结构和力，已不再是孤立学者的领域，而是会立即在物理学、化学、医学和遗传学等方面产生影响。

我们已在曼哈顿计划的案例中看到，现代科学很容易获得政治和军事需求，因为在纯科学中新的发现提供了研制巨大破坏力的新武器的可能性。第二次世界大战后几乎长达半个世纪， 两大竞争集团因掌握着核武器而支配世界政治，不过也可以辩解说正是由于依靠这些核武器的威慑，才避免了他们之间的战争。除了核技术，寻求这些武器的指向和引导技术，则成了电子技术发展的巨大推动力。

商业动机

电气和随后的电子技术应用到家庭和个人，为科学提供了另一个巨大空间——商业动机。新机器或老机器的改进为发明者和制造者提供了财富。现代的工业和消费者世界总是在寻找新颖和改良，这些都不是依靠碰运气，而是靠科学研究的成果。科学卷入政治和商业的结果是二者均对科学产生巨大的推动力，导致获得无法停止或控制的进展，我们似乎已无法预见科学和技术变化的后果。无止境地追求知识，发展了新的能源和制造出新的机器，很久以后才会显现出后果。而且，在人类历史上似乎存在一种规律，即不可预测性规律：触发的事件和力量会在几十年或几个世纪之后产生开始时未能预见的结果。掌握和处理变化已被看作现代人面临的最大挑战，或许真是这样，但却忽视了变化是从何而来的事实：谁触发了变化和为什么触发。变化的唯一源泉就是科学和技术，所以，关键在于我们应该关注变化将引向何方。是我们选择了这些变化，还是现代科学已具有压倒个性的力量？

更快和更好？

一个熟悉的例子就是计算机的出现。当20世纪80年代计算机开始迅速在商务机构和政府机关普遍使用时，人们说它们的影响是有限的，“因为我们总能够切断它们”。然而事实上，现在社会和个人生活中已经没有哪个领域不被计算机控制，要切断它们简直是难以想象。

这也许是件好事，也可能是坏事，不过问题是谁决定了这种情况？是20世纪50年代提出二进制逻辑理论的科学家，还是60年代研制微电子线路的先行者，或是70年代看到巨大商业潜力的人？现在谁来决定我们的生活要在多大程度上依靠电子数据库？是否会出现仅仅依靠电子屏幕与外部世界沟通的新一代？

科学在很大程度上承担着改良支配我们生活的文化责任，其理想就是使每件事必须逐渐变得更好、更快和更有效。我们已经被新技术弄得眼花缭乱和失去洞察我们正在干什么的眼光。19世纪的进步评论家亨利·戴维·梭罗说过，我们的发明不过是一些玩具，是导致适得其反结局的改正方法。

设法控制

科学起源于了解自然规律的知识探求。然而这些规律的揭露却使我们获得了将会引导到不可预测方向的权力。

中世纪传说中的浮士德博士是一个把知识看得比自己生命更重要的人物：他向魔鬼出卖自己的灵魂以换取关于自然界秘密的无限知识。他得到了它，但最终他不得不付出代价，魔鬼把他应得的都收了回去。虽然这仅仅是一个中世纪的寓言，但浮士德的故事恰当地象征了人类对知识的无休止渴望和它的破坏性后果。差不多三个世纪之后，正当第一次工业革命高潮时，英国诗人和艺术家威廉·布莱克同样预言，科学将被证明是“死亡之树”。不过值得肯定的是，它应当在我们控制之内，使其保留知识的作用，而设法避免它潜在的破坏力。这些问题将作为生态学的内容，进一步在之后生命科学部分中讨论。

ÆQVINOCTIALIS

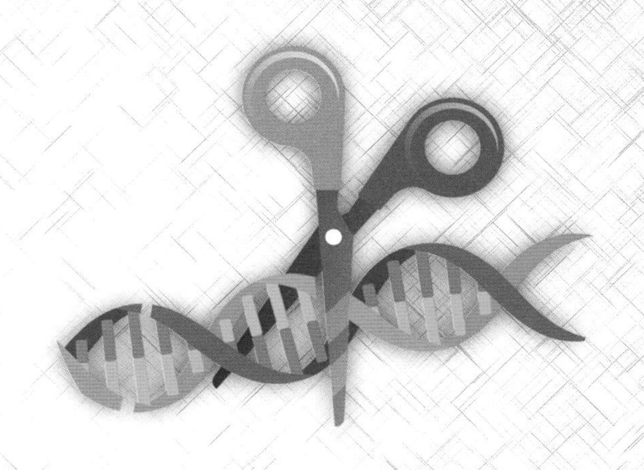

TWENTIETH-CENTURY LIFE SCIENCE

20世纪的生命科学

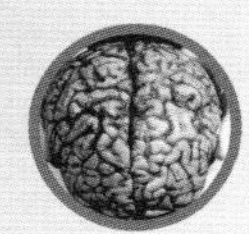

引言：解开生命之谜

TWENTIETH-CENTURY LIFE SCIENCE

生命科学在20世纪所揭示的生命机理，超出了以往生物学家和医生所能想象的范围。如果说19世纪生物学的伟大成就在于发现细胞，20世纪则为分子生物学，在于追踪那些生物活组织得以构成、维持，或被其自然的天敌所摧毁的生物化学合成过程。正如19世纪的先驱者李比希和巴斯德所指出的，生命体与其他的物理世界由完全一样的化学元素构成，进行着完全同样的过程，区别仅仅在于其复杂性。构成活组织的分子全都极为巨大，但它们也同样由几种元素构成——碳、氢、氧和氮。细胞完全像是一间生命的实验室，其中不断发生着成千种化学反应，以维持和调节着整个机体。生长、运动、发育、抵御疾病和思维过程，所有这些基本上都是发生在细胞内和细胞之间的化学反应。

生命的种子

分子生物学的突出成就，在于分析了DNA与RNA的工作，这两种核酸以基因的形式，决定了所有生命机体的结构与功能。这些复杂的分子负责合成构成活组织的蛋白质。为此，它们以密码的形式携带着每个物种的完整生命蓝图，并世代相传下去，DNA是生命真正的种子。而具备绘制任何生物遗传结构图的能力，使人类掌握了至高无上的知识与力量。这与物理学家获得原子结构的知识惊人地相似。正如物理学家试图理解物质为什么以这种形式构成一样，生物学家也在探究DNA与生命的起源：如此复杂、可变、完美的东西究竟是如何出现的？关于生命分子的结构功能和自我复制能力的知识，似乎使生命的起源更加神秘。

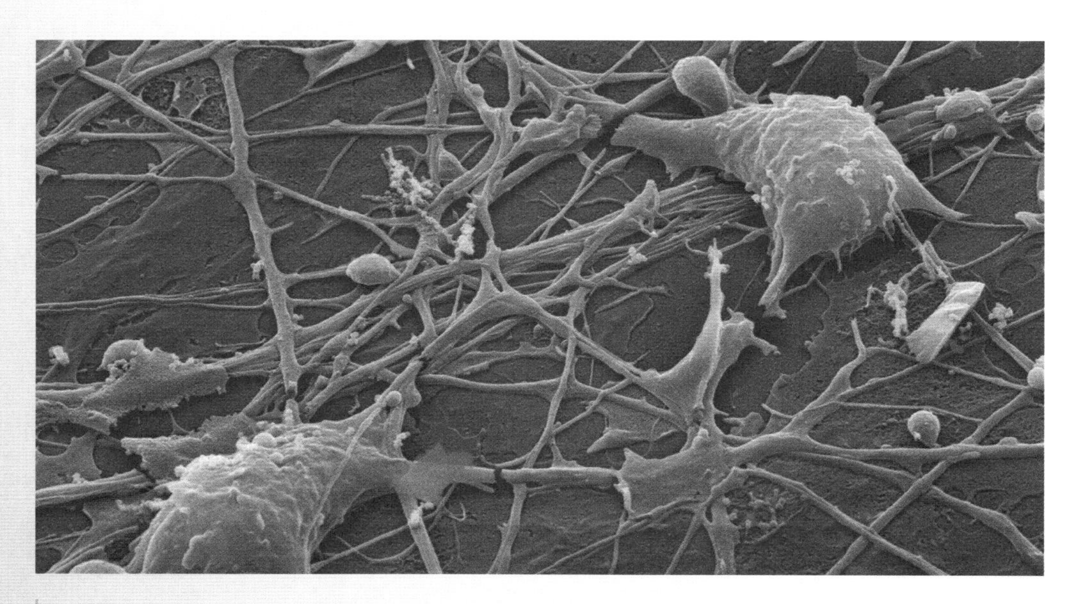

◎这些是神经细胞。发现细胞可能是19世纪生命科学意义最为深远的进展。细胞是生命的基本构造单位。大部分细胞由细胞膜包绕的核与胞浆构成。20世纪的生物学继续探索细胞的化学结构与功能。

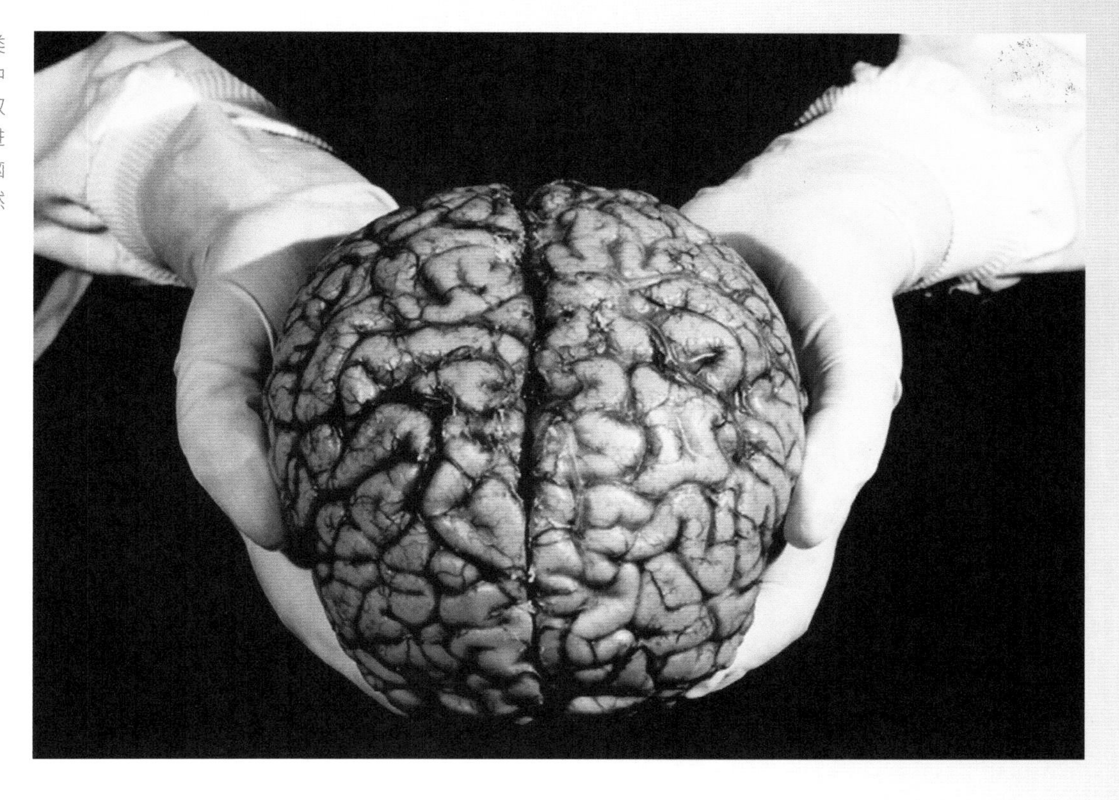

◎大脑，所有人类生命的控制中心：不管科学取得了多么大的进步，我们对头脑功能的认识仍然包裹在迷雾中。

认识疾病

20世纪的医药科学改变了人类生命的前景。在对细菌、微生物学与细胞病理学有深刻认知之前，生命生来脆弱，死亡随时到来。如今，人类生命的杀手——结核、天花、伤寒、白喉，这些曾夺去千百万人生命的疾病，先是在免疫技术然后又在抗生素面前败退。虽然现在致命的代谢疾病如糖尿病仍然无法治愈，但由于我们认识了其生化基础而使疾病能够得以控制。在一个半世纪的时间里，人类的平均寿命增加了一倍。医药科学的巨大成功，不仅对人类自己，也给我们的星球带来巨大的无法预见的问题。由于人的寿命延长，人们有更多的时间生病。成百万以往会在年轻时死于那些致命疾病的人，现在成了恶性肿瘤或退行性疾病，如癌症或多发性硬化症的牺牲品。这些疾病的起源，和过去一样仍是一团迷雾。现代医药科学的成就，还把人们的期望提升到前所未有的高度，驱动了对每一种疾病的研究，直到我们提出这样的根本性问题：什么是医药科学的最终目标？是不是每一种致命的或退行性的状态都是可治疗的或可避免的？我们是不是可以期待长生不老的那一天？如果这种幻想最终接近实现，我们又会遭受什么样的打击？

破坏性物种

这是研究物种与其环境乃至整个地球环境之间关系的生态学所提出的问题。生态学的一个重要的告诫就是，人类作为一个物种已经过于成功，以致人口对地球的自然系统，显现了高度破坏性。1930年，地球人口超过了20亿，从那时起一直攀升到如今的七十多亿，到2030年预计可达到85亿。消灭了致命疾病是造成人口爆炸的一个基本原因。人口的迅速上升需要更多的食物、水和自然资源，而人类的活动污染了大气、土壤和海洋，使其他的物种灭绝。生态学让我们不得不思考这样的问题：人类生命是否是地球上唯一的超级力量，所有其他的利益是否都必须为之牺牲。

进化：遗传学问题

TWENTIETH-CENTURY LIFE SCIENCE

19世纪的两项重大发现——生命形式的进化和生命过程的化学基础，使遗传科学成为现代生物学的中心。早期遗传学家的发现，似乎对进化实际上如何发生提出了严重的质疑。如果确像孟德尔的实验所显示的，特征是完整地从一代传递到另一代，生物学的多样性何以发生，而一个物种又怎么能进化成另一个物种？孟德尔的工作被整个科学界忽视了许多年，直到19世纪90年代，一些生物学家重新发现了他的著作并重复了他的实验。

荷兰植物学家雨果·德弗里斯进行过植物育种实验，他也发现了孟德尔提到过的，植物性状同样以准确的3：1比例完整传递。德弗里斯提出，存在于细胞核内的特殊成分携带着遗传因子，他将这种成分命名为“泛基因”。至于变化如何产生这个问题，现在却无法解决。

威廉·贝特森

（William Bateson，1861—1926年）

- 奠定遗传学基础。
- 生于英国惠特比。
- 在拉格比上中学，然后在剑桥大学研究自然科学。
- 1908—1910年，任剑桥大学首位遗传学教授。
- 1909年，首先使用术语“genetics”描述遗传特征。
- 1910—1926年，出任约翰·英尼斯园艺研究所的首任所长。
- 翻译孟德尔遗传方面的著作，大力宣扬其思想，强烈反对达尔文进化论。
- 提出基因自发突变的观点。

遗传规律

1900年，英国生物学家威廉·贝特森将孟德尔的早期遗传研究成果译成英文。他通过家禽育种实验显示，同样明确的遗传规律也适用于动物的遗传。这些结果使贝特森放弃了达尔文的自然选择进化理论，转而主张变异通过基因内部的突变发生。他不认为这些改变是具有适应性的，或者改变了的生物因其适应而被选择的观念。他认为，突变自发产生，然后无法逆转。他采取了极端的反达尔文立场，因为贝特森起初是一个进化论者，而且花了多年时间，试图构建显示脊椎动物进化的谱系树。但当他确信化石证据不支持缓慢的、适应改变的历史后，他转而反对整个进化论。他用于描述这种突然改变的词是“saltation”，意为跳跃。但是，他除了说明这种跳跃发生在生物内部，仍不能对其作出解释，这是一种接近于生机论的立场。

随着哥本哈根的威廉·约翰森用一个较简短的词“基因”（gene）来代替德弗里斯的“泛基因”（pangene），贝特森首先为这门关于子代继承亲代性状特征的学科命名为“遗传学”（genetics）。早期的遗传学家认为，遗传因子是一种物理实体，可以在细胞核的染色体中发现它们。这种观点的基础是细胞分裂时染色体的复制过程（可以在显微镜下清楚地观察到）和性细胞中染色体重组以凑够必需数目的过程。显然，这些突变不断地发生着，只有这样才能产生所有植物和动物的变化。但是，突变的原因还是无法解释。

因为得到孟德尔及其追随者的实验结果的支持，贝特森和德弗里斯理论中关于“环境选择在创造新物种中不起作用”的看法曾一度风行。遗传学越来越精确的研究，成功地将传统的遗传过程发展成为一门科学。但它显然也销蚀了达尔文关于进化通过自然选择产生的阐述的基础，并且再一次提出了一个老问题，什么是自然世界中如此多样的植物与动物种类的成因。

◎染色体是遗传物质的主要携带者，成对出现。每对中一条由母亲提供，另一条由父亲提供。在人类的体细胞中发现23对染色体。女性（如图）由22对常染色体加上1对XX性染色体，而男性则加上1对XY性染色体。

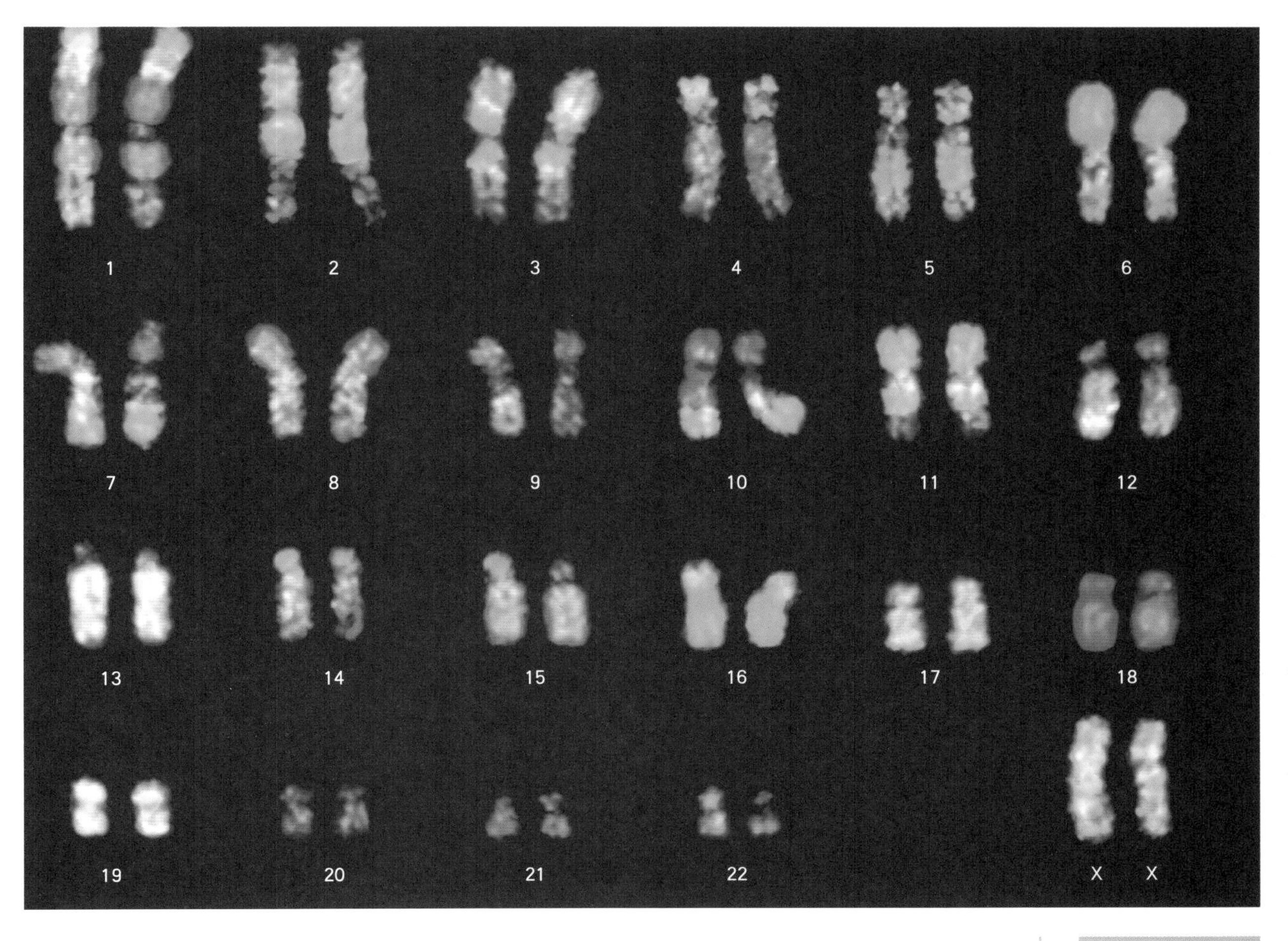

遗传学与进化：相互作用的观点

TWENTIETH-CENTURY LIFE SCIENCE

孟德尔遗传学与已经建立的进化论观念之间的冲突，是对生命科学的重要挑战。1920—1950年，生物学界的一些先驱通过描述生物体中突变实际上如何发生，成功地化解了二者的矛盾。第一位提出的生物学家是美国人托马斯·亨特·摩尔根，他的科学生涯始于相信突变理论，即以突然跳跃形式发生的生物学改变。

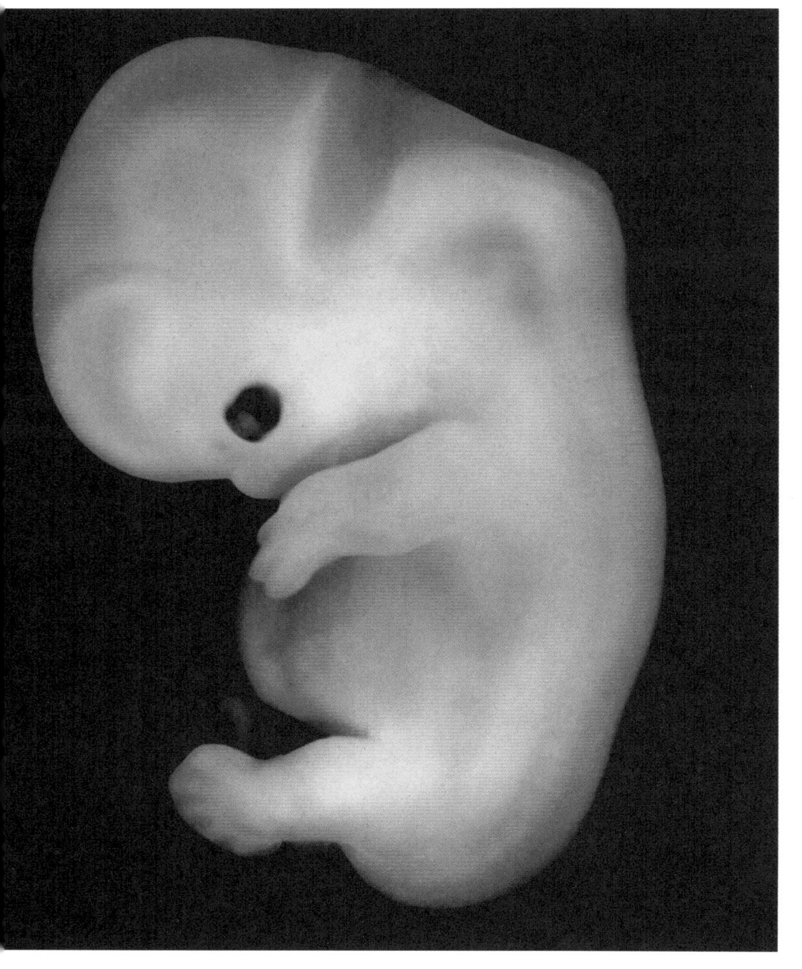

◎8周时的人类胚胎：体形按照精确的、事先决定的规律呈现，但婴儿仍然会与其双亲有部分不同。

变异

摩尔根发现，小小的果蝇在遗传学研究中的优越性——它们繁殖得非常快，一年中可经历数百代，而且它们只有4对染色体，很容易用显微镜研究。摩尔根在实验中发现，果蝇个体特征的微小改变似乎是有规律的，可以与染色体改变联系起来。他不能解释这是如何发生的，但他通过推理认为，这必定是由于一种尚不能理解的生物化学过程，因为生物特征的数目比染色体数目多得多。摩尔根得出结论，每一条染色体必然划分成以复杂方式相互作用的大量基因。早在1915年，摩尔根就绘出了第一幅染色体图，具有突破性的复杂程度。他的推论表明，虽然孟德尔的“因子”是独立传递的，但它们在基因中的重新组合确实导致了变异。

基因库

摩尔根之后不久，英国遗传学家罗纳德·费希尔和约翰·霍尔丹开始进行基因群体的数学研究。研究表明，在大的群体中，特征或基因的重新组合方式十分复

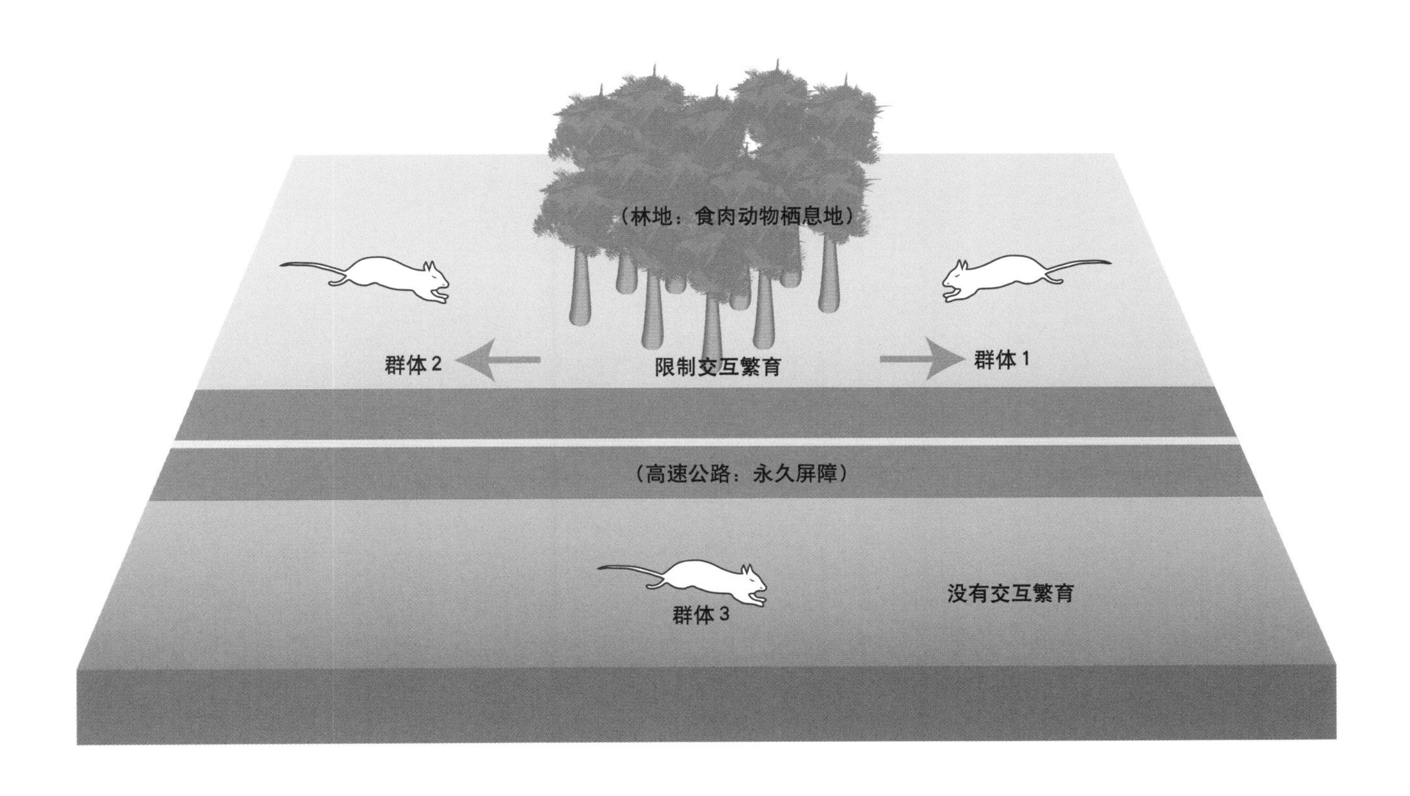

◎地理分隔是出现新物种的主要因素。群体被分隔，逐渐改变，然后便不再交互繁育。

杂。费希尔和霍尔丹认识到，孟德尔的7种互不联系的特征代表了最简单的可能发生的情况，而整个物种的基因库提供了无穷无尽的可能发生的变化。他们开发的这种数学方法，对大多数生物学家来说太复杂了，但他们的核心结论是，基因的偶然改变不断发生，为基因库产生了原始材料。他们主张，在自然环境中，自然选择作用于这些原始材料，进而确信遗传变异是进化产生的原因。即使没有突变，通过有性繁殖重塑基因，也提供了无穷的新基因。任何一个物种都具有了巨大的变异可能性。

摩尔根的学生，俄国出生的特奥多修斯·多布赞斯基，提出了一种基因突变开始于微小的生理学改变的理论。但这些改变如果从实验室动物中分离出来，也许会繁盛也可能消失。只有当生物处于自然环境中时，才能检验出它们是否具有适应优势。如果有适应优势，而且如果繁育增加了它们的数量，这些特征就会变得常见；相反，如果没有适应优势，它们将被淘汰。这样，基因开始被看作自然选择可以作用的生物学单位。

德国遗传学家恩斯特·迈尔在这个理论中增加了一个基本成分，强调地理分布在新物种形成中的作用：如果任何一组植物或动物被分隔并且自身繁育，微小的遗传改变就会积累起来，达到一定程度后，它们便不再能够与其他地区的个体交互繁育，一个新的物种就出现了。因此，通过自然选择的进化被恢复。环境不能造成生物学改变，但种群中的基因库可以与环境相互作用，使新种呈现。

创造性进化：对达尔文主义的抵制

TWENTIETH-CENTURY LIFE SCIENCE

遗传可以提供产生进化的机制，这种观点在几十年的过程中逐渐形成，然而，有证据表明，许多科学家并不赞成这一共识。这种阻力主要来自人类不愿意相信较高等的生物，特别是人类自身不能控制自身的归宿。难道进化真是一种盲目的、机械的过程，而且真的是相当客观的自然选择的结果吗？

创造性进化

许多人拒绝接受上述见解，转而接受法国哲学家亨利·柏格森关于“创造性进化”的观点。柏格森认为进化是一种超生命力量的表达，随着人类智慧的发展，可以与这种力量共同作用，塑造较高的生命形式。这种观点试图回到较早的拉马克生物学理论，他们相信在一个世代中获得的特征，可以遗传到下一个世代。这种见解是人类自然进步观念的一个方面。如果一个世代中的个体获得了特别的技巧、力量或品质，肯定会感到这些应当成为永久性的优势，而不应当丢失或者抹去。在20世纪的科学中有许多著名的例证，科学家对这种见解如此执着，不惜一切地要去证明它们。

第一个例子集中于奥地利生物学家保罗·卡默勒的平生事业。他公开了一些实验报告，声称人类可以直接影响体形的进化。他使一种阿尔卑斯蝾螈获得了新的颜色，并迫使一种叫作产婆的蟾蜍在水中繁殖。与其他的蟾蜍不同，这种蟾蜍通常在陆地上繁衍，因此其雄性的前肢上没有用于抓住雌性的典型深色爪垫。卡默勒声称，他能够诱导这种蟾蜍在水中交配，经历两代之后，那种深色交配爪垫实际上已开始形成。

在 20 世纪 20 年代早期，这些关于仅通过改变环境，繁育具有特殊表征的人与动物可能性的实验报告，引起了巨大的争论。卡默勒到英国宣讲他的实验结果，许多科学家，包括威廉·贝特森都对他的实验持怀疑态度。1926 年，美国自然历史博物馆的格拉德温·金斯利·诺贝尔，

◎卡默勒声称已经掌控了一组蟾蜍的进化，而李森科掌控的则是谷物。

访问了卡默勒在维也纳的实验室，仔细检查了那些蟾蜍。他得出结论说，那些前肢上的深色爪垫是用油性墨水画上去的。卡默勒本来已经接受了莫斯科大学担任生物学主席的邀请，但在诺贝尔访问之后他就开枪自杀了。

突发改变

卡默勒可能是一个过分想要证明自己理论的孤立人物，而第二个例子具有广泛得多的社会意义。特罗菲姆·杰尼索维奇·李森科是一位苏联生物学家，在斯大林时代的国营农业中占据了权力巨大的地位。李森科发明了一种接近冻结谷物种子的技术，使谷物能够加速生长以适应当地的短暂生长季节。这种技术称为“春化”，据说可以增加谷物的产量。更重要的是，李森科坚持谷物可以遗传这些改善了的品质，而不需要每年重复处理。换句话说，可以通过控制环境来造成突发的、永久性的生物学改变。

在30年时间里，苏联的科学技术教育保障了李森科的遗传学派。但是应用他的植物育种方法，苏联农业的发展愿望并未实现，李森科最终在1965年名声扫地。苏联科学也不再漠视西方关于DNA性质与作用的发现。

卡默勒和李森科都表明科学并不是铁板一块，它不时受到哲学或政治的影响，而且在形成共识之前，冲突可能是必不可少的。这两个例子都表现了对一种观念的抗拒：进化发生与人无关，而且超出人类控制。有趣的是，正是DNA作为遗传的分子基础这一发现，最终使人类得以操纵自然形态与功能。

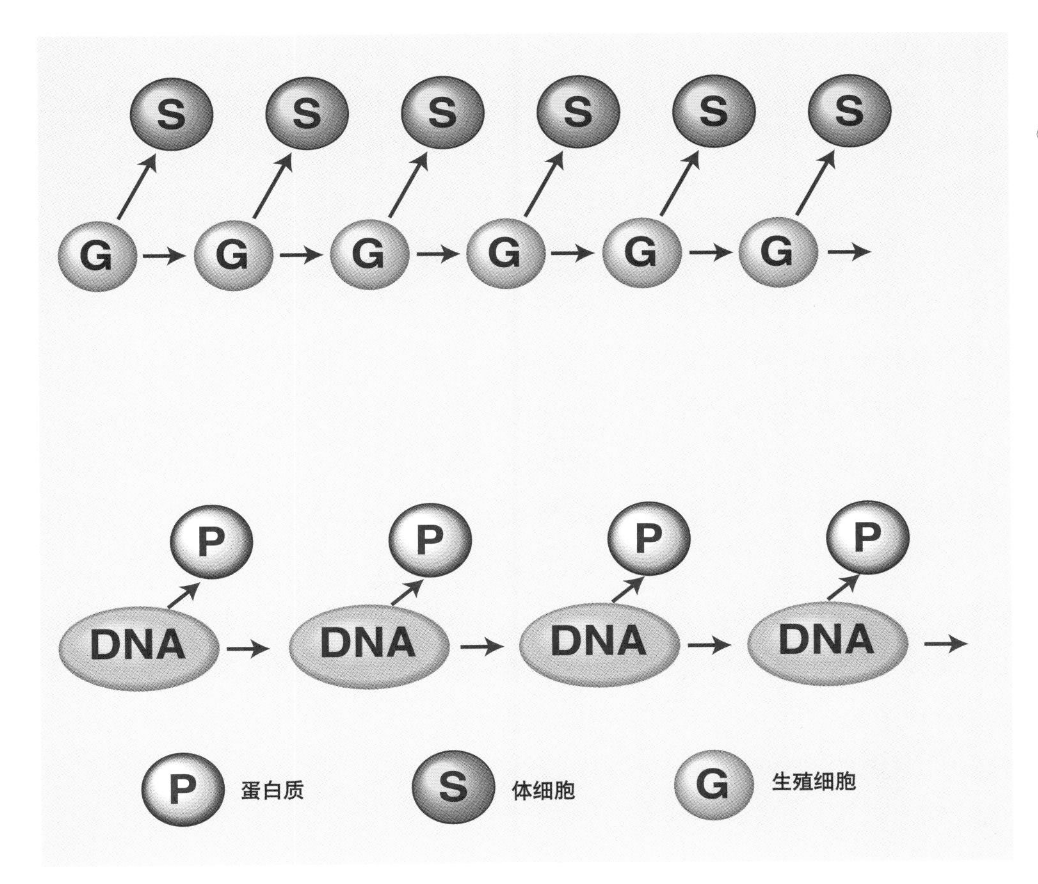

◎与卡默勒和李森科的主张相反，个体在生命期间获得的特征不能遗传。这在19世纪90年代就由德国人奥古斯特·魏斯曼所证明。他主张遗传由生殖细胞中的物质传递。被称作“种质”的生殖细胞与被称作体细胞的身体其他细胞十分不同。DNA的发现证实了这种观点。DNA负责形成机体的蛋白质，从机体蛋白质到DNA没有反馈，发生在身体上的情况，不能改变生殖细胞中的DNA：如果你割掉小鼠的尾巴再使其繁育，它们的后代仍然有尾巴；运动员的子女并不比其他孩子更强壮。生物学改变只有发生在生殖细胞的基因中，才能永久固定下来。

定向进化：优生运动

TWENTIETH-CENTURY LIFE SCIENCE

在人们称为优生的科学运动中出现一种信念，其最直接的表达是，人类可以控制或影响自己未来的进化。达尔文的一个表亲，弗朗西斯·高尔顿爵士，创造了优生这个词（希腊语为良好生育的意思），并且表达了应当通过控制生育来改善人种的愿望。高尔顿坚信达尔文的进化论，但我们可以再次看到对盲目的、非人性化的自然选择观念的抗拒，以及指导进化的欲望。高尔顿早在1869年就出版了他的著作《遗传天才》（*Hereditary Genius*），他在书中鼓吹通过几个世代的审慎婚姻，可以产生出高素质的人种。在随后的一本书中，他首创了人类遗传的统计研究，即人所共知的生物统计。他还资助伦敦大学设立了一个优生学教授职位。

专制观点

高尔顿的见解不仅是一种有趣的理论，还是自19世纪90年代晚期以来孟德尔遗传学的发展，对优生学产生新的推动。从那以后，遗传被理解为世代相传绝对不变的特征。人类特征也受到同样看待，因而认为不管怎样改善教育和社会措施，都不能改变那些生来智力低下或有犯罪倾向的人。

第一个得到高尔顿优生学教授职位的是卡尔·皮尔森，他持科学应当指导进化的极端专制观点。皮尔森认为穷人中的高出生率威胁着文明的发展。他写道："生存权并不意味着每个人有繁殖其自身的权利。当我们放松自然选择严格性的时候，越来越多的弱者和不适生存者存活下来，我们必须从精神上与身体上都提高出身标准。"

在某种意义上，这显然是对维多利亚时代关于通过社会改革和改善社会条件走向进步的自由观念的挑战。优生运动宣称，贫困、疾病和犯罪，是天生无知和人性缺陷的结果。

日益增强的偏见

优生论中不可避免地会涉及人种差异，他们宣扬白色人种具有高于其他人种的遗传素质。某些生物学家声称，人种差异是如此古老，以至能构成不同的物种，而白色人种在进化树上较其他人种前进得更远。20世纪初，法国心理学家阿尔弗雷德·比奈设计了第一个智力测验，倾向于青睐那些接受过正规逻辑教育的人，因此强化了这种观念。

1910—1940年，优生观念得到了许多科学家和社会理论家的支持。他们觉得社会进步和自由观念削弱了自然选择机制，对退化和犯罪会威胁文明忧心忡忡。

20世纪20年代，美国引入了对移民的国籍控制，更为极端的是，在大多数州里颁布了绝育法。这些法律对认为是精神失常、智力低下、犯罪或堕落的人强制施行绝育，约有数万人成了这些法律的牺牲者。纳粹德国以最冷酷无情的形式运用这些观念和实践，作为人种改善的大规模政治运动的一部分，大量的精神病人被绝育甚至被处决。

◎优生学的提出者——弗朗西斯·高尔顿爵士和他的第一间人体测量实验室。
优生运动相信下一代的身体特征可以通过仔细的生育计划而“改善”。

道德困境

正是美国、德国的这些措施，使“优生学”这个词带上了邪恶的意味。不过，在最近50年中，随着遗传医学的兴起，已经以新的方式恢复了优生学的原则。如果发现父母具有遗传性疾病，如血友病、唐氏综合征或镰刀样细胞贫血等的危险，他们会受到劝告。关于存在固定不变的精神失常、犯罪倾向等个人品质遗传的陈旧观念已基本被抛弃。现在认为，在这些情况中环境因素远较遗传因素重要。

对卡尔·皮尔森这样的人，批评他们的社会态度以及导致的问题很容易，但随着科学力量的增长与进步，生活形式的改变，将面临更多的道德难题。假如在任何实质性的程度上规避了自然选择，那么除了人为选择和人为决定，又有什么能取代它呢？1875—1950年优生运动的历史再一次表明了进化的概念是如何深刻地影响人类对自身的理解，也许这种影响比任何其他的科学理论更密切。

从猿到人：追溯人类起源

TWENTIETH-CENTURY LIFE SCIENCE

遗传科学的进化理论，引出了人类起源的问题：人作为一个物种，在什么时刻与他们的动物祖先分离？人类独有的特征——意识、语言、创造性和制造工具，最早在什么时候，怎样发生？当进化论最初发表时，正是宣称人起源于猿，使维多利亚时代的读者大为震惊。

1863年，托马斯·赫胥黎在他的著作《人在自然中地位的证据》（*The Evidence as to Man's Place in Nature*）中宣称：“无论研究哪个器官系统，人与大猩猩和黑猩猩之间的区别，都不比大猩猩与较低等的猿类之间的区别大。”

◎路易斯·利基与他的妻子玛丽负责东非一处重要的化石骨骼发掘工作，当时称为东非人，现改称南方古猿鲍氏种。这种生物大约生活在250万—100万年前，接近于大猩猩和黑猩猩，同样也接近人。

路易斯·利基
（Louis Leakey，1903—1972 年）

· 人类学家。
· 生于肯尼亚。
· 入剑桥圣约翰学院学习。
· 参加过几次东非考古，特别是对基库尤部落进行了研究，他作为一位传教士的儿子，在那里长大。
· 1945—1961 年，任内罗毕科林顿纪念馆（后为肯尼亚国家博物馆）馆长。
· 1959 年，在东非奥都瓦高尔格的一次人类学考古中，和他的妻子玛丽一起发现了大约生活在 175 万年前的南方古猿鲍氏种的头盖骨。
· 1960—1963 年，发现了巧手人的遗迹，它们体型较小，生活在约 200 万年前。
· 1967 年，发现了更多遗迹，这次是一种约 1400 万年前的中新世猿类非洲肯尼亚古猿。

搜索遗失的链环

很显然，最明显的区别在于脑。脑使人能够发展其他动物所没有的智力和文化。但是人脑何以开始其前所未有的发展道路？达尔文在《人类的由来》（*The Descent of Man*）一书中提出，关键的步骤在于适应了直立姿态，这将手解放出来以制造工具，并依次引起眼、手和脑发生了其他物种所没有的，对环境反应的进步。因此，开始了连接人类与猿所谓遗失环节的化石证据的搜索。

1857年，德国尼安德特遗迹的发现，引起了相当的轰动，那近人生物的头盖骨狭长低平，但已有了相当的脑容量。到其他尼安德特发现问世时，可以清楚地了解这种生物能够用火，并埋葬死者，因此已经是相当发达的人类，排除了他们是从猿到人遗失链环的可能。一些人类学家相信，不太可能在欧洲发现遗失的链环，因为这一链环应当就近从非洲或东亚的猿进化而来。

早期发现

荷兰古生物学家尤金·杜波依斯决定在苏门答腊和爪哇展开搜索。1893年，他发现了一种直立行走的猿样生物的头骨、牙齿和骨骼，这就是世人所知的爪哇人。19世纪20年代，加拿大人步达生在中国发现了更多这种生物的遗迹，并将其发现定名为“北京中国猿人”（后俗称为“北京人”），此时对这种生物有了更多的了解。当时年代测定技术还不十分发达，但显然北京人已经使用石制和骨制工具，掌握用火，并已有了超过1000立方厘米的脑容量，达到了现代人的水平。

与此同时，古生物学家开始在非洲的撒哈拉以南工作。1924年，澳大利亚解剖学家雷蒙德·达特在南非发现了一个幼体的头盖骨，命名为南方古猿。头盖骨基底宽阔，并有拉得很长的下颚，而脑容量只有大约500立方厘米。这种生物身高远不及1.5米，但直立行走。在南非和东非的进一步发现，证实这是类人猿的最早形式，即一种脑明显增大的猿样生物。

玛丽·道格拉斯·利基·奈尼科尔
（Mary Douglas Leakey Née Nicol，1913—1996年）

· 人类学家。
· 生于英国伦敦。
· 早年对考古学和史前遗迹发生兴趣。
· 在路易斯·利基的新书《亚当的子孙》（*Adsam's Ancestors*）展示会后与其结婚。
· 1948年，在鲁辛加岛发现了一种200万年前的早期猿类——非洲古猿 的遗迹。
· 1951年开始，与其丈夫路易斯一起，在坦桑尼亚的奥都瓦高尔格工作，1959年发现史前人类南方古猿鲍氏种。
· 1976年，她在拉多里的发掘中，发现了三行化石化的足迹—— 显示为360万年前直立行走的人类祖先。
· 1979年，出版《奥杜瓦伊峡谷：我对早期人类的搜索》（*Olduvai Gorge: My Search for Early Man*）。
· 1987年，合著了《拉多里：坦桑尼亚北部的上新世遗址》（*Laetoli: A Pliocene Site in North ern Tanzania*）。

◎头盖骨，从左至右：能人→直立人→爪哇人→北京人→智人。

早期人类

科学家推测，这种类人猿离开了它们的森林故乡，并在开阔的平原上定居下来，在那里它们适应了直立姿势。直立的结果加速了脑的发展，虽然只有头盖骨留存下来，但它是较高智慧的产生部位，由脊髓增大而成。雌性的骨盆也在变大，可以生出头骨较大的幼仔。

◎智人的头盖骨——现代人（左）和尼安德特亚种，25万—3万年前生活在欧洲和亚洲西南部。

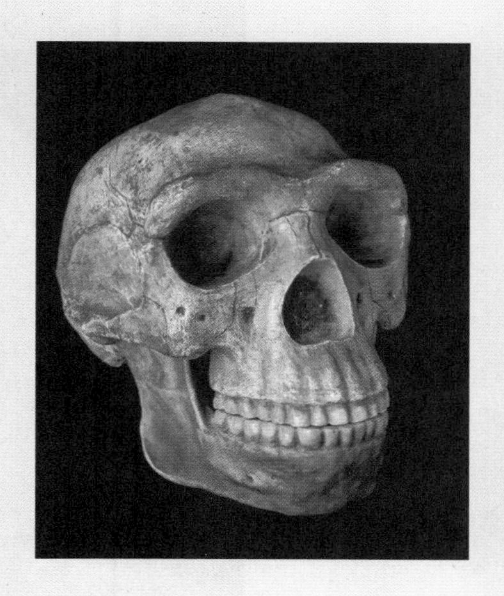
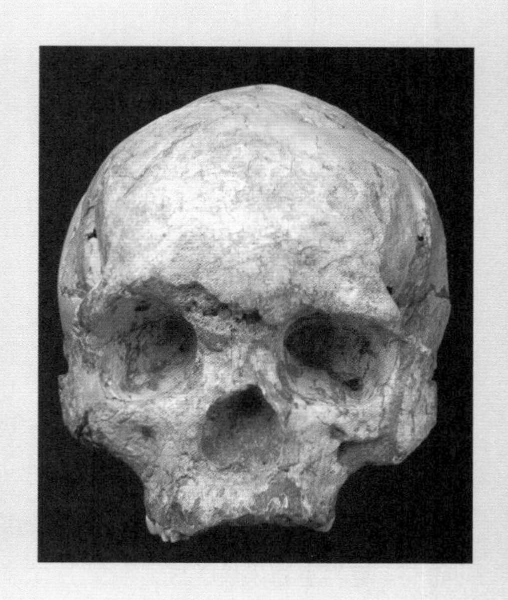

早期人类的一个最重要的发现，是保留在今天坦桑尼亚火山岩上的一串脚印，清楚地显示两个直立的个体从那里走过。这是1976年的发现，此时科学的年代测定技术已有了长足发展（基于放射性衰变测定），可以有把握地估计脚印属于375万年前的南方古猿。

在这种年代测定技术的帮助下，科学家在肯尼亚、坦桑尼亚和埃塞俄比亚研究和分析了大量类人猿遗迹，证明从猿到人的各生物种的过渡过程，全都发生在非洲东部的大裂谷地区。古生物学家利基家族的成员为这项研究作出很大贡献，即作为父母的路易斯·利基和玛丽·利基，还有他们的孩子理查德·利基和乔纳森·利基。路易斯和玛丽确定了可能是最早的类人猿——原康修尔猿的遗迹，它们生活在2000万年前，可能是人类、大猩猩和黑猩猩的共同祖先。而这些最高级的灵长动物相互分离的点仍不清楚。玛丽·利基还发现了南方古猿的足迹。

◎克罗马农人的头骨与下颚。因骨骼1868年在法国克罗马农发现而得名。他们是现代人的直接史前祖先，生活在欧洲冰河时期。

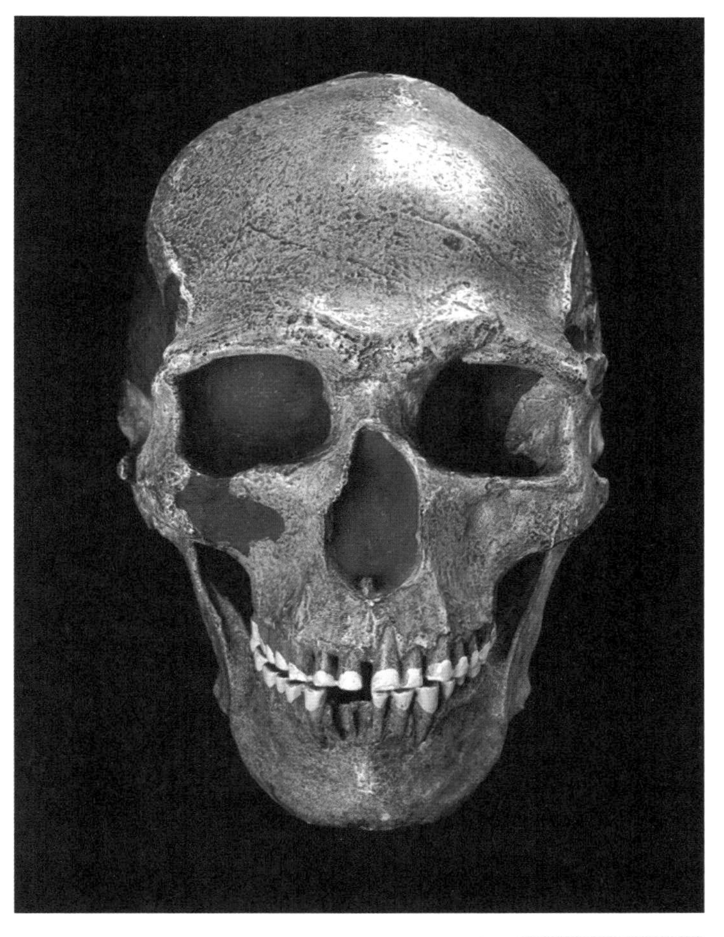

不同的生物种

乔纳森和理查德提出，这么多的发现必须划分成几个不同的生物种［译注：种（Species）和人种（Race）是两个完全不同的概念，前者有明确的界定标准：不同种生物间的杂交不能产生有生育能力的后代。为了避免混淆，我们将前者译为生物种。现在全世界的人类都属于同一生物种。不同人种，只是人类生物种之下的不同类型。黑人与白人间的差别，还不到亚种水平］。他们为这些生物种定名为能人（H. habilis）、直立人（H. erectus）以及最后的智人（H. sapiens）。关键性的发展是颅骨容量，伴随着使用石制工具技巧日益增加的证据。直立人在 125 万—50 万年前获得了足够的技巧，使他们从非洲东部腹地，迁徙到亚洲和欧洲不同气候的地区。现在认为，爪哇人和北京人都属于直立人，他们的遗迹也在欧洲大部分地区被发现。

直立人通常是穴居者，他们掌握了用火的方法，能够烧熟食物，穿着兽皮。有人提出，是全球气候变冷促使这一生物种迁徙，寻找新的居住地。新环境的挑战，又进而刺激了其适应能力的迅速增长。我们还不能说这时是否已经产生了任何有意义的语言，但其继承者——智人必然有了语言，因为在这里我们首次发现明确无误的文化发展的迹象。

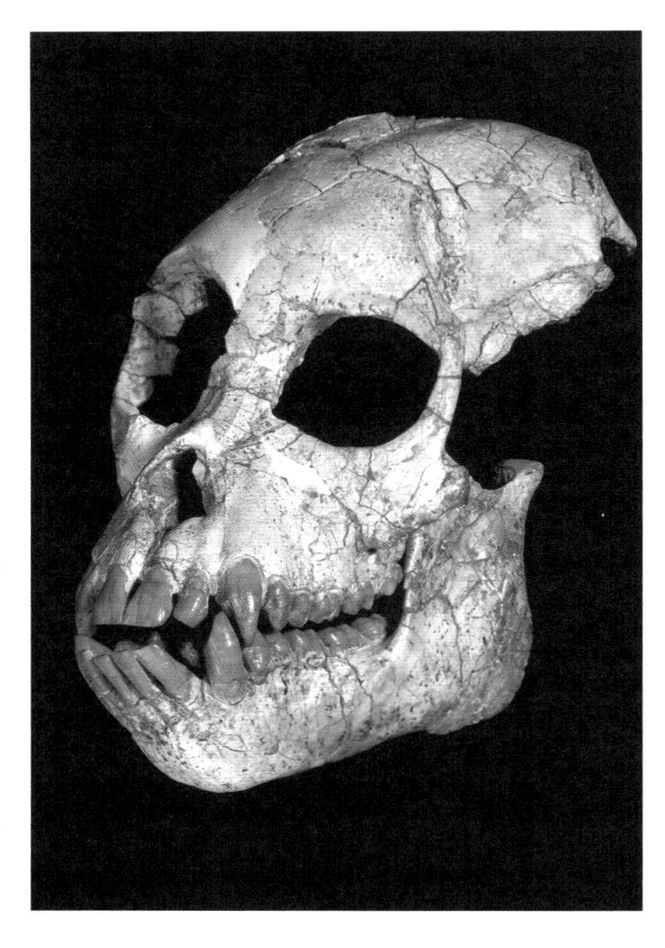

◎非洲古猿头盖骨。

◎人类的起源。通往现代人的发展过程出现过多个盲端，这一观点被人们广泛接受。确实，三个已定名的人类生物种中的两个——能人和直立人已经灭绝。智人由直立人进化而来。

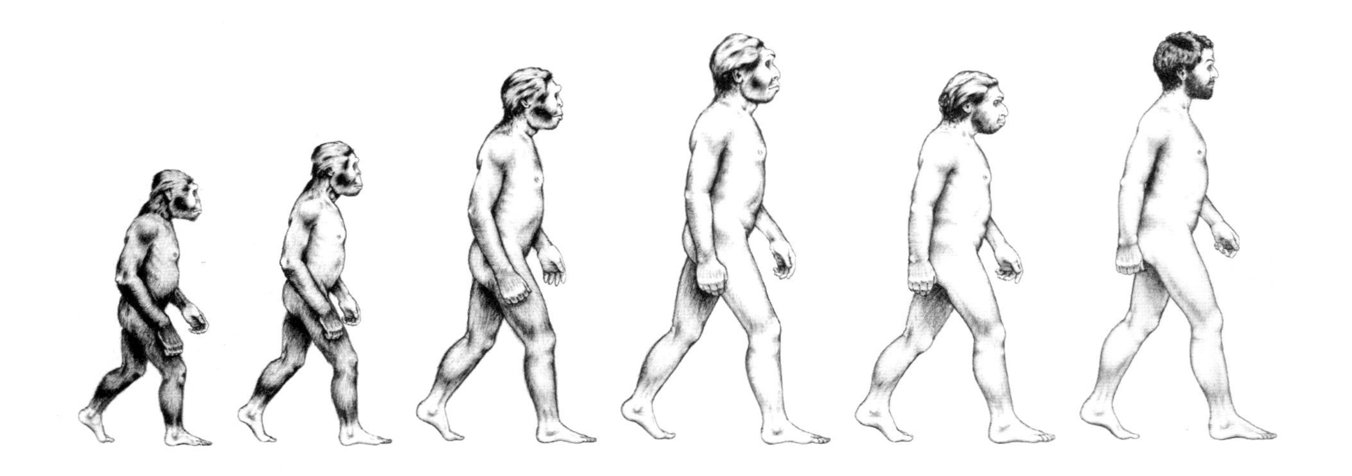

◎智人从其东非诞生地散布到世界所有大陆的可能路线。不能完全肯定这个新物种仅一次性地出现在一个地方。

早期祖先

从大约10万年前开始，智人开始埋葬死者、看护病人，并且装饰他们的身体和居所。部族成员之间如果没有语言来交流思想和动机，这些实践是不可能实现的。

还有许多核心问题我们无法回答。我们不知道智人是否只一次性地在一个地方出现，然后迁徙到整个世界，或者这一新生物种同时出现在几个不同的地方。美国人类学家卡尔顿·史蒂文斯·库恩认为，从直立人到智人曾有过五次跨越鸿沟的发展，以此解释现代人种的起源。我们不知道不同群体之间怎样相互影响。例如，尼安德特人是否随智人迁徙，或他们是否灭绝？甚至，我们还不能说出人类从何而来，意识、创造力、语言和文化究竟从什么时候产生？在化石记录中没有留下这些事件的线索，也许这些永远无法解释。

理查德·利基

（Richard Leakey，1944—　）

- 人类学家。
- 出生于内罗毕，路易斯和玛丽的儿子。
- 与父母一起工作，6岁时发现第一块化石。
- 1960年，离开学校，为动物园担任动物捕手。
- 1969—1975年，与考古学家格林·伊萨克一起在特卡那湖东岸调查化石遗址，发现类人猿遗迹。
- 1968年，被任命为肯尼亚国家博物馆行政馆长。
- 多产作家，著作包括《起源》（*Origins*，与罗杰·卢因合著，1977年）、《对起源的重新思考》（*Origins Reconsidered*，与罗杰·卢因合著，1992年）等。

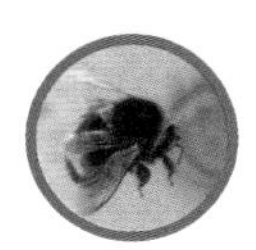

动物行为：本能与文化

TWENTIETH-CENTURY LIFE SCIENCE

通过联系人类与动物，进化论提出了人类思维与人类文化起源的问题。人性的哪些方面是独有的，它们是否处于意识的控制之下？是否存在既塑造我们的身体形态，也塑造我们思维和行动的生物遗传？对动物的研究是否能够反映人类出现的不同阶段？能够将本能仅作为一种物理现象来分析吗？正是由于这样的动机，科学家对动物（从昆虫到灵长动物）的行为研究取得了巨大发展。

定向感觉

这些研究的一个突出结果是发现了复杂的、结构性的行为，并非大的、我们认为在进化程度上较高等动物的天赋能力。奥地利动物学家卡尔·冯·弗里施用了40年研究蜜蜂的行为。通过一系列精巧的实验，他证明了蜜蜂能够通过一种特殊的“舞蹈”来交流，如新的食物来源等信息。事实上，当食物来源在24米以内或超过90米时，存在着两种不同类型的舞蹈，在这中间的距离则使用混合的舞蹈形式。舞蹈包括沿蜂巢表面的直线飞行，同时尾部快速摇摆。弗里施指出，这种运动的角度，和食物来源与太阳照射在蜂箱之间的角度相符。在蜜蜂的神经系统中，还未发现能解释这种使蜜蜂具有方向感的器官特征。

◎蜜蜂具有复杂的、高度结构性的行为特征。这些行为的固有模式，我们称其为本能，就像它们身体的某些部分如翅、腿和眼一样属于生物遗传。

同样令人惊异的是蜜蜂间不同本能的遗传证据。一些蜜蜂表现一种清洁行为，而其他种类则否。如第一类会从蜂巢中除去死掉的蛹，第二类不会；而这种特征的遗传准确地遵循孟德尔的四分之一比例。无疑这种行为特征就像任何身体特征一样，准确无误地受基因的控制。

生物钟

在持续存在的生物节律中，也可以看到这种本能的生物化学基础。就像一个物种可以利用物理环境中的每一个生态位一样，它们也适应了利用不同的时间段去猎食、繁殖或者去休息。大多数植物、昆虫和动物表现出良好的生物节律，它们甚至在实验室条件下也保持这种节律——当光线和温度保持恒定，它们的行为仍像在自然条件下一样而不改变。结论是，在生物体内存在着具有稳定生物化学基础的生物钟。

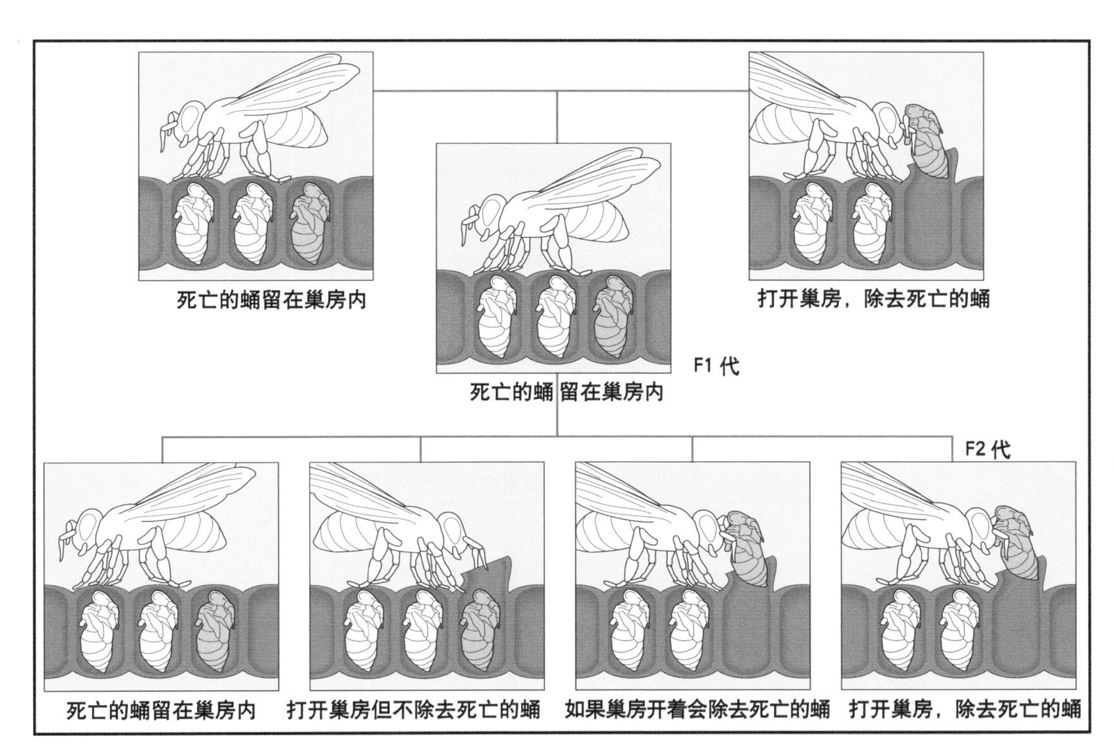

◎某些蜜蜂会除去死亡的蛹，而有一些不会。这种本能特征遵循遗传规律。

生物体本能中，印记时间和空间特征的最明显的例子是迁徙现象。一些迁徙跨越巨大的距离，并遵循复杂费解的有规则的重复方式。欧洲和北美的鳗鲡会在大西洋中称作马尾藻海的温暖高盐水域产卵；墨西哥湾暖流会将这些幼小的鱼带回到大陆架的浅水区，它们在那里长到可以辨认的幼鳗，成百万地上溯淡水，并在淡水中生活长达15年，然后顺流而下，重回马尾藻海，在那里产卵，并结束自己的一生。

遗传印记

鸟类的迁徙与归巢绝技同样引人注目。理论性的解释为：鸟类具有对太阳位置和运动、对地球磁场的本能反应，甚至在头脑中有一些星球的星图。然而，必须强调的是，目前没有发现鸟类具有任何感觉器官或生理过程支持这些理论，显然这些能力印记在这些物种的遗传分子之中。这种多样性的本能和身体器官一样，以丰富可变的形式演化，并像翅、爪和鳍等一样，是动物遗传的组成部分。

自然解释

动物实验显示了机体中最隐秘的化学系统——内分泌系统的工作方式。内分泌系统将激素输入血液，调节至关重要的功能如生长和繁殖，对我们的精神状态和情绪也有巨大的影响。

肾上腺素是我们最为了解的激素，其分泌使我们呼吸与心跳加速，为“战斗”或“逃命”做好准备。但是，肾上腺素的过度分泌会造成内分泌腺，如肾上腺本身的损伤，导致内分泌总体失调。奥地利生理学家汉斯·谢耶将这种结果总称为“应激”，并从此成为医生解释心理异常时不可或缺的概念。慢性应激可以导致严重疾病甚至死亡。有实验表明，被关在其他老鼠领地内的老鼠，会因为紧张造成肾上腺素分泌过剩而死亡。其他动物也发生过这种因过度拥挤造成紧张而致死的情况。

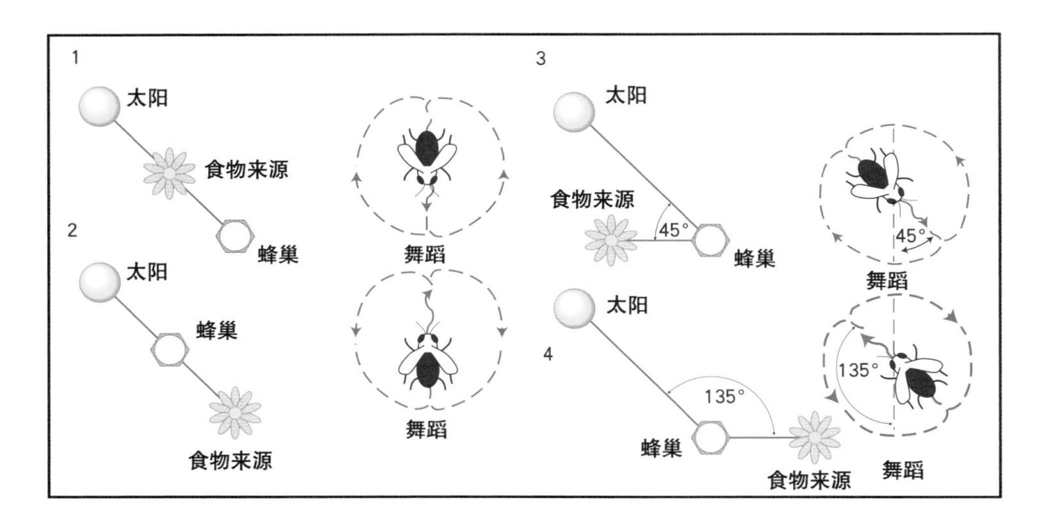

◎蜜蜂的舞蹈。蜜蜂依靠摆动尾部和垂直面上的运动，指示食物来源方向。它们运动的角度，与太阳、蜂巢和食物来源之间的角度准确相符。

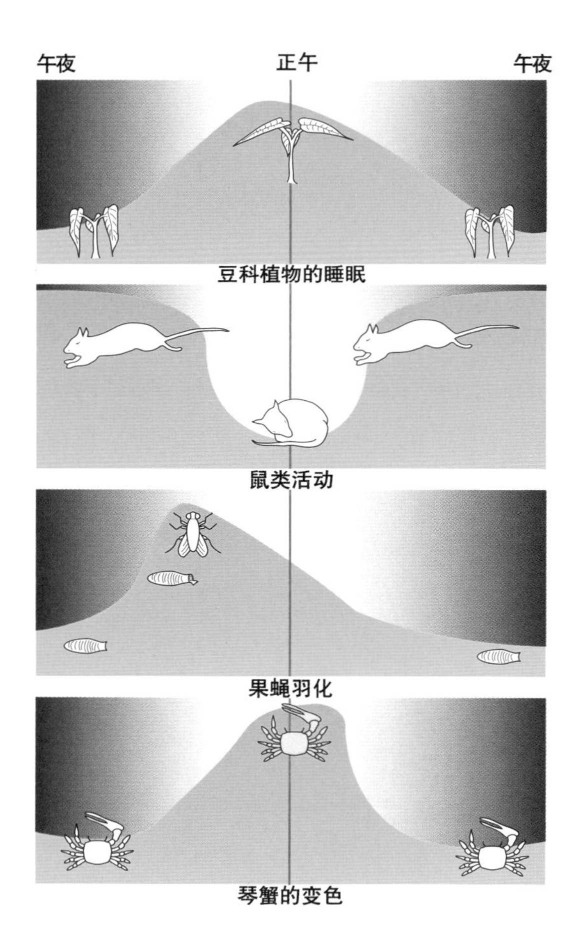

◎与日光和黑暗相关的这些生物活动，甚至在人为的实验室环境中也继续存在。节律显然筑入了生物体之中。

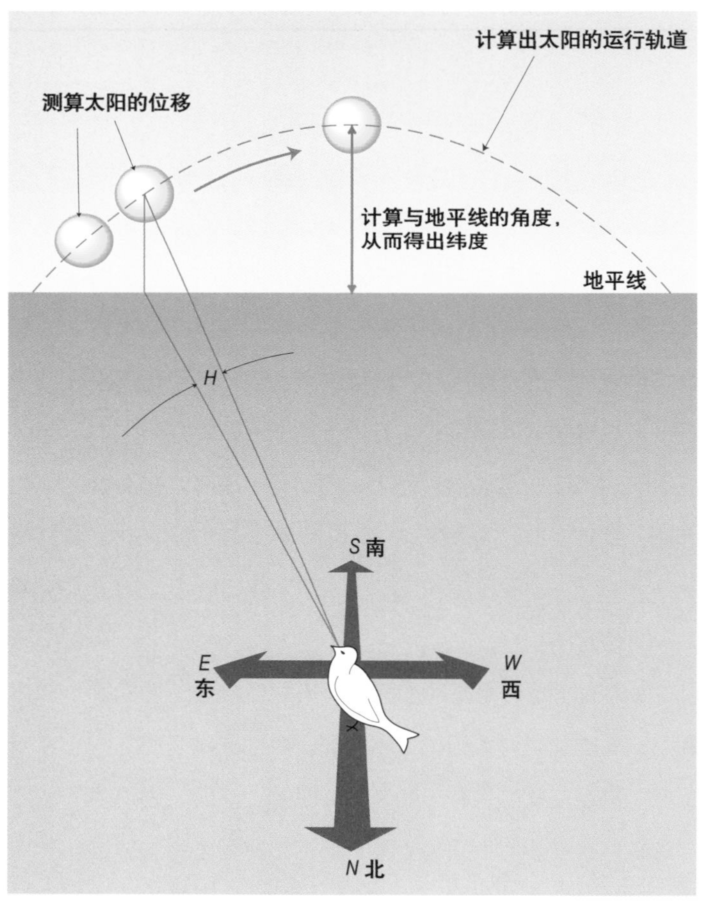

◎鸟类迁徙的一种可能解释：鸟类能够感受太阳的运行轨道，并确定正午时的天顶和太阳高度（角H），从而得出纬度；测定从正午太阳与地平线切点之间的角度，从而感知经度。

可比拟的生活

在动物行为领域，与人类关系最密切的是灵长类动物研究。灵长类动物学家如罗伯特·耶基斯研究猿和黑猩猩，得出其社会等级结构与人类极其相似的结论。在这些灵长动物中，存在着雄性占主导地位的家族，这也是遗传给人类的自然行为模式。然而，一些人类学家强调，攻击性是人类生物遗传中的基本组成部分，也是人类与灵长类动物联系中最为阴暗的一面。在20世纪60年代，美国科学作家罗伯特·阿德里写了一系列有影响的书，书中提到了南非古生物学家雷蒙德·达特关于南方古猿是“杀手猿”的观点。阿德里认为，南方古猿正是在发明了杀伤性武器之后，才开始了脑的增大过程。这些武器使南方古猿知道了肉的滋味，从而增强了它们的力量，并驱使它们继续杀戮。这样，我们的祖先就需要发展更强有力的神经控制，以制造更好的武器等。在阿德里的观点中，侵略和杀戮的需要是人类进化的本能和驱动力量。

这种非常悲观的观点遭到了其他人类学家的抵制，他们采用了更为人道主义的观点。他们指出，人类发展的突出特征，是重塑了人类的生物遗传。文化的发展——艺术、科学、宗教、制度、技术，每一种都创造了不同于自然的新环境，而这是对个体塑造性的影响。本能与文化的这种争论还在继续。显然，人类的本能，与鸟类迁徙、蜜蜂舞蹈的本能不同，而是与猿更为接近。人类行为在什么时候变得自如、理性和非生物化的，仍然是个谜。

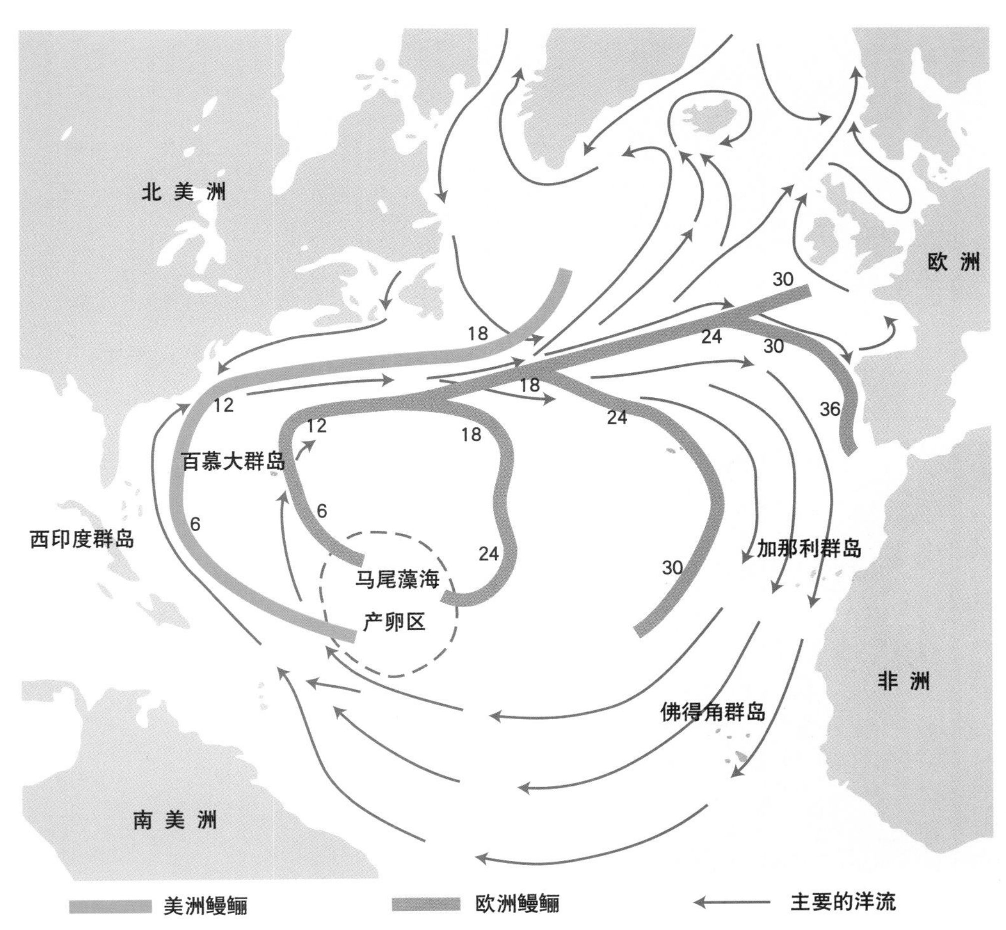

◎鳗鲡往返于它们的产卵地马尾藻海的不寻常的洄游现象，仍然无法解释。

生物化学：搜寻DNA

TWENTIETH-CENTURY LIFE SCIENCE

古生物学和行为科学都提供了研究人类进化与人性的途径，但理解人类独一无二的遗传的突出进展却来自化学，来自揭示人类基因的最核心的分子结构。

到20世纪初，人们认识到生命细胞就像一个微型化学实验室一样，这使许多生物学家相信遗传因子必定包含在细胞之内。染色体在细胞繁殖之前分裂，提示遗传因子可能涉及这些染色体。多年来，科学家将由细胞核内提取的含氮与磷的酸性物质称为核蛋白，但是也发现染色体含有不同种类的蛋白质，这就产生了一个问题，究竟是蛋白质还是核蛋白携带着遗传信息。

DNA转移

通过不断进步的化学分析，科学家了解到细胞核，或人们所说的核酸，仅由4种不同的结构单元组成；而活组织中的蛋白质，却由20种不同的氨基酸组成。考虑到遗传信息的复杂性，科学家觉得遗传物质的本质必定是蛋白质。直到1930—1950年，这种情景逐渐发生了改变。

最初的线索来自英国细菌学家弗雷德里克·格里菲斯的工作。在20世纪20年代末，格里菲斯进行了一系列实验。他将两种引起肺炎的细菌接种到小鼠身上，其中一种是活的但无毒（不危险），而另一种有毒力却已被加热杀死。当给小鼠分别接种这两种细菌时，像人们所预料的一样，没有结果。可是当同时注射两种细菌时，小鼠却发生肺炎而死。这是一种奇怪的结果，似乎在死去的有毒细菌中某种特性“复活”了。多年之后，加拿大人奥斯瓦尔德·埃弗里作出了一个很好的解释，他成功地分离出从死细菌转移到活细菌的物质。虽然细菌的细胞已经死亡，但有机化学物质依然存留，这种物质就是核酸，即我们现在所知的DNA。通过DNA的转移，显然是改变了细胞的遗传结构，得以在接种的混合物中重建了有毒性的细菌。重要的是，新细菌的所有后代都重获毒性。埃弗里的工作，是指明DNA在转移遗传特征中至关重要作用的第一个确定无疑的证据。

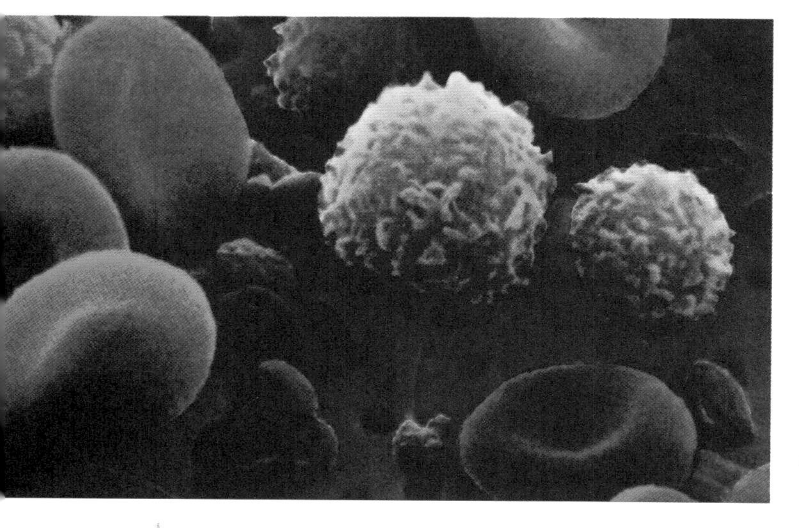

◎传统上认为血液是遗传所在，因而才有了血亲、血缘、皇家血统、某人的嫡亲骨血等说法。

◎科学家深信存在着一种物质，遗传通过这种渠道传递，但这种物质不是血液。

遗传改变

1950—1952年，美国人阿尔弗雷德·赫尔希和玛莎·蔡斯，在华盛顿卡内基研究所进行了错综复杂的实验，他们使用一类称为噬菌体的可以攻击和感染细菌的病毒来证实了这一观点。噬菌体的整个外表面由蛋白质构成，而DNA位于其内部。赫尔希和蔡斯制备了非常精细的系统，用不同的放射性染色剂来标记蛋白质和DNA。他们用噬菌体攻击细菌并分析结果。通过追踪放射性染色剂，他们发现噬菌体的蛋白质完整地留在宿主细胞的外部，而DNA却穿透入内。噬菌体通过转变宿主细菌的DNA，并使它产生噬菌体DNA来起作用。细菌死亡后，会释放出新产生的噬菌体并攻击更多的细菌。事实上，原来细菌的生物遗传发生了极大的改变，被重新定向，来产生一种不同的生物，这就是DNA的作用。

在赫尔希和蔡斯研究之后，大量证据表明构成所有生物基因的基本物质是同样的。它们由含磷酸与糖的核酸链状分子构成。显然，控制着所有生命形式的生长和结构的遗传信息，都位于这些复杂的化学物质之中。阐明这些化学物质作用的工作，成了科学中最紧迫的领域之一，许多生物化学工作者接受了这一挑战。

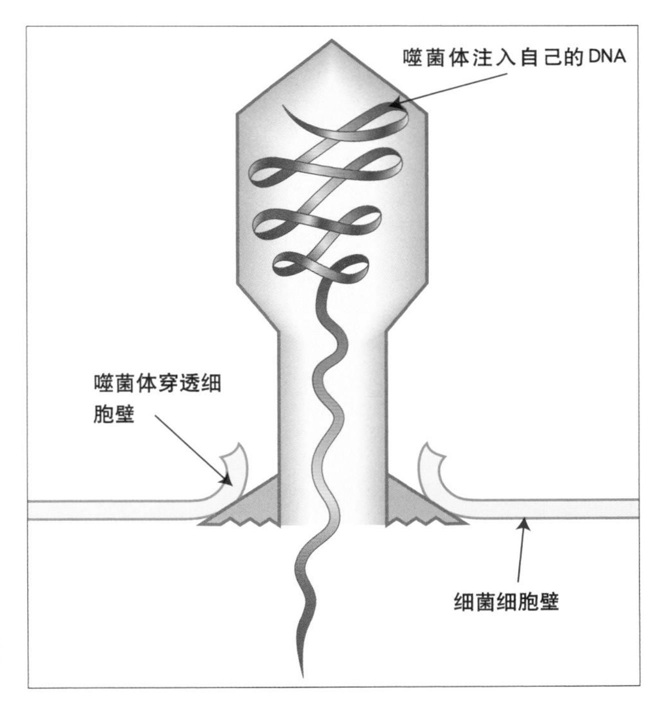

◎噬菌体。

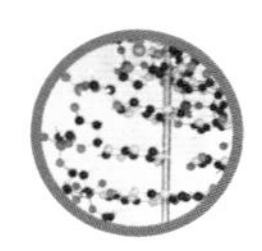

生物化学：发现DNA结构

TWENTIETH-CENTURY LIFE SCIENCE

当英国人弗朗西斯·克里克和美国人詹姆士·沃森1951年在剑桥开始研究DNA时，科研人员对DNA已经进行了许多研究，特别是奥地利生物化学家埃尔温·查加夫用紫外线辐射形成与测定光谱来分析DNA。他指出，基本化学组成总是同样的四种有机成分：腺嘌呤（A）、胸腺嘧啶（T）、鸟嘌呤（G）和胞嘧啶（C），它们和一切有机化合物一样，由碳、氮、氧和氢组成。在任何一个物种，这些碱基的排列是恒定的，但在物种与物种之间，排列的差别很大。

蓝图

这进一步证明了DNA的作用像每一物种的遗传蓝图。另一条重要的线索是英国X射线晶体衍射学家莫里斯·威尔金斯和罗莎琳德·富兰克林的工作。他们试图完成DNA晶体结构的图像。这些工作的意义在于，如果DNA可以结晶，它必定具有规则的原子结构，不管它如何复杂，都应当能够通过图像进行分析。

克里克和沃森用铁丝和纸板构筑模型，来研究X射线图像所显示的空间结构。开始时，他们罕有收获，直到他们觉察到四种成分总是两个一组——腺嘌呤总是与胸腺嘧啶连接，而鸟嘌呤总是和胞嘧啶连接。实际上，是由两串化学物质链构成的两条主链。在几个星期的时间里，克里克和沃森阐明了著名的双螺旋模型，两条螺旋线像梯子一样自身盘旋。梯级由碱基对构成，而两边是成串的脱氧核糖和磷酸。这一模型符合所有的X射线证

738 NATURE April 25, 1953 Vol. 171

King's College, London. One of us (J. D. W.) has been aided by a fellowship from the National Foundation for Infantile Paralysis.

J. D. Watson
F. H. C. Crick

Medical Research Council Unit for the Study of the Molecular Structure of Biological Systems,
Cavendish Laboratory, Cambridge.
April 2.

[1] Pauling, L., and Corey, R. B., *Nature*, **171**, 346 (1953); *Proc. U.S. Nat. Acad. Sci.*, **39**, 84 (1953).
[2] Furberg, S., *Acta Chem. Scand.*, **6**, 634 (1952).
[3] Chargaff, E., for references see Zamenhof, S., Brawerman, G., and Chargaff, E., *Biochim. et Biophys. Acta*, **9**, 402 (1952).
[4] Wyatt, G. R., *J. Gen. Physiol.*, **36**, 201 (1952).
[5] Astbury, W. T., Symp. Soc. Exp. Biol. 1, Nucleic Acid, 66 (Camb. Univ. Press, 1947).
[6] Wilkins, M. H. F., and Randall, J. T., *Biochim. et Biophys. Acta*, **10**, 192 (1953).

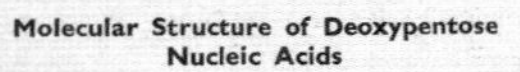

Molecular Structure of Deoxypentose Nucleic Acids

While the biological properties of deoxypentose nucleic acid suggest a molecular structure containing great complexity, X-ray diffraction studies described here (cf. Astbury[1]) show the basic molecular configuration has great simplicity. The purpose of this communication is to describe, in a preliminary way, some of the experimental evidence for the polynucleotide chain configuration being helical, and existing in this form when in the natural state. A fuller account of the work will be published shortly.

The structure of deoxypentose nucleic acid is the same in all species (although the nitrogen base ratios alter considerably) in nucleoprotein, extracted or in cells, and in purified nucleate. The same linear group of polynucleotide chains may pack together parallel in different ways to give crystalline[1-3], semi-crystalline or paracrystalline material. In all cases the X-ray diffraction photograph consists of two regions, one determined largely by the regular spacing of nucleotides along the chain, and the other by the longer spacings of the chain configuration. The sequence of different nitrogen bases along the chain is not made

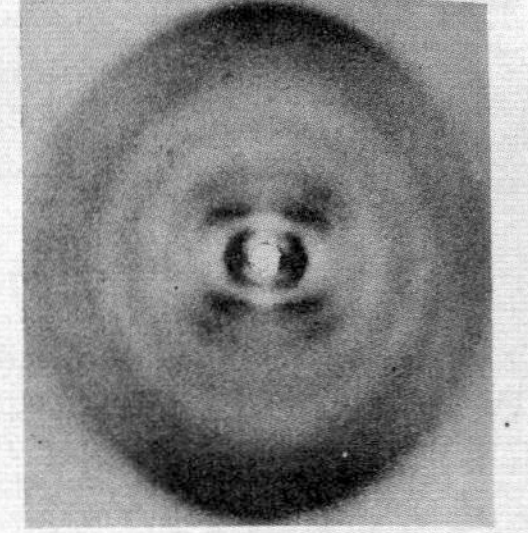

Fig. 1. Fibre diagram of deoxypentose nucleic acid from *B. coli*. Fibre axis vertical

the innermost maxima of each Bessel function and the origin. The angle this line makes with the equator is roughly equal to the angle between an element of the helix and the helix axis. If a unit repeats n times along the helix there will be a meridional reflexion (J_0^2) on the nth layer line. The helical configuration produces side-bands on this fundamental frequency, the effect[5] being to reproduce the intensity distribution about the origin around the new origin, on the nth layer line, corresponding to C in Fig. 2.

We will now briefly analyse in physical terms some of the effects of the shape and size of the repeat unit or nucleotide on the diffraction pattern. First, if the nucleotide consists of a unit having circular symmetry about an axis parallel to the helix axis, the whole diffraction pattern is modified by the form factor of the nucleotide. Second, if the nucleotide consists of a series of points on a radius at right-angles to the helix axis, the phases of radiation scattered by the

◎上图：1953年4月25日出版的《自然》杂志，其中克里克和沃森向全世界宣告了他们的发现。

◎下图：弗朗西斯·克里克。

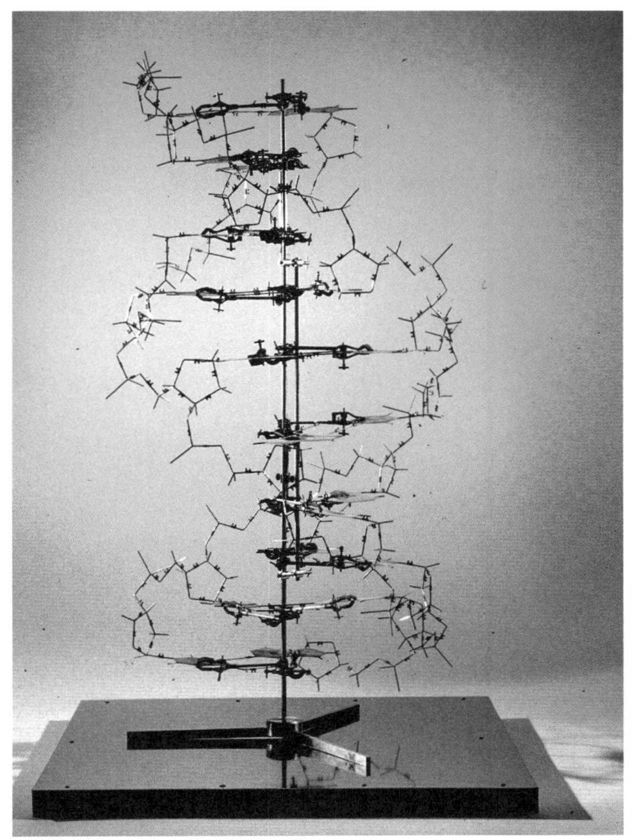

◎克里克与沃森最初用铁丝构筑的DNA分子模型（左），以及后来较完善的版本（右）。

据，并为数以百万计的碱基组合提供了高度灵活的物理结构。这一结构发表于1953年4月。事实上，美国的生物化学家莱纳斯·鲍林已经接近得出类似的想法，而结晶学家罗莎琳德·富兰克林也收集到了必要的证据，但对正确的结论犹豫不决。

自我复制

在这一历史性发现之后的几年里，越来越多的证据显示了克里克–沃森模型的正确性，以及DNA的工作原理。首先显示的是DNA如何通过解开双链并利用周围细胞介质中的游离化学碱基形成两条新链的自身复制方式。和所有的生物化学事件一样，这一过程由酶触发，在这里是DNA聚合酶。在实验室中得到证实，以聚合酶和糖作为能量来源，将腺嘌呤、胸腺嘧啶、鸟嘌呤和胞嘧啶聚合到一起。为开始DNA合成，还需要一种成分，很少量的DNA作为引物或模板。DNA合成的形式由模板确定。不管酶取自何种生物，如果DNA模板来自猫或狗，合成的也会是猫或狗的DNA。

DNA 的主要功能除了自我复制，还在于构筑蛋白质。这四种碱基所可能产生的大量序列作为一种“密码”，指导所有生命组织中的蛋白质组成机体不同的组织。一种生物的基因，实际就是埋藏在 DNA 中的化学密码的总和。DNA 通过一种叫作信使 RNA (mRNA) 的中间物质实现蛋白质合成。DNA 本身从不离开细胞核中的染色体，而蛋白质合成主要发生在细胞的细胞质中。DNA 将其化学结构的顺序翻译到 RNA 上，然后 RNA 转入细

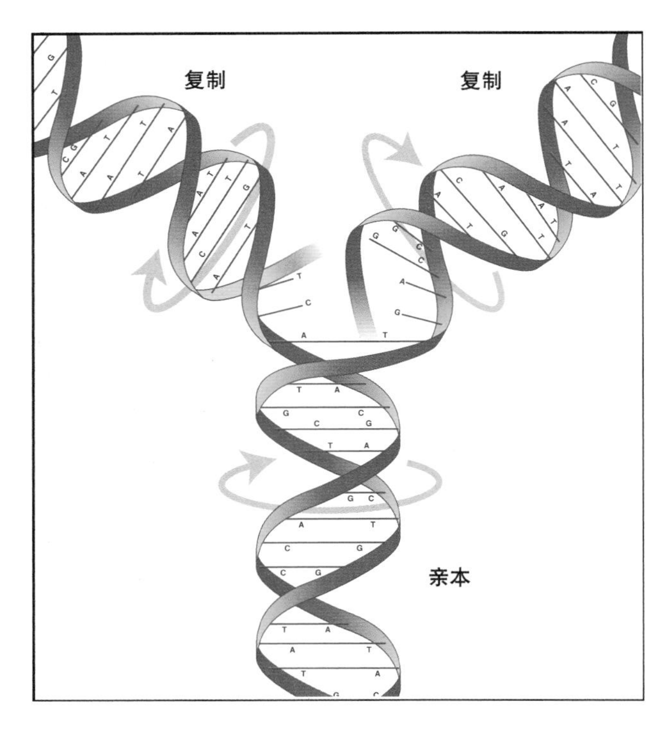

◎DNA复制过程。

胞质，在那里指示氨基酸分子进行构筑和组合。

这一过程就是遗传学的中心法则：先从DNA转录到RNA，再从RNA翻译成蛋白质。生物界所有生长和发展都是由这些变化无穷的化学事件引起的。同样的几种基本化学物质，像建筑中的砖瓦一样，构成了细菌病毒、树木花草、人、鱼、鸟及爬行动物等任何生命形式。甚至在这些生物体内，还要分别构成眼、手、血液、骨骼、翅膀、神经、羽毛等所有的一切。

这样，除了基本的蛋白质构成密码，还存在着一张总的“设计”蓝图。在一匹马或一只羊体内，同样的基本蛋白质被各自的DNA装配起来，产生马或羊，而不是别的什么东西。一种生物的所有细胞，都含有这种生物的全部DNA，尽管只有很小一部分用于“设计”这个特定的细胞。一个皮肤细胞含有构成大脑所必需的全部DNA，而一个血细胞携带着骨骼所必需的DNA，等等。这意味着需要大量的激活剂和抑制剂来为每一个细胞选择必需的DNA。

微小改变

正如克里克和沃森所证实的，基因由大分子化学物质组成，即孟德尔提出的，决定生物性状遗传的因子，这是遗传与环境交会之处。虽然我们说DNA是自我复制，但通过观察发现，基因在复制过程中不断发生微小的改变。DNA复制并不总是绝对准确的。这些突变可以由外部因素，如放射线引起，但也可能自发产生。这些突变最初是随机的，没有什么特别的意义，除非它们产生了一种促使生物体以某种方式适应环境的改变。如果是这样，就会成为永久性改变；如果不是，这种改变就会消失。这些突变就是自然选择的作用。

偶然还是控制

发现DNA的工作原理对进化提出了一系列新问题，而核心问题是：基因突变过程仅仅是随机的吗？难道，从阿米巴变形虫到人类，所有生命形式的进化仅仅是通过化学分子中偶然的改变而造成的？在生物学历史上，DNA的作用处于绝对的核心地位，以至于一些遗传学家认为DNA就是生命本身，它利用生物体作为保持其自身永久存在的宿主。这种观点认为进化史中存在着一种以这些化学密码表达的神秘驱动力。那些表达形式几乎没有什么意义，因为控制着生物的只有密码。这种复制—突变—复制的化学循环或许比进化本身更为神秘，虽然我们对DNA结构已经了解了不少，可对于千万种各不相同的、复杂的生命个体，究竟是如何从几种基本碱基编码产生的，我们的认识仍遥不可及。重要的是，密码是从哪里来的？

生物化学：生命的起源

TWENTIETH-CENTURY LIFE SCIENCE

发现DNA的功能，是我们理解遗传和进化论的一座里程碑。但DNA是那样复杂，又使我们解答生物学中最大的问题——生命起源的机会变得渺茫。自从进化论成为大众普遍接受的生物学思想，人们自然相信，科学总有一天能够倒放这部“影片”，即追溯进化过程直到它的最初起源，发现生命是怎样开始的。

19世纪李比希的年代开始，蛋白质的结构就可以进行化学分析，表明数十亿年前地球在当时的条件下就可以自发地产生氨基酸。在20世纪50年代早期，美国人斯坦利·劳埃德·米勒和哈罗德·尤里在芝加哥设计的实验支持这种看法。米勒和尤里提出这样一种理论：地球表面原来富含甲烷和氨等气体，拥有有机合成所必需的元素。而且，他们进一步推测，闪电时的放电过程可能提供了反应的能量。由此，他们让电流通过这样的混合物，并惊奇地发现，有机分子确实形成了，还有几种简单的氨基酸。这一结果在当时引起相当大的轰动，人们普遍相信生命就是以这种方式，在某种化学的“原始汤”中开始的。

但是困难立刻出现了。这样形成的氨基酸属于最简单的形式，显然，在它们和即使是最简单的单细胞生物的复杂结构之间，还横亘着巨大的鸿沟。特别是DNA的研究表明，蛋白质自身不能复制：对于生命，DNA和氨基酸一样，必不可少。这样就有了一个双重问题，不仅要解释蛋白质的合成，还要解释DNA（或者与其非常相似东西）的合成。因为如果没有DNA，蛋白质就会重新分散成为构成它的各种元素。

寻找起源

生命的起源是如此难以解释，以至于瑞典化学家斯万特·阿雷纽斯认为生命并非起源自地球，而是“从天而降”——孢子或种子可能是由星际空间落到地球上来的。20世纪80年代，天文学家弗雷德·霍伊尔重新提出这种理论，并再次引起争论。当发现存在于星际空间的颗粒中确实包含着某些简单的有机分子时，这种听起来古怪的想法获得了强有力的支持。

阿雷纽斯的理论是他宇宙永恒观点的结果。因而起源的观念与热力学定律相抵触，而后者是不可动摇的。生命应当被视为和宇宙同样的永恒，和其他物质一样神秘。这种理论回答了地球上生命的来源，但没有回答生命起源的问题。生命确实被看作热力学第二定律的唯一例外，因为它代表着秩序和复杂性的增加。欧文·薛定谔在一本极有影响的书《生命是什么？》（*What Is Life?*）中发展了这一观点。他强有力地指出，那种观念是一种普遍的误解，因为生命自身不是一个封闭的热力学系统，它依赖事先存在的热力学循环，最终依赖星球上的元素和太阳的能量。生命通过增加广阔宇宙范围内无序的代价，增加了自身的秩序和复杂性。

心灵的秘密：西格蒙德·弗洛伊德

TWENTIETH-CENTURY LIFE SCIENCE

20世纪伊始，正是欧洲文明四分五裂、传统的科学和艺术发生革命的年代，对人类心灵出现新的解释，似乎反映了当时所有的破坏势力。西格蒙德·弗洛伊德创立了精神分析，原本是针对某些心理障碍的一种观点，但扩展成了一种对整个人性的看法。其发展的方式自相矛盾，且与他人格格不入，而社会作为一个整体也反映了这种冲突。

弗洛伊德用于人格分析的名词引起了无休止的讨论、争论和批评。但他的观念却融入了现代语言，在我们的知识视野中，这些观点几乎享有与进化、遗传、原子物理及宇宙无限等概念类似的性质。

西格蒙德·弗洛伊德
（Sigmund Freud，1856—1939 年）

·神经学家，心理分析之父。
·生于奥地利弗赖堡。
·在维也纳学医。
·1882 年，受雇于维也纳总医院，任神经专科医生，使用催眠术治疗癔症病人。
·1885 年，迁居巴黎进行研究，对精神病理学产生兴趣。后回到维也纳，使用“自由交往”技术以解析心灵。特别对追溯童年和追忆梦境感兴趣。
·1895 年，与约瑟夫·布鲁尔合著《癔症研究》（*Studies in Hysteria*）。
·1900 年，出版《梦的解析》（*The Interpretation of Dreams*），诠释梦由隐藏的或压抑的性欲产生。
·1902 年，被任命为维也纳大学神经病理学客座教授，在那里聚集了对他的研究感兴趣的学生们。
·出版了许多心理分析理论和实际分析的著作。
·每周与志同道合的思想家在家里举办讲座。到 1908 年，这种讲座已经成为维也纳心理分析学会的常规，1910 年变成国际心理分析学会，荣格任首任主席。
·1923 年，出版《自我与本我》（*Ego and Id*），阐述自我与超我。
·1930 年，荣获歌德奖。
·1933 年，与阿尔伯特·爱因斯坦合著《为什么要打仗》（*Why War*），同时，在德国，心理分析被希特勒禁止。
·1938 年，奥地利被吞并，心理分析受到禁止。
·作为犹太人，他和他的家庭处境甚危，他们在朋友的帮助下逃离奥地利到达伦敦，次年死于癌症。

催眠效果

最初，西格蒙德·弗洛伊德对神经科学——脑与神经系统展开了研究。1885年，他在巴黎度过了一年，师从法国病理学家让-马丁·沙尔科，此人是使用催眠术缓解歇斯底里（即癔症）的先驱者。歇斯底里是没有器质性原因的身体障碍，是与强烈的神经刺激有关的症候群。沙尔科常常将他的瘫痪病人置于催眠之下来治疗。这种经验使弗洛伊德大开眼界：这样的疾病可能起源于其心灵和整个人生经历之中，而不是脑与神经系统的实质疾患。

回到维也纳，弗洛伊德将整个19世纪90年代都花在对一些患了不同的幻觉症和妄想症病人的工作上，这些疾病常常使病人的生活无法自理，产生如瘫痪、幽闭恐惧症、失眠或恶心等身体方面的副作用。弗洛伊德放弃了催眠治疗方法，而发展了他自己的人生分析技术。他鼓励病人讲述其个人生活，探究他们的记忆，并发现其感受。

◎西格蒙德·弗洛伊德，心理分析奠基者，人类科学的探索者，摄于1910年前后。

◎在弗洛伊德的观点中，梦是显示我们不能完全控制的想法和情感的信号，梦是来自我们内心生活的密码信息。

内在冲突

弗洛伊德从这些诊疗中得出的最重要的教益是，心灵不是一个理性的统一整体。相反，这些病人的心灵似乎被分割成互不相关的部分，它们之间相互冲突。他的病人因感到内疚、焦虑、抑郁和丧失社会能力而苦恼。弗洛伊德觉得，他可以从这种感觉追溯到通常是在他们年幼时所受的精神创伤。弗洛伊德认为，心灵在试图掩埋这些事件，但这些事件却以梦幻的形式浮现，在梦中病人受到愚弄、惩罚，产生多重人格或被排斥。心灵是如何以这种方式与自己对立呢？

弗洛伊德的核心观点是，我们心灵的大部分是无意识的，以一种我们不能控制的方式处理经验和感觉。最明显的方式就是在梦中浮现无意识的恐惧和欲望。1900年，弗洛伊德出版了他最重要的著作《梦的解析》（*The Interpretation of Dreams*）。为了证实他的病人的经历，弗洛伊德进行了多年的自我分析，记录下自己的梦、自己的荒谬行为和感觉，并试图揭示其真正含义。

能量中心

弗洛伊德根据对病人和他自己的分析，提出心灵可以划分成为三个要素、三个能量中心。“自我”就是意识本身，能够自行工作达到最终的目标。但它以理性的方式工作，能够处理内在的感受和外在的压力，从而建立人格。与自我完全相反的是“本我”，这是弗洛伊德给为达到自我满足的基础本能所起的名字。本我是自私的、非道德的，充满了原始的能量，它是我们生物遗传中最原始的部分。

介于本我和自我之间的是心灵的第三部分——“超我”，它像监工一样管制着本能。超我为特别是父母等权威形象提供内在的道德指令。自我在本我与超我的搏斗中发展成熟。

当然，心灵的这三个区域并没有在大脑中的定位，它们是人格的动态部分。性冲动是集中在本我中，为达到满足的原始动力。弗洛伊德著作中最具争议的部分就是他断言性动力可以追溯到儿童时代，并且存在于大多数心理问题之中。弗洛伊德非常清楚地认识到，不能让本我的能量泛滥，这将造成社会灾难。人格必须成熟，懂得如何控制自私欲望，并且在超我中铭刻道德法规。当经验似乎违背这些道德准则时，便在人格中种下了冲突，常常造成感觉或记忆中的压抑。心理障碍就是在这种时候形成的。心理分析的目标就是使这种冲突浮现出来；使有意识的心灵发现它们，在大多数情况下这便开始了愈合过程。

冲破戒律

弗洛伊德关于人性和心理疾病的革命性观点吸引了一批志同道合的神经学家，包括瑞士人卡尔·荣格和奥地利人阿尔弗雷德·阿德勒。然而，几年后这个心理分析学派就分裂了，主要因为其他人不愿遵循弗洛伊德所坚持的性冲动和性伤害是塑造人格的最重要力量的观点。荣格转而认为人由大量的原始象征和动力，包括精神的和智力的能量管理着，他也发展了自己有影响的心理学派。尽管如此，在整个20世纪，许多心理学家继续发展弗洛伊德的思想，而他关于无意识心理的术语已经进入一般心理学语言之中。弗洛伊德无疑在推动一系列性本能作为人类生命主要组成部分的研究中起了带头作用，而在他之前即使在科学界这也是禁区。

弗洛伊德的工作科学吗？许多批评者认为不科学。它并非以实验为基础，他的大多数核心观念不能以任何方式检验和证实。其他的批评者认为，弗洛伊德可能只表达了他在世纪之交在维也纳治疗的少数神经病人的某种真实情况，不能应用于其他文化和其他时代。弗洛伊德的思想更像是一种关于人类的形象化哲学，一种隐伏在心灵与文明表面之下黑暗的、非理性力量的富有诗意的版本。弗洛伊德曾经把自己描绘成一个科学王国中的征服者和冒险家，他在现今时代的艺术家和思想家中具有巨大的影响，粉碎了关于人格的传统观念，并在这个位置建立起更为黑暗、充满冲突的图像。

心理学作为一种科学：行为主义

TWENTIETH-CENTURY LIFE SCIENCE

很难想象能有比行为主义更能与弗洛伊德主义形成鲜明对比的心理学形式了。行为主义的核心见解是，思想、感情、情绪或观念并不决定我们的行为。相反，行为是对我们从环境中所受刺激的一系列反应。这些反应是经过一段时间——主要是在我们的幼年时期学习到的，我们因此对环境建立了条件反射。我们并不有意识地行动，而只是对刺激作出反应。

在这种观念下，诸如心灵、意识或人格的概念都是空泛的、无意义的名词，其意义并不超过条件反应的一般概念，它们也并不比旧式的观念如精神和灵魂更准确。相反，行为主义的目标是提供对人类心理学的真正科学的解释，心理学不过是人与环境间的相互作用。

伊万·彼得罗维奇·巴甫洛夫
（Ivan Petrovich Pavlov，1849—1936年）

· 心理学家，动物和人类行为理论家。
· 生于俄罗斯梁赞附近的农村。
· 在圣彼得堡大学自然科学专业毕业，然后转学医学，1879年获得博士学位。
· 1886年，在圣彼得堡军事医学科学院工作，任药理学教授（1890年）和生理学教授（1895年）。
· 1913年，任实验医学研究所所长，主要的研究领域有3个。
· 1874—1888年，研究机体循环系统。
· 1879—1897年，研究消化系统，特别是狗的消化系统，研究条件反射、酶的作用与唾液产生。
· 1902—1936年，研究大脑和高级神经系统活动。
· 1904年，以他的巴甫洛夫狗的工作获诺贝尔生理学或医学奖。
· 1926年，在《条件反射论文集》中发表了在经典的动物条件反射方面的发现。

条件反射

最初指出行为主义道路的科学家是俄国人巴甫洛夫，虽然他自己并不使用这一术语。巴甫洛夫是一位生理学家，他使用动物作为模型，将他的研究从物理过程扩展到了行为心理学。在他最著名的实验中，他会在给狗喂食之前先响铃；经过一段时间，他观察到只要铃一响，甚至没有食物出现，狗也会流涎并等待它的食物。巴甫洛夫将这种反应命名为“条件反射”。这不是一种故意的精神活动，而是一种由整个机体学习的过程。

巴甫洛夫认为，神经系统的细胞发生了改变，记住了这种反射，尽管它仍可能失去或被其他反射所取代。虽然巴甫洛夫在十月革命前一些年就开始了他的研究，他的工作后来还是得到了苏维埃政府的青睐，因为这提示新型的人格和社会行为，可以由上而下地通过条件反射来铸造。

学习来的行为

巴甫洛夫的实验是行为主义的奠基者、美国人约翰·华生的主要灵感来源。华生是巴尔的摩约翰·霍普金斯大学的心理学教授。他接受了反射可以作为解释行为的基本单位的观念，认为传统的哲学和心理学未能为解释心灵是如何工作的，提供任何令人信服的资料或理论，他提议把注意力集中到行为是贯穿整个神经系统的关键

◎20世纪30年代的伊万·巴甫洛夫。

环节。他认为，人类的行为不管看起来多么复杂，都只是条件反射数量的总和，所有的行为都是通过奖赏和惩罚系统学会的；像恐惧、贪婪、勇敢、肌体快感、残酷和慷慨这样的情感，都可以用巴甫洛夫所开创的条件反射方法教会。

华生的一个最为臭名昭著的实验是迫使一个对老鼠没有自然畏惧的、11个月大的婴儿害怕老鼠。每当孩子伸手去摸老鼠时，他就用一把榔头紧贴着婴儿后背用力敲响一根钢棒，孩子受到惊吓，号啕大哭，并就把对噪声的畏惧与老鼠联系起来。这种原理可以被延伸到任何其他的物体，无论其是否真正有害。实际上，华生是在诱生恐惧症。

华生对行为主义方法的威力做过一些极端的论述。他写道："给我12个健康的婴儿，把他们带进我的专业世界，我保证能把任何一位训练成我所选择的任何一种专家——医生、律师、艺术家、商会会长，当然，甚至也可以训练成乞丐和小偷，不管他们有什么天才、嗜好、倾向、能力、使命以及他们的祖先是什么人种。"

奖励系统

作为行为主义学派领袖华生的著名继承者是另一个美国人伯勒斯·弗雷德里克·斯金纳，他的观念来自对老鼠的观察和训练。斯金纳发明了教会老鼠压下杠杆取得食物的斯金纳箱。不同形式的行为可以用食物作为奖励，或用拿走食物作为惩罚。与华生一样，斯金纳将此上升成为获得人类行为的模型。作为一部乌托邦小说《瓦尔登湖第二》（*Walden Two*）作者的斯金纳更加出名，这一书名来自梭罗的经典社会空想著作《瓦尔登湖》，其中描述了一个建立在奖励良好行为简单原则之上的社会。

在20世纪五六十年代，在精神病院和惩戒机构中，将这种观念付诸实践成为一种时尚，在那里病人或囚犯得到可以购买特权的代金券作为奖励。厌恶疗法是行为主义向另一个方向的分支，在那里痛苦的刺激被用来改变人的行为。例如，在酒鬼的酒里加催吐剂，直到他把酒精与恶心的感觉联系起来。反对者将这种行为指责为低劣的独裁主义人性观，而斯金纳则用老式空想主义的论调来回答，诸如人类自由和人类尊严对个人和社会都会导致巨大的破坏后果。

控制性影响

20世纪20—50年代，行为主义是在美国和欧洲部分地区流行的心理学派。然而，可能是行为主义实践的结果，给它带来了邪恶的名声。如果人类的行为可以用这种方式分析，并用这些方法建立条件反射，那么就是可控制的。这就引出了一个明显的问题：由谁来控制？两本影响巨大的小说，奥尔德斯·赫胥黎的《美丽新世界》（*Brave New World*）和乔治·奥威尔的《1984》，都描述了使用行为主义心理学的方法来征服人民。

到20世纪60年代，人们开始反对行为主义。确实，60年代的部分特征就是排斥所有的行为主义。人们提出这样的问题：实验室中狗和老鼠的行为是否真的能作为人性的模型，这些模型是否足以作为新的文明阶段的基础？

行为主义的大部分主张没有实现。人民的能量和反应不可能以华生和斯金纳想象的方式来解释。行为主义者试图将心理学家的注意力集中在可以测定的资料，并将其扩展到人类行为的科学研究，这成了心理学和社会科学永久的特征。但作为人类心灵的一种诠释，存在着历史意义。

伯勒斯·弗雷德里克·斯金纳
（Burrhus Frederic Skinner，1904—1990 年）

· 心理学家，提倡行为主义。
· 生于宾夕法尼亚的萨斯奎汉纳。
· 先在汉密尔顿学院，然后在哈佛大学接受教育。
· 1931—1936 年，在哈佛大学任教，在 1947—1974 年获得第二任期。
· 1936—1945 年，在明尼苏达大学任教。
· 提倡行为研究作为理解科学心理学的关键。
· 1938 年，出版《生物行为》。
· 研究动物行为并发明斯金纳箱，一种研究动物（主要是鼠和鸽）学习能力的箱形实验。
· 还设计了作为教学工具的“学习计划”过程。
· 小说以及哲学的多产作家。

社会的科学：社会学

TWENTIETH-CENTURY LIFE SCIENCE

正当19世纪末的思想家试图构建心灵的科学的时候，另一些人希望用科学的方法来研究社会。关于社会的运转，以及个人和社会关系等现代观念，在19世纪政治和工业革命横扫欧洲的时候真正开始浮现。这些运动粉碎了建立在严格的等级制度，诸如君主制世袭权力之上的社会秩序，以及建立在宗教信仰基础之上的传统观念。在这场革命的影响下，出现了大量生活在城市中、工作在工厂里的寻求新形式的政治与个性自我表达方式的人群。许多思想家认识到，与其他物种的生活相比较，人类生活的基础是社会性，人类的生物本能不会引导他们走入现代的生活，而且他们已经产生了在个体中所不具备的群体情感、群体信仰和群体的实践。

社会的科学开始分析这种社会的尺度，去理解个人的特性为什么存在或消失于社会的特性中。在同一时期人类学发展成为人的科学，但其集中研究原始的、非欧洲的人类，那些人被认为代表了人种进化的早期阶段。19世纪的科学家自然相信人类社会是能够用科学来解释的。在机器时代，人类社会就是最大的机器，而它应当是按照科学规律来组织的。

进化中的社会

19世纪关于社会的观念深刻地受到进化论的影响。在法国，奥古斯特·孔德基于人类历史必须经历宗教、哲学和科学三个阶段的观念，开创了实证主义哲学。孔德认为他这一代人刚刚进入第三阶段，也就是最高的阶段，而且对社会问题的科学解决办法，最终能够沿着理性的路线来塑造社会。共产主义奠基者卡尔·马克思也相信社会是进化的，但他相信是经济的力量促使人类走向未来；城市工人阶级将不可避免地夺取政权，并掌握自己的命运。

像孔德和马克思这样的思想家在吸引学者研究社会势力和社会群体方面具有巨大的影响力。家庭和家族、教育、工作方式、经济压力、宗教信仰以及不断变化的行为规范——所有这一切都被分析并试图理解个人在多大程度上能够实现人的自由，而他们又在多大程度上会被社会所改变。

破坏势力

与实证主义者孔德和马克思相反，许多早期的社会学家相信现代社会对个人具有高度摧毁性的力量。法国社会学先驱弗雷德里克·勒普莱和埃米尔·涂尔干显示了工业化如何侵蚀了社会稳定性的传统来源——家庭、教堂、田园生活方式和传统技艺。德国人费迪南德·滕尼斯同意这种观点，在经济、理性的个人利益和法律方面给出了现代社会与较为传统的社会的关键区别，结果是后者较小、较个性化与地方化，较有组织，而且其组织建立在共同利益之上。涂尔干发明了一个有影响力的术语“anomie”（社会反常状态，一种规范标准缺乏的社会状态），他发现这是都市化和技术时代的一个日益增长的特征，会导致犯罪或自杀。犯罪和其他越轨行为成

◎社会学家调查人类生活建立的社会结构。为什么他们这样多而又这样不同？社会又怎样改变了作为个体的我们？

为社会关注的中心，社会学试图界定公认的规范，并提供个人排斥这种规范的原因。

早期最有影响的社会学家是德国人麦克斯·韦伯，他将社会学观念反映到历史上，以便以新眼光来看过去。他发现了在16—17世纪资本主义兴起与北欧国家新教道德观之间的联系，显示了宗教集团的信仰是如何激发社会与经济行为的。这种方式成了社会学研究的核心方式——试图发现在人的行为与观点表面以下的东西，并解释是什么真正激发了他们。

麦克斯·韦伯
（Max Weber，1864—1920 年）

·社会学的奠基者之一。
·生于德国爱尔福特。
·在海德堡、柏林和格丁根大学接受教育。
·1892 年，任柏林大学法学讲师。
·1894 年，移居弗赖堡，教授政治经济学。
·1897 年，在海德堡大学教授经济学。
·1904 年，出版了他最有影响的著作《新教伦理与资本主义精神》（*Die Protestantische Ethik und der Geist des Kapitalismus*）。
·1918 年，在维也纳担任首席社会学家。
·1919 年，在慕尼黑担任首席社会学家。

客观研究

到19世纪结束的时候，社会学已经成为美国和一些欧洲国家的大学中确立的学科。社会学的方法是经验主义的，因为它开始收集人如何生活和工作、如何度过闲暇、信仰什么、在他们所属的社会集团中如何起作用等事实。这样的观察应当是客观的和价值上中立的。这种方式也应用于各种领域的研究：商业、政治、学术、军

◎“隔阂”——在都市化的环境中变得更加明显，这是社会工业化和城市扩大的产物。

事或宗教。社会学家试图探究领导者的动机与人格，寻找这些制度中能够存在和需要增强的品质，以及个人如何融入其中。

这种研究结合了经济学与心理学，由于各种制度易于被看成现代社会的微观元素而特别受到关注。相比之下，社会学家也关注异常群体和文化分支，试图理解他们为什么反对社会准则。这种通过收集资料的方式取代了如孔德和社会达尔文主义者的关于社会早期形式的抽象推理，人们希望这种方法能为社会学带来科学的立场。

社会学为我们的生活方式提供了大量有价值的见解，它显示了社会准则与法律如何才能深入每一个人，掌权者如何维护他们自己，以及为什么总是出现分支文化，而它们又如何对抗主流以维持它们的存在。但社会学能否称得上是真正的科学仍有待商榷。

心理学在个体层面研究人的行为，社会学则在群体层面，而人的行为无论在哪一层面都是不断变化和无穷多样的。如果社会并非按科学规律运行，我们怎么可能使用科学的方法来研究社会？心理学和社会学的发现都是难以或几乎不可能检验和证实的。它们代表敏锐的观察者的观点和见解，而非科学的结论。我们也可以提出这样的问题：社会学研究真有什么意义吗？一般说来，西方社会比起100年前人道多了，可这是由于社会学，还是由于以人权为基础的社会变革？社会学研究真的对这些概念或变革有影响吗？为什么一个社会问题刚一解决就会冒出来两个新问题？这些问题几乎是不可能回答的，社会的科学似乎更是一种目标、一种期望，而不是一种现实。

生化科学中的里程碑

TWENTIETH-CENTURY LIFE SCIENCE

现代医学建立在纯科学发现的基础上，认识到了机体是一个集中而复杂的化学工厂。19世纪的生理学家如克劳德·伯纳德和以李比希为首的有机化学家的见解，在20世纪中发展成为一门成熟的科学：生物化学。

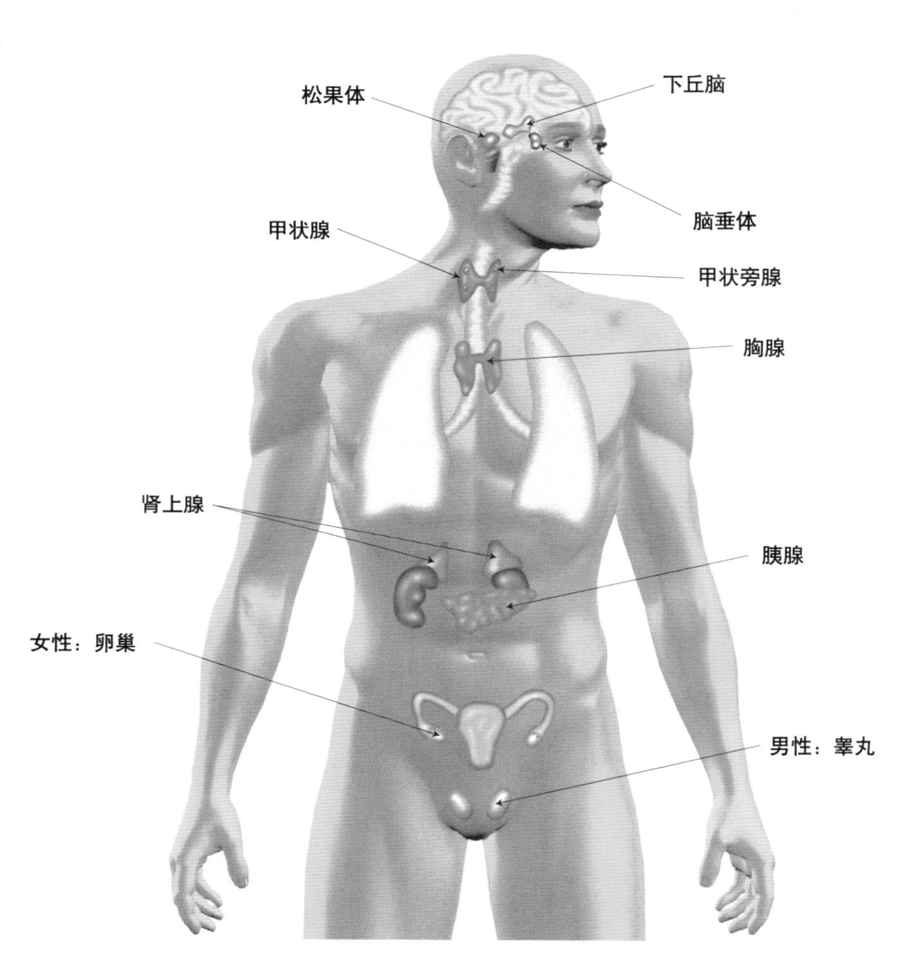

◎内分泌系统，调节机体许多至关重要活动的化学信使——激素之所在。

血型

奥地利化学家卡尔·兰德施泰纳发现不同的血型是将纯科学研究应用于医学问题的典型例子。输血技术相对简单，到19世纪末，医生试图用这种技术在病人严重失血时挽救其生命。但有相当一部分病人对输入的血液产生不良反应，甚至有人死亡。兰德施泰纳想要知道这是为什么。

他很快发现，在实验室中混合的许多血液标本中，红细胞会凝集在一起而失去功能。他认识到，每一个个体的血液携带着不同类型的抗原——造成血液产生抗体的化学物质。兰德施泰纳最初确定了四种不同的血型，而后来血型的总数增加到了14种。兰德施泰纳的发现对外科学，以及创伤或失血病人的治疗具有巨大的实际意义。

内分泌系统

在机体中，最复杂的化学系统是内分泌系统，它负

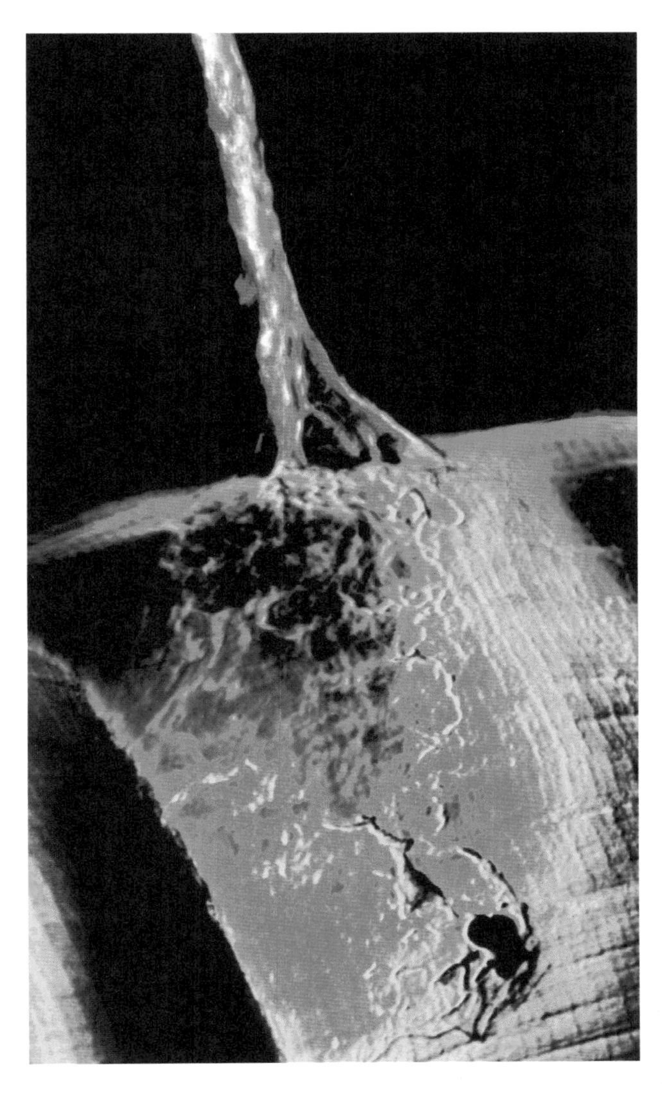

◎神经突触激发。

责产生控制生育、生长和整个代谢系统的激素。这一系统是机体中另一控制系统——神经系统的化学补充。英国生理学家威廉·贝利斯和欧内斯特·斯塔林证实，血流中存在可以控制机体功能的化学物质，因为他们在1902年发现，即使切断肠道的神经也能产生消化液，食物等待消化的信息是仅由血流中的化学成分携带的。他们将这类物质称为激素，一个意为开始或深入运动的希腊文词汇。

1904年，人们成功地提取了肾上腺素，并分析了它在调节血压和心跳方面的作用。美国神经学家哈维·库欣揭示了大脑底部小小的脑垂体在指导性活动和生长，以及调节内分泌系统其余部分功能的作用。

到了20世纪，激素功能方面的发现更为轰动，许多医生声称提取了可以逆转衰老过程、使病人返老还童的雄性激素。在整个20世纪，这种消息不时出现，但每一次都是把暂时的效果误认为永久性的改变。到现在，仍然没有能够立即治疗衰老的化学疗法。

在控制之下

糖尿病是一种典型的化学疾病，是由于机体不能产生调节糖代谢的激素——胰岛素引起。1910年，英国人爱德华·沙比–谢弗确定了胰岛素是胰腺的化学产物。

1921—1922年，两位加拿大生理学家弗雷德里克·班廷和查尔斯·贝斯特成功地提取了胰岛素。他们首先在狗身上试验，给一条因患糖尿病而垂死的14岁狗注射胰岛素。几天之内，狗完全康复，尽管它需要不断地注射胰岛素。糖尿病是一种广泛流行的、无法治愈的致死性疾病，但很容易使用胰岛素来控制。

食物的思考

营养学是一门经过明确设计的化学测试的主题。早在18世纪，医生们就意识到长途航海的海员虽有充足的食物，还是会患各种各样导致生活不能自理甚至死亡的疾病。他们从中得出结论，某些食物含有特殊的必需营养成分，但还无法加以分析。

在这一领域进行了系统研究的人是英国化学家弗雷德里克·高兰·霍普金斯。蛋白质作为生命组织的基本结构成分，使人们认为蛋白质是唯一的必需营养成分。然而，霍普金斯进行了一系列实验表明，用纯蛋白质、纯脂肪和纯碳水化合物类喂养的动物会生病，此时，如果给予极其少量的其他食物就能康复。霍普金斯确信其他食物中含有微量但不可少的“辅助食物因子”。这些因

◎花粉颗粒。患有花粉症和类似的过敏症患者在这种颗粒进入机体时发生了复杂的反应。

子后来被波兰籍的化学家卡齐米尔·芬克命名为维生素，并分离了其中的几种。很快，像坏血病、佝偻病、糙皮病这样的疾病就被确定是由于维生素缺乏而引起的。基于这种生物化学研究，20世纪30年代以来营养标准有了巨大的改进。

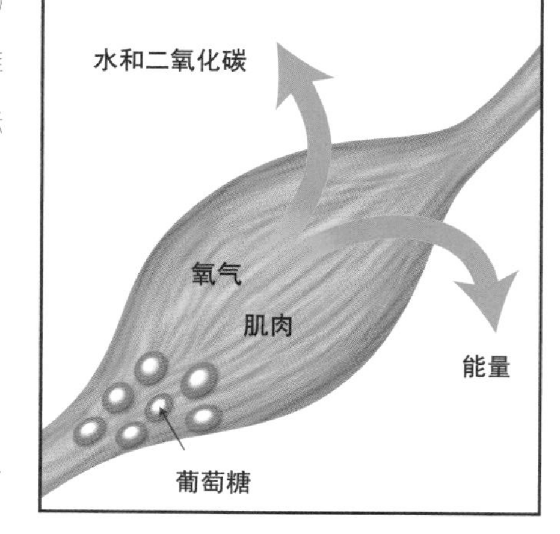

◎运动时，肌肉中的葡萄糖氧化产生能量，副产品是水和二氧化碳。

发送信息

最意想不到的生物化学发现，也许是关于神经系统的化学。在19世纪中叶已经明确神经冲动是电脉冲，对神经细胞的显微镜检查表明它们之间实际并不相连。查尔斯·谢林顿爵士研究了神经细胞之间接触的工作原理，他将这些接触部位称为“突触”，并推测有某种类型的传播机制起作用，虽然确切形式尚不清楚。许多科学家研究这个问题，试图把这种复杂“拼图”的各式各样的“碎片”拼接到一起。

20世纪20年代早期，奥地利人奥托·勒维和英国人亨利·戴尔爵士进行的实验，使他们相信化学介质通过突触传导神经信号。从这一发现，我们对神经递质系统有了新的认识。化学物质在只需数毫秒的反应中，将神经指令从一个神经细胞传导至另一个。神经系统并不像一串电话线一样让电流直接通过，因为在任何一段时间内都有太多的信息传遍我们全身；相反，突触形成亿万接点，以各种途径让信号分流到全身。这只有在神经传导的化学介质像锁钥一样，只有与神经细胞的受体相配时才可能传导；如果它们不相配，就不会发生传导。电接触不能以这种方式工作。

发现脑与神经中的神经传导介质后，就有可能利用药物改变精神活动或治疗精神疾患。镇静剂会抑制神经指令的传导，也就是说，通过限制或平息大脑与神经的活动起作用；相反，神经兴奋药物以刺激新的突触连接，改变精神状态。

机体和大脑的生物化学包括正常的和异常的——几乎是一个无限的领域。如果每一种机体功能最终都是化学的，那就有了分析和控制每一种医学情况的前景。然而，中枢神经系统的某些疾病，如多发性硬化症的神秘性质，表明这些化学通路是何等复杂，也说明科学还有更远的路要走。

弗雷德里克·高兰·霍普金斯
（Frederick Gowland Hopkins，1861—1947 年）

- 生物化学家。
- 生于英国伊斯特本。
- 在伦敦大学盖伊斯医院研究化学与行医。
- 1897 年，在剑桥大学测定尿液中尿酸的开创性工作之后，成为第一位化学生物学讲师。
- 1914 年，任剑桥大学化学教授。
- 1921—1943 年，成为剑桥大学的威廉·杜恩爵士教授。
- 通过对食物中化学成分的研究发现了“辅助食物因子”，很快便被称为“维生素”。
- 将肌肉中乳酸产生与肌肉收缩相联系。
- 1921 年，发现血液中的一种重要成分——谷胱甘肽。
- 1929 年，获诺贝尔生理学或医学奖。
- 1931 年，成为皇家学会主席。

◎弗雷德里克·高兰·霍普金斯爵士。

现代医学：与疾病的斗争

TWENTIETH-CENTURY LIFE SCIENCE

历史学家计算出，在1900年，欧洲人和北美人的平均寿命为48岁，而到2000年上升至72岁。这些数字集中反映了20世纪发生的医学革命。征服了感染和传染病是寿命得以延长的最突出因素。

巴斯德认为，感染是由侵入机体的外界因子引起的，这引导人们发现了许多特定的病原体。有些病原体大到可以很容易在显微镜下看见，例如引起疟疾的原虫；而有些则根本看不见。在几个世纪里，病毒这个词被用于表示有毒的物质，但后来，它被用于命名那些在没有发现细菌的感染中看不见的病原。巴斯德在狂犬病的研究工作中从来没有看到过病菌，它太小了，只能是病毒。然而，确定细菌只是第一步，生产一种疫苗通常需要经过多年的试验和多次失败。

消灭疾病

巴斯德之后，第一个成功的例子是战胜白喉，一种今天几乎被人遗忘的致命疾病——曾经是导致儿童死亡的首要原因，在纽约和伦敦这样的城市引起成千上万人死亡。它致命的症候是在咽部形成一层膜，导致患者窒息死亡。德国的特奥多次·克勒布斯在1883年就分离了这种细菌，但之后还是用了8年时间，直到1891年疫苗才首次在柏林用于儿童。这一过程需要许多步骤：首先要把细菌培养成逐渐减弱的形式，然后注射到豚鼠体内，再从豚鼠身上获得血清，血清又对其他动物或人产生免疫。在1900—1940年，预防性使用白喉疫苗实际上消除了这种疾病，但其他疾病即使在细菌已经分离之后

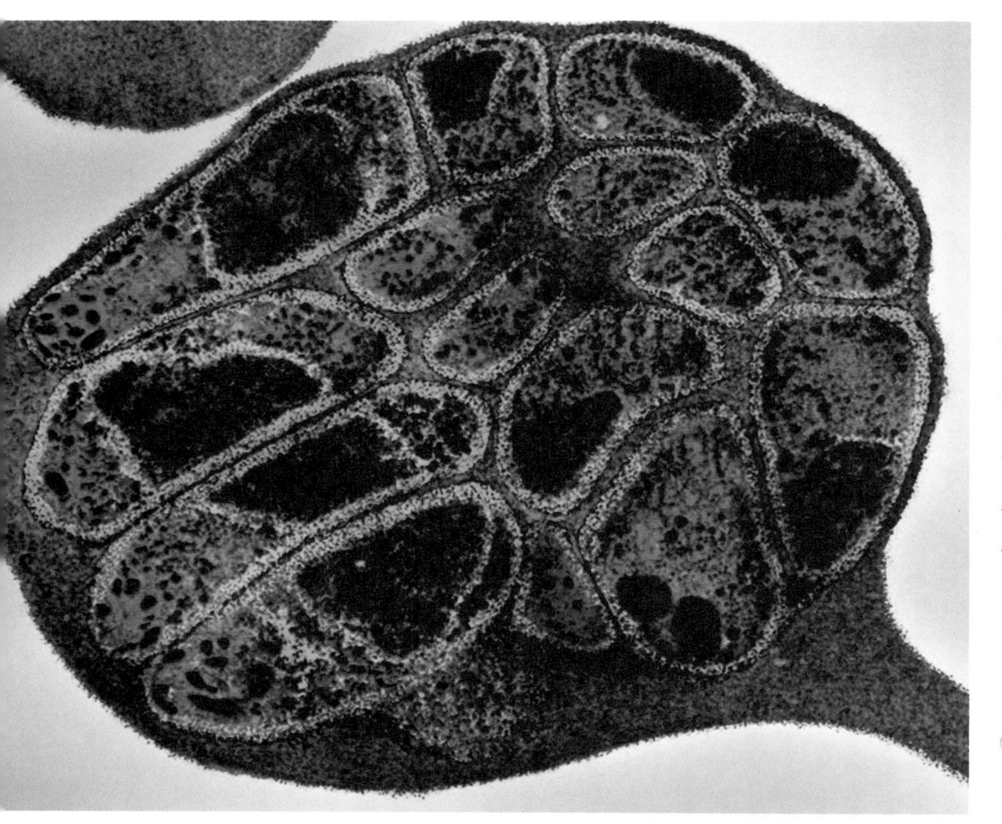

◎血细胞里的疟原虫。尽管人类花大力气要消灭携带这种疾病的蚊子，疟疾仍然是热带和亚热带的地方疾病。

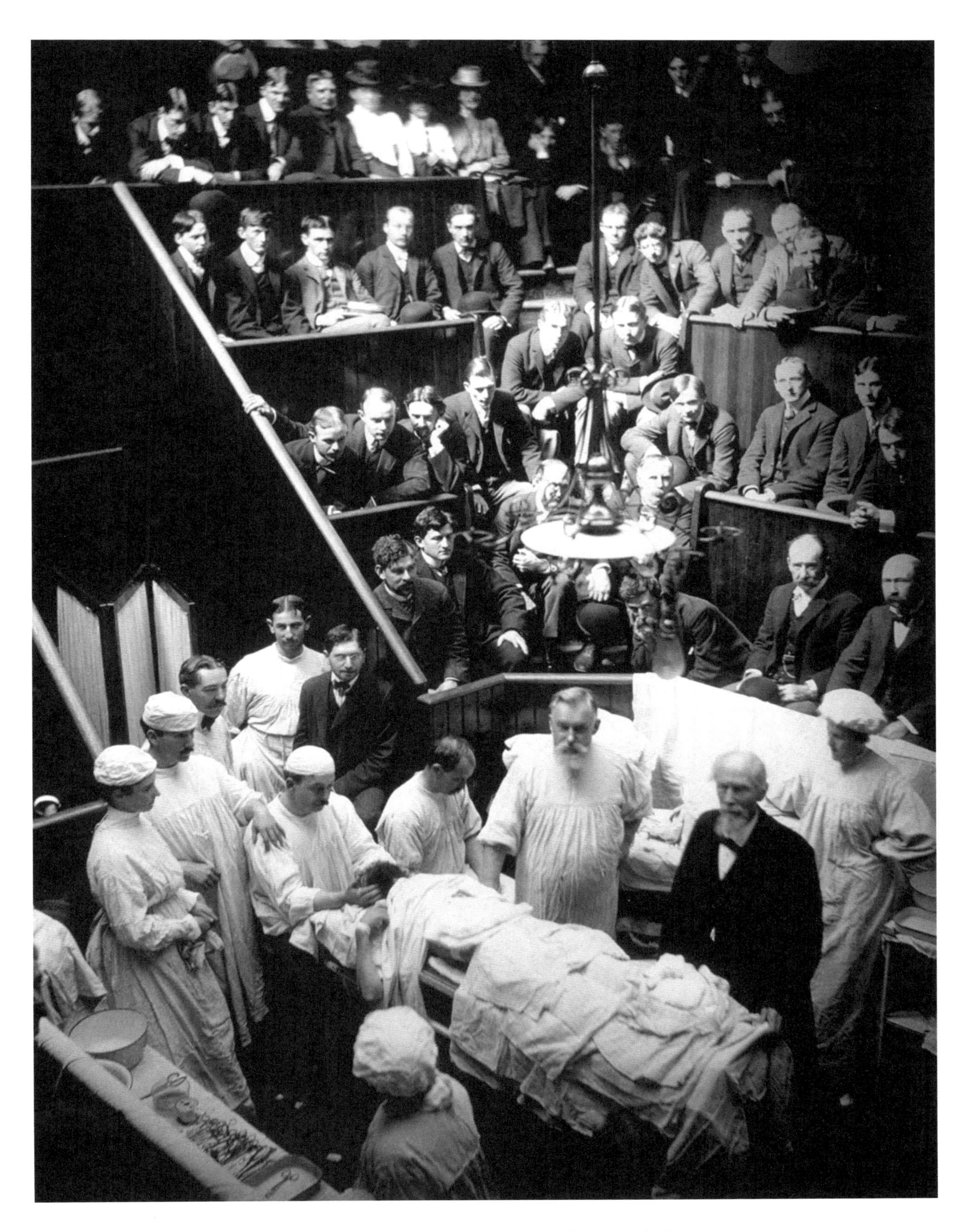

◎发展无菌外科之后，医生们的手才不再传播处理病人时沾染的疾病。而对那些原因不那么明确的疾病，疫苗接种可有所帮助。

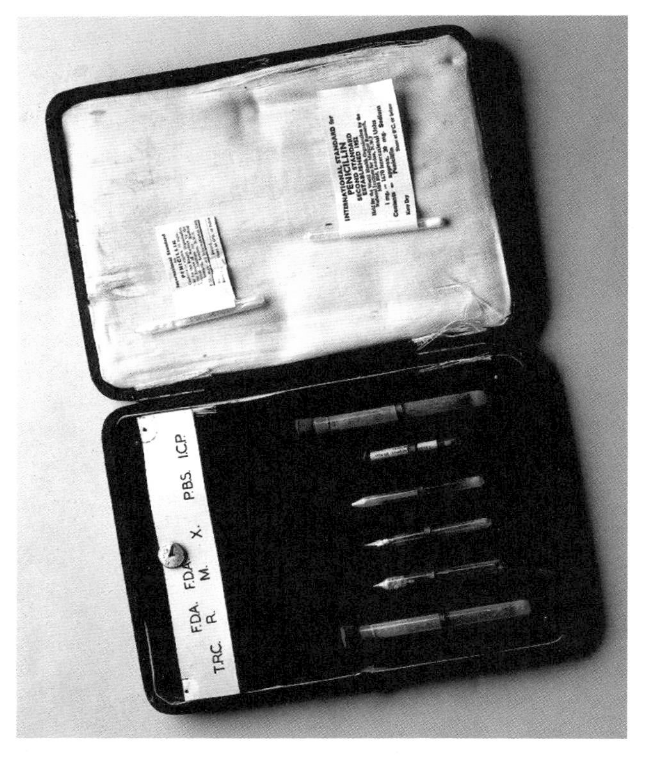

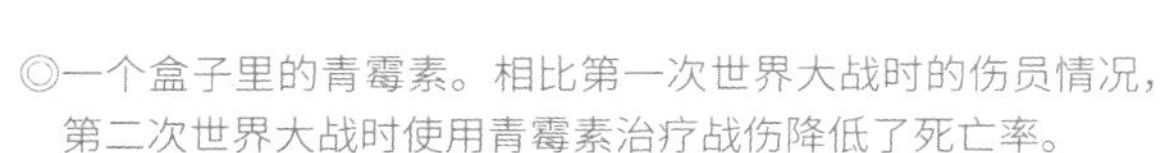
◎一个盒子里的青霉素。相比第一次世界大战时的伤员情况，第二次世界大战时使用青霉素治疗战伤降低了死亡率。

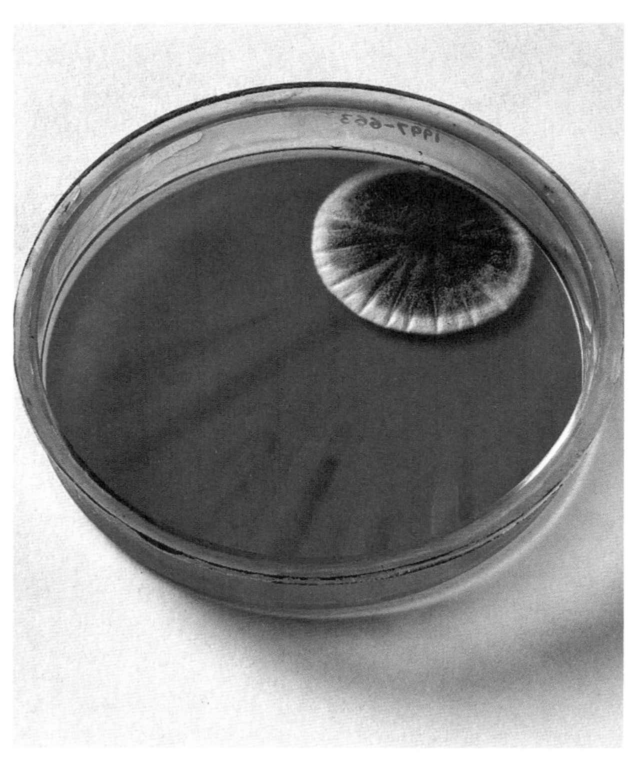
◎平皿中的培养基。

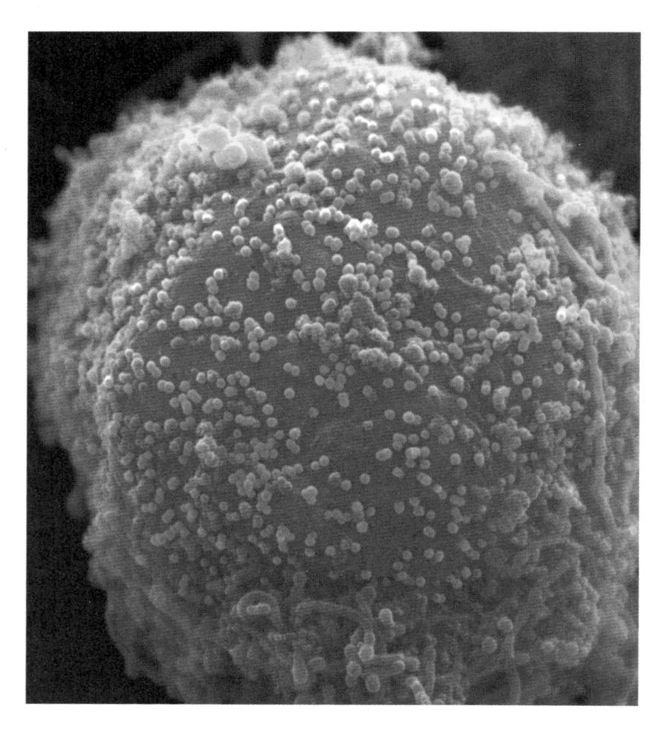
◎一个感染了人类免疫缺陷病毒的细胞。

仍然顽固存在。

德国医生罗伯特·科赫在 1890 年过早地宣称已有治愈结核病的方法，成为当时最为著名的医学丑闻。在 20 世纪 20 年代，阿尔伯特·卡尔梅特和卡米尔·介朗发明了卡介苗，但其效果有争议，一些国家拒绝使用这种疫苗。直到 20 世纪 40 年代，苏联出生的美国人塞尔曼·瓦克斯曼发现了强有力的自然抗生素——链霉素，结核病才有了真正的特效疗法，这种抗生素也能够治疗鼠疫和其他瘟疫。然而，研究者很快发现，链霉素具有严重的副作用，还含有很强的自然毒素。因此，人们开始十分关注在药物投入使用前研究其作用方式；而在此之前，采用的只是一种纯粹程式化的方法，不了解一种药物如何作用，只要有效就加以使用。

保护过程

生物学家已经知道疫苗的成功依赖于它们激发了我们机体自身对疾病的保护反应能力，也就是产生自然抗体。1884 年，俄国出生的生物学家伊列·梅契尼科夫发现保护过程由白细胞完成。他观察到血细胞显然吞没了外来颗粒，并将这种细胞命名为吞噬细胞。虽然机体具有一般的抵御外来侵袭的能力，但对许多特殊的细菌，免疫系统在能够抵御它们之前必须学会识别它们，疫苗接种提供了这种识别。但制备疫苗的方法由于所涉及细菌的性质而千差万别。

免疫知识来之不易，有许多谜团和失败似乎与免疫规律相冲突。1918—1919年，一场流感大流行横扫欧洲、北美，实际上是整个世界，死亡近两千万人，比刚刚结束的第一次世界大战伤亡的人数还要多。由于未能分离到任何感染源，这场流感就这样发展下去，而后又神秘地消失了，只是周期性地再现。许多年后才确定，流感病毒有许多不同的毒株，对一株的免疫不能提供对另一株的免疫。

与疟疾的斗争

病毒作为亚显微生物，在宿主细胞之外不能独立生存，特别难以对付，一些生物学家甚至质疑其是否可以被视为生物。相反，一些热带疾病，如疟疾，是由自身具有复杂生活循环的原虫引起。在几个世纪前，疟疾被认为是沼泽地带的致命疾病，直到19世纪，引起了欧洲殖民地科学家的注意。1880年，在阿尔及利亚工作的法国人阿方斯·拉韦朗分离了引起这种疾病的寄生虫；1897年，在印度的英国军医罗纳德·罗斯爵士证明了感染的来源是某种蚊子的叮咬。疟疾寄生虫从蚊到人在其生活循环的不同阶段反复传播。当时没有可行的疫苗，但控制甚至消灭有关蚊虫的运动已经开始。人们使用了各种各样的方法，最成功的是自20世纪30年代以来在全世界使用的杀虫剂滴滴涕。到1950年，疟疾发病已经急剧下降，但很快人们认识到滴滴涕的致命作用。停止使用滴滴涕后，疟疾重返了亚洲、非洲和南美洲。

黄热病

在南、北美洲，黄热病是另一种与沼泽有关的热带疾病，曾导致成千上万人死亡。在罗斯发现疟疾的昆虫媒介几年后，人们发现黄热病也由蚊虫叮咬传播。自1900年以来，修建巴拿马运河的工程推动了与黄热病的斗争：开始时有数百工人感染，后来通过杀虫措施控制住了疾病的蔓延。

抗生素的兴起

抗生素，这种能毁灭多种细菌的天然有机化学物质的发现，使人类对抗感染的斗争进入了一个全新的时代。这是一次偶然的发现，1928年苏格兰细菌学家亚历山大·弗莱明爵士在实验室中注意到一个平皿中的细菌被他工作中的另一种成分污染，而细菌被杀死了。他确定了这种成分是存在于眼泪和黏液中的青霉菌。弗莱明报告了他的发现，但他不能用人工培养基培养青霉菌。十年后，澳大利亚人霍华德·弗洛里和英国人厄恩斯特·钱恩在牛津成功地做到了这一点。而后，人们将青霉素及时地生产出来，在第二次世界大战中挽救了成千上万的生命。

青霉素对许多传染病有效，包括引起肺炎、脑膜炎、坏疽、白喉和梅毒的病原体。之后，还发现了与细菌做斗争的其他抗生素，尽管后来人们知道细菌对抗生素可以产生耐受性。似乎，随着人类认识的发展，微生物世界也在进化。未知病毒如人类免疫缺陷病毒的出现表明医学科学还会遭遇更多挑战，与疾病的斗争永无休止。

生态学：自然大循环

TWENTIETH-CENTURY LIFE SCIENCE

大自然似乎以一种极不寻常的方式组织成几个大循环，使物质和能量不断地重复处理。在数十亿年前形成的基本粒子，构成多种多样的形式，甚至构成包括我们自己在内的所有生命体的有机化学物质。在宇宙大爆炸之后几分钟内，最初的轻元素——氦、氢和锂形成。但只有当它们凝聚成恒星，并在其中通过核反应形成所有的重元素，宇宙才形成大尺度的结构。恒星在其寿命终结时爆炸，将重元素释放回星际空间，行星如我们的星球由此凝聚而成。

能量链

在我们的星球上，生命的有机分子由构成恒星的同样粒子形成，而来自太阳的能量是构成所有组织的基本条件。在阳光作为基本触媒的光合作用中，碳构成了糖，这样就将太阳能转化成为食物；食草动物消耗这种食物；食肉动物包括人类又消耗食草动物。这样，食物链可以被看成一种能量链。在生物学意义上，能量不能循环，只有原始物质是循环利用的。

在自然的生态系统中，食物链上的每一种生命形式都依赖于它下面的一个等级。如果被捕食的种类（如羚羊）数量不足，捕食者（如狮子）就会由于不能获得生命所需的食物能量而无法生存。生物死亡之后，它们被空气、水和土壤中的细菌所分解。

分解实际上意味着它们被分散成为原来构成它们的化学元素，这样新一代的植物就会生长。没有分解过程释放的二氧化碳，所有植物都会死亡，随之是所有依赖植物的动物也会死亡。这就意味着构成所有生命体的化学元素，是从土壤中借来而后又归还给土壤。

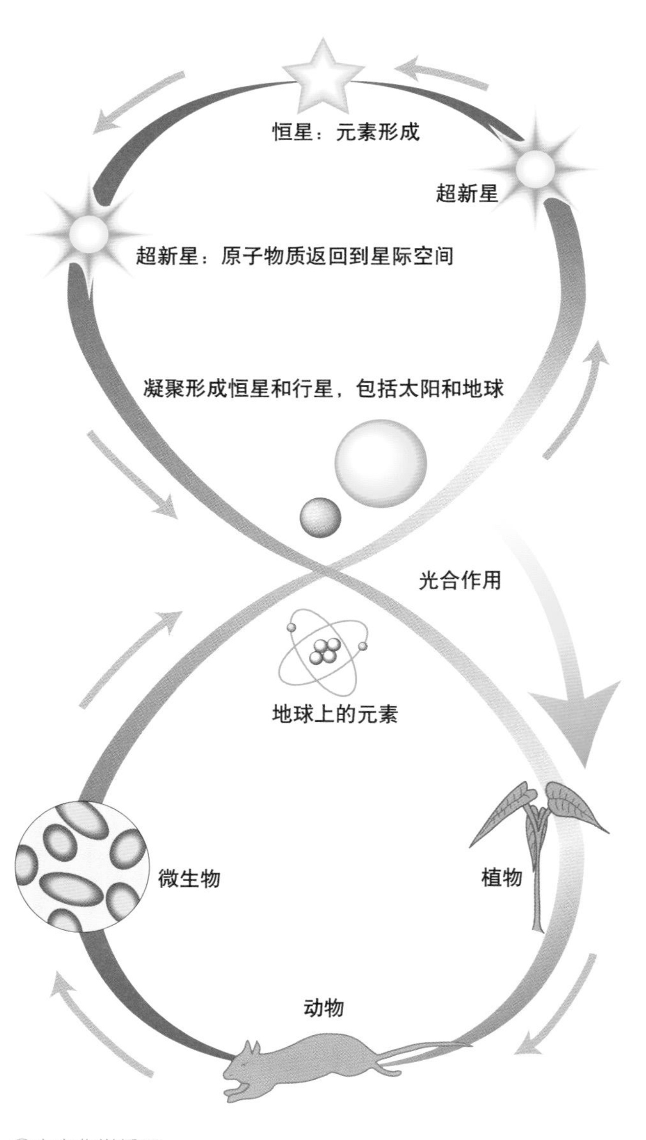

◎宇宙化学循环。

自然循环

碳循环、氮循环和水循环，是将所有生命种类连接在生命的化学关系中的三个链环。数百万年前，大量的碳沉积被封闭在没有分解的生物残骸中，如在没有足够氧气的沼泽中。经过地质年代的推移，热与压力将这些化石残余转变成为煤和石油。现在，这些化石燃料被燃烧，大量的碳和储存的太阳能释放出来，扰乱了大气的自然平衡。

这些自然循环在数百万年中维持着地球上所有生物系统的平衡。但我们现在可以看到，在最近的一两千年中，一个物种——人类已经打破了这种平衡，开始是偶然地，然后越来越有决定性。

◎地球是一个物理和生物系统的平衡体：在所有物种中，只有人类能够扰乱这种平衡。

定居的生活方式

最初，大约在一万年前，人类开始种植庄稼和畜养动物，并人为地增加食物供给。这使人类能够放弃迁徙狩猎和采集生活，定居下来创造先进的社会系统。这种食物供给和定居生活方式也使人口得以急剧增长。与其他物种不同，人类现在干预自然以获得自己的食物。人口数量虽在增长，却仍然受到与人类分享这一行星的其他生物的限制——微生物带来疾病和死亡，年复一年地带走数百万还没有长成和衰老的生命。

到19世纪末叶，人类开始对抗这种自然淘汰力量，导致了随后一个世纪的人口爆炸。在这个意义上，人类已经取得了在自然循环中的控制地位，他们在这个行星上的作用越来越带有决定性。这时他们不但已经威胁到其他物种，而且威胁到他们自身的长远利益。在过去的半个世纪中出现了生态科学，研究各种动物与植物如何相互作用，最重要的，也许是人类与动植物以及整个星球的相互作用。

生态学：人与自然

TWENTIETH-CENTURY LIFE SCIENCE

1962 年，美国生物学家蕾切尔·卡森出版了一本书名为《寂静的春天》（*Silent Spring*），很大程度上标志着生态学意识的觉醒。该书的主题是关于化学杀虫剂滴滴涕的影响，这种杀虫剂曾在世界范围内广泛使用多年，主要是为了消灭传播疟疾的蚊子。

卡森不仅证明了蚊子对滴滴涕产生抗性而变得更加危险，而且提供了这种化学成分在环境中积累起来，并且从鱼到鸟类进入食物链的证据。洋流携带着滴滴涕，从热带地区喷洒在孳生蚊子的沼泽中，跨越数千英里，甚至可以在南极企鹅的体内发现。

这本书的标题是一种警告，可能有一天我们再也听不到春天里的鸟鸣，因为所有的鸟都已由于人类对自然的干预而死亡。书中带来的信息是，没有任何生命个体或物种可以孤立存在。所有生物与它们的环境相互作用，而人类现在的行为方式会带来不可预见的破坏性后果。

◎雨林被大火摧毁。虽然某些森林因火得益，某些植物需要火焰触发繁殖，但是，雨林则不然。原始森林大规模消失对水循环具有直接影响。

◎燃烧化石燃料会对地球的大气和气候产生严重后果。

◎人们在努力减少因石油泄漏造成的生态损害。

◎酸雨已经毁掉了数百万公顷森林。

滥用自然资源

这本书可以被看作生态学这门新兴科学的指导原则。从1962年起，生态学家已经认识到人类在这个星球上正在制造出来的一些严重问题。这些问题产生于我们的经济和工业活动所造成的使用或滥用自然资源，以及受到不断改善生活方式愿望的驱使，随之需要更多的食物、燃料和原材料。

木材是一种人类使用了数千年的基本材料，提供燃料、建筑材料和其他用途如造纸。木材具有可再生资源的优越性，但是由于需求持续增长，造成全世界的森林被摧毁的速度超过了生长速度。这件事尤为重要，原因是：第一，森林，特别是茂密的热带雨林，蓄积极大量的水分，因而成为水循环的基本成分。当森林消失，降雨延缓，河流干涸。第二，森林吸收巨大数量的二氧化碳，并释放氧气，像世界之肺，没有它们，呼吸氧气的动物（包括我们自己）不能生存。第三，森林保护土壤，若发生水土流失，每数达十亿吨的土壤将被雨水冲入河流和海洋，这种水土流失实际上是无法补偿的。

地球污染

森林的损失由消耗自然资源造成，是一种在某种程度上被许可的人类活动。人类的其他活动所产生的废弃物，则扰乱或污染了自然环境。滴滴涕是一个例子，而另一个极端影响人类的例子是发生在20世纪50年代的水俣病。水俣是日本一座沿海小城，当地的化学工厂多年来向海中排放废物，特别是含汞化合物。汞被鱼和贝类吸收，当地居民又食用了鱼和贝类，导致产生了瘫痪和精神失常等可怕症候。水俣病成了工业污染严重后果的象征，并且显示了一直被认为是废物自然接受者的海洋，是如何将化学物质聚集起来，并造成严重后果的。

类似的情况也发生在地球的大气中，那是在20世纪70年代，世界被酸雨现象惊醒。许多工业过程产生的烟雾中含有硫和氮的氧化物。它们很容易溶解在大气的水分中，这样在下雨的时候，降下的不是纯水，而是稀释的硫酸或硝酸。酸雨会破坏森林和植被，污染土壤，并蓄积在湖泊中杀死鱼类。

地球的高层大气同样受到化学污染的威胁。1974年，出生于墨西哥的美国化学家马里奥·莫利纳进行了一项关于氯氟烃气体的研究，这种气体被用作烟雾促进剂和冰箱制冷剂。当氯氟烃被释放到大气中后，会被紫外线分解，游离氯可以降低高层大气中臭氧的含量。当时，释放的氯氟烃总量达数百万吨，莫利纳意识到地球的臭氧层可能已被严重削弱。这将是灾难性的，因为正是臭氧层保护了地球及其居民免受太阳短波辐射的危害，否则，这些辐射会伤害或毁灭许多种生物。莫利纳的研究成果发表几年后，科学家确实在南极上空发现了巨大的臭氧空洞。这一观点导致人们立即采取行动，减少工业和家庭使用氯氟烃。

温度上升

也许人类技术活动所带来的最广为人知和最严重的影响是全球变暖。来自太阳的热量以短波辐射的形式到达，穿透地球大气，又自然地重新向外反射。地球实质上较太阳冷，反射的热总是波长较长并部分被大气捕捉，或者说被大气的一种成分——二氧化碳捕捉。

自从工业革命以来，人类的工业，特别是燃烧化石燃料，在过去的200年中向大气中释放了数量巨大的二氧化碳，而且释放的速度与日俱增。有证据表明，二氧化碳的积累构筑起热屏障，使地球的平均温度逐步上升，并可能产生灾难性的后果。温度的轻微上升就会融化极地冰帽，甚至淹没世界上五分之二的沿海城市。对洋流和地球气候的其他影响难以估计。

全球变暖的危险现在已经得到所有政府的认真对待，但将现代社会的生活方式改变成为不太依赖燃烧碳的任务极为艰巨。只有当人们认识到我们每一个人都对我们星球及其未来负有责任时，情况才能有所改善。生态科学唤起了我们对这些危险的警觉和责任意识，生态学对未来的作用似乎更为重要。

如果说生态学确定了问题，它也能提出答案，但单有科学家不能将答案付诸实践。在许多生态学问题的背后赫然显现这样一个事实，人类作为一个物种真是太成功了。人口已经增长到如此巨大的数量，人类活动在技术上发展到如此复杂，其与自然的相互作用常常成为破坏性的而且难以预计后果。对这种进化上的成功的政治解决办法极难预见。

白垩纪：恐龙为什么灭绝

TWENTIETH-CENTURY LIFE SCIENCE

古生物学家早就注意到，恐龙作为曾经的地球生命的主宰，在延续了大约1.5亿年的伟大恐龙时代后，突然就绝迹了。逐渐精确的年代确定技术（使用测定放射性衰变方法）已经证实了这种情景，并把时间确定在6500万年前，那时地球上90%的动物都灭绝了。这一时期就是白垩纪——第三纪之交，是地球上生命史的主要转折点——恐龙衰落而哺乳动物兴起。引发这一神秘事件的原因自然引起了科学家大量的思考。

大灭绝

1980年，著名的美国物理学家路易斯·阿尔瓦雷茨宣布了他的理论，震惊了科学界。他说，就是在那一天，一颗巨大的陨石或小行星撞击了地球，造成了这场大灭绝。撞击扬起巨大的碎屑云，遮蔽太阳多年之久，并剥去了地球的大部分大气，从而导致生物灭绝。那时撞击的地点可能还发生过巨大的潮汐、森林大火或地震。

阿尔瓦雷茨提出这一革命性理论的根据是什么？关键性的证据是他发现了一层黏土含有高浓度的铱，这是一种在地球上极为罕见的类似铂的致密金属，但能在许多铁陨石中发现。这层黏土的年代被确定为6500万年前，以千年为计算单位。在世界的许多地方发现过这种

◎恐龙在数百万年中是主导的物种，它们比人类存在的时间长许多。它们为什么会突然地消失呢？

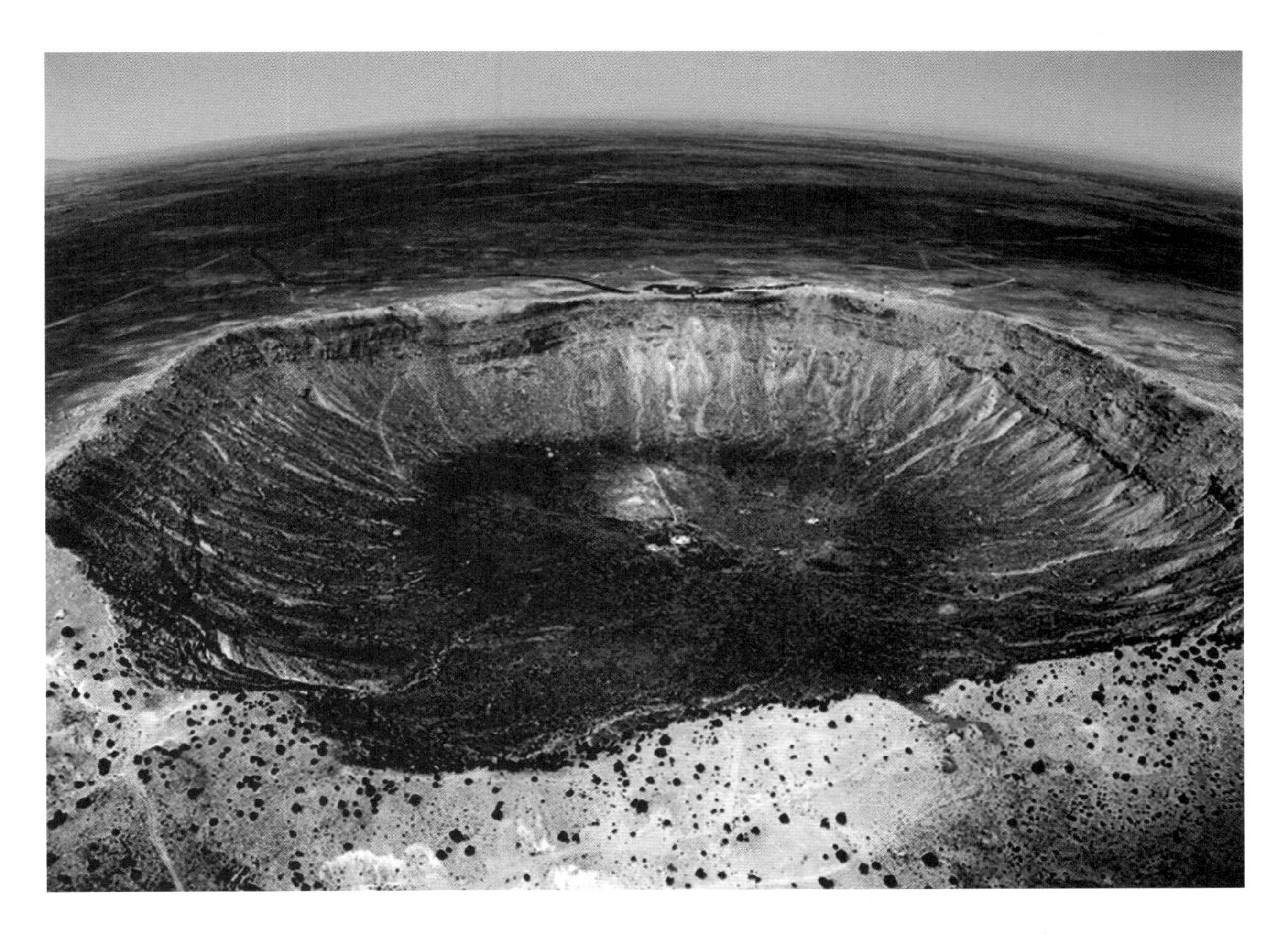

◎亚利桑那沙漠中的陨击坑。

恐龙时代与人类出现年表

距　今	时　期	地球上的生命	大　陆
3亿年	石炭纪	爬行动物、森林植被	联合古陆
2.5亿年	三叠纪	最初的恐龙，如：雷龙	联合古陆
2亿年	侏罗纪	恐龙占主导地位 最初的食肉动物，如：异龙 最初的小型哺乳动物	北大西洋裂开
1.5亿年	侏罗纪	恐龙占主导地位，最初的鸟类	南大西洋裂开
1亿年	白垩纪	最大的恐龙，如：雷克斯龙	南极洲分离
6500万年	白垩纪－第三纪之交	恐龙大灭绝	大洋洲从南极洲分离
6000万年	第三纪	灵长类与海洋哺乳动物	
5500万年	第三纪	哺乳动物占主导地位 草原扩展 最初的类人猿	

◎陨石撞击理论的又一场景。

类型、这种年代和这种含铱的黏土样品。阿尔瓦雷茨将这种罕见的陨铁金属与大灭绝联系起来开始构思他的理论，结果就形成了小行星撞击地球导致大灭绝的想法。

但这理论也存在着巨大的难题。古生物学家不同意恐龙灭绝的时间，已有证据显示在撞击时间之前几百万年恐龙的数量已经减少；也有人声称某些恐龙，甚至包括一些新种，在撞击5万年后仍然活着。

尽管存在这些困难，阿尔瓦雷茨理论还是一项才华横溢的发现性成果，抓住了大众的想象力。它唤起了当前对恐龙、灾变、来自外部空间的威胁，以及所有科幻电影题材的狂热。一些西方国家的政府因此设立了专门研究机构来研究另一次陨石灾祸的可能性及应对措施。阿尔瓦雷茨关于大灭绝的猜想已被广泛报道，让人觉得这是一种已经确定的科学事实，显然忘记了这仍然只是一种理论猜测。人们不仅要问，这种理论耸人听闻的价值究竟对其普及程度起什么作用，也引起了一个外行人如何评价科学见解的问题：难道我们只相信专家告诉我们的吗？

生命循环：人和宇宙

TWENTIETH-CENTURY LIFE SCIENCE

物理学和生物科学都已证明，宇宙的所有部分都在一个巨大的循环中联系在一起，物质和能量在其中始终从一种形式转化成另一种形式。在所有的自然形式和过程中，其实质是永恒的。亿万年前形成的粒子，通过星际空间构成我们的星球、进入我们的机体，然后又重新回到它们的宇宙来源。有人认为，这一发现是现代思想的最高成就。在科学地认识这一循环之前，我们的注意力总是集中在自然的形式，特别是生物体的完美适

◎这些15世纪骨骼中的DNA与今天同一村庄中居民的DNA相符。

应——或眼、或手、或翅、或爪的奇迹般的功能，显然到处都有设计。自然之丰富让人觉得它绝不可能偶然形成，而是出自神的计划。原子结构、生物进化、化学元素的形成，以及DNA分子的工作方式等发现，实际上增强了自然界中计划、适应、对称的感觉。可是，这些设计是从哪里来的？

创造力

对这个问题有两种可能的回答。如果认为宇宙是在一瞬间创造出来的，那么就会相信，宇宙的设计是我们称之为上帝的造物力量从外部强加给它的。但是，如果整个自然经历了亿万年的进化，那么我们现在看到的设计则由内部兴起。这说明，物质必须以有秩序的形式组织，而这种形式又产生了进一步的更多的形式。因为物质不能以无秩序的原子或亚原子粒子的混沌形式存在，所以这种设计必定因内部需要而生。这场争论中的问题在于，它并不能真正解释为什么物质必须变得复杂？为什么碳、氢、氧原子应该把自己组织成为蛋白质或核酸分子？而这些分子为什么应该组织成为活的细胞，然后又组织成像眼、心脏和脑这样的实体。

如果说在自然中到处都必然有设计，从星球到DNA结构的进化，那么就会引出一个明显的问题：这是谁的设计，而这设计又会引向何处？遗传学家估计，自生命在地球上出现，已经生活过的每一种生物，其总的遗传构成还没有用到DNA结构可能的遗传顺序的一半。这意味着比起已经走过的路，从单细胞的变形虫到人，进化还有更多的路要走。这也意味着，除非某种设计过程在起着作用，人类根本不可能出现，无论这种设计对生物是外部还是内部的。

我们真的希望能理解有秩序的系统是怎样或为什么在宇宙中产生。可是我们又为什么要理解它呢？为什么宇宙的任何一个部分应该认识其他的部分，并着手去探究其中的秘密？最近，已经有人提出，人类可能是宇宙历史中起着非常特殊作用的部分。人类的智慧，通过意识到隐藏的自然规律，产生了和宇宙相互作用，并控制宇宙的愿望。

显然这已经发生，因为人类已经释放了原子的能量，而现在又开始操纵生物，包括他们自己的遗传组成。人类能够行使这样的权力吗？人类真的能够变成一切的主宰吗？这是全部科学史所引出的问题吗？在5000年的文明史中，人类智慧已经走过了漫漫长途，但为了回答这些问题，人类还要走更长的路。

◎人类在宇宙的发展中起着特殊的作用吗？

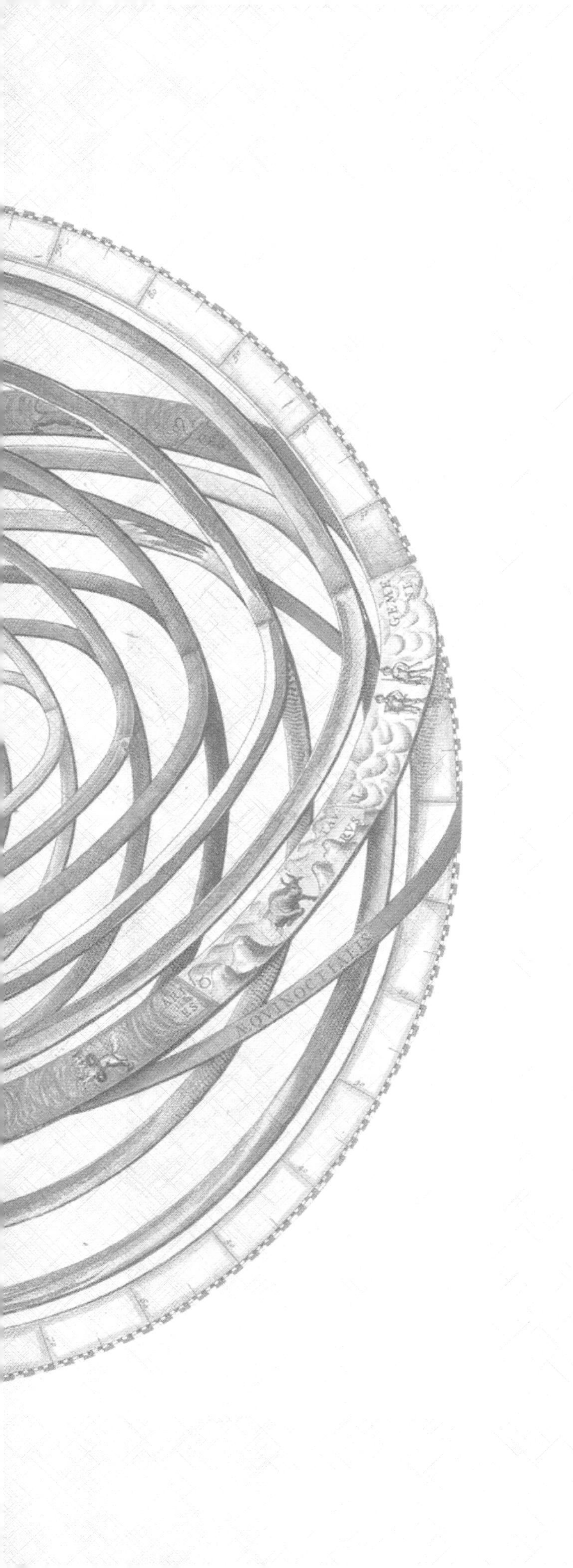

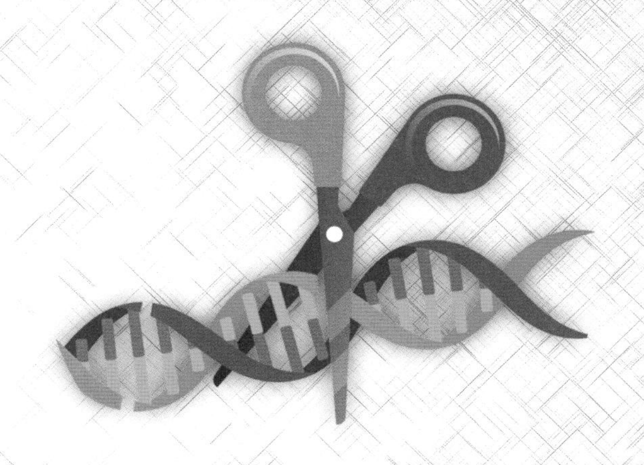

LATEST SCIENTIFIC ADVANCES

21世纪科学进展

生命之源：基因组图谱和基因编辑

LATEST SCIENTIFIC ADVANCES

19世纪60年代起，孟德尔的豌豆实验、摩尔根的果蝇实验以及约翰森的《精密遗传学》中都论证了某种称为“基因”的遗传因子的存在，它决定了生物的性状。不过，这些论证都停留在逻辑上。随着现代科技发展，人类认知拓展到分子层面。20世纪50年代，当由相互配对的碱基组合成的DNA双螺旋结构展示在人们眼前时，人们才终于知道了基因的真实面目——一些能够遗传的DNA片段。从此，读取人类所有基因中蕴含的遗传信息，解开遗传基因的密码，成为全世界科学家的梦想。

基因测序

2000年以后，基于在读取、编辑基因技术上的突破，科学家对生命之源的探索进入了新阶段。

1990年10月，与“曼哈顿计划”“阿波罗计划”齐名的科学计划“人类基因组计划”正式启动。人类基因组的碱基对达到30亿对，按照当时的技术，要解析数量如此庞大的碱基对，难度堪比“登月计划”。该研究采用传统的“末端终止法”，项目进展缓慢，进行到第8年也只排定了3%的基因组。按最初的设想，项目将耗资30亿美元，耗时15年才能完成。

当“正规军”还在慢吞吞地解析基因组时，美国卫生研究院参与项目的克雷格·文特尔发明了一种简单快捷的“鸟枪法”：将基因组打断为数百万个DNA片段，并对每个片段进行末端测序，然后应用计算机程序将具有相同末端序列的片段重新整合拼接在一起，从而得到整个基因组序列。

而后，通过技术不断改进，2001年2月15日，中国、美国、英国、日本、德国、法国的科学家在《自然》杂志上联合发表人类基因组计划的结果。其中，中国自1999年起承担并率先完成人类3号染色体短臂上约3000万个碱基对的测序任务。

基因与疾病

基因与疾病有哪些机制……带着这些疑问，“人类基因组计划”不仅开启了人类的生命探秘之路，还打开了疾病治疗新世界的大门。

2002年，由美国、中国、加拿大、英国、日本和尼日利亚六国科学家参与的“国际人类基因组单体型图计划”启动。在大约三年的工作中，科学家分析了269名志愿者的全基因组信息，寻找基因组的差异，找到不同人易于发生病变的基因，使得基因治疗方法更具针对性。之后，2008年10月，中国、美国、英国等国家的科研机构又发起一项人类基因组联合测序工程“千人基因组计划”。2012年10月出版的《自然》公布了这项计划获得的1092人的基因数据。每个看起来很健康的人其实都携有数百个罕见的基因变异，其中有些基因变异已被证实与某些疾病有关。这些基因变异究竟在什么情况下才会实际增加患病风险，是今后研究的目标。

2003年，多个国家参与的“DNA元素百科全书计划”启动。人类基因组序列中的30亿个碱基对都已被

◎2000年6月26日，“人类基因组计划”宣布人类基因组工作草图绘制完成。图为人类染色体的扫描显微图。（CICphoto）

拼写出来，这一计划瞄准的目标是定位或识别其中有意义的部分，包括确定哪些DNA编码蛋白，哪些不编码蛋白，以及查明调节基因表达的元件。2012年，人类基因功能“详图”问世，是当时最详细的人类基因组分析数据。随后，科学家利用这些信息开展多种疾病和表观遗传学的研究，改变了人们对人类基因组的思维方式和实际应用。在从事基因组研究的科学家看来，如果说人类基因组计划提供了一张地图，那么“DNA元素百科全书计划”就在这张地图上标出了各个基因的功能信息。

2006年，美国发起“癌症基因组图谱计划”，旨在从遗传学角度描述1万个肿瘤相关基因。到2014年该计划完成时，来自16个国家的科学家发现了近1000万个与癌症相关的基因突变，并发现了以前未被认识的药物靶点和致癌物质。例如，作为该计划的一部分，“泛癌症图谱项目”对来自11000个病例的33种不同癌症类型进行分析。《细胞》杂志副主编罗伯特·克鲁格表示：“泛癌症图谱如同人类癌症研究的谷歌地球。”其中，对于中国高发的食道癌，哈佛大学医学院的研究者在这一计划中确认细胞周期蛋白CDK4/6为食管鳞状细胞癌的新靶点。到2020年，38种不同类型肿瘤的2658个全基因组出炉，为癌症研究获取了丰富的基因数据。

其他生物的基因组图谱

除了人的基因组图谱解析，各类生物的基因组图谱也陆续得到解析。水稻、马铃薯、西红柿、甜橙、小麦等植物的基因组图谱也相继出炉。

2010年，中国科学家对大熊猫基因组进行了测序，获知大熊猫有21对染色体，重复序列含量36%，基因2万多个。测序研究表明大熊猫基因组仍然具备很高的杂合率，从而推断其具有较高的遗传多态性，这对进一步探寻大熊猫的身世奠定了基础。

改造基因

认识基因的下一步是改造基因。对当今分子生物学界而言，CRISPR/Cas9不只是一种基因编辑技术，更是一场革命。由于它在基因编辑方面不可思议的高效和便捷，曾经仅存于科幻小说中的情节如今已成为事实。

2005年，一位西班牙微生物学家首次提出，细菌和古菌中广泛存在一种免疫机制，能够记住此前感染过它们的病毒的基因特征，并进行针对性防御。这一结论颠覆了当时普遍的认知，即单细胞细菌、古菌不存在高级免疫。同时，一个新术语“规律成簇间隔短回文重复”（Clustered Regularly Interspaced Short Palindromic Repeats，简写为CRISPR）进入人们的视野。几年后，利用CRISPR的原理，法国科学家埃玛纽埃勒·沙尔庞捷与美国科学家珍妮弗·道德纳开展合作，在试管中让Cas9蛋白切割任意指定的片段DNA序列。这把“基因剪刀”被命名为CRISPR/Cas9系统，从此开启基因编辑历史的新篇章。2020年10月，埃玛纽埃勒·沙尔庞捷与珍妮弗·道德纳获颁当年的诺贝尔化学奖，以表彰她们“开发出一种基因组编辑方法”。

不久后，美国博德研究所华人科学家张锋将“基因剪刀”CRISPR/Cas9系统应用到哺乳动物和人类的细胞中。经过一番争议，他最终获得CRISPR/Cas9应用于真核生物的专利。从此，科学家不断完善、优化基因编辑技术，将这一技术推向越来越广泛的应用场景中。

如今，CRISPR / Cas9已经在科学研究前沿及医学方面得到应用。例如，对于遗传性肥厚型心肌病上，2017年，美国俄勒冈健康与科学大学等团队用基因编辑技术准确修复了人类早期胚胎中的*MYBPC3*基因突变，这是一种与遗传性心脏病相关的基因突变。

2020年，一名身患莱伯氏先天性黑蒙症的患者成为接受CRISPR/Cas9基因疗法直接人体试验的第一人。在美国俄勒冈健康与科学大学遗传性视网膜疾病专家马克·彭勒斯领衔的一项被命名为"光明"的人体试验中，医生把CRISPR/Cas9工作所需要的组件编码进病毒基因组中，并直接注入患者眼睛的近光感受器细胞内，"剪掉"与疾病有关的基因。试验得到成功，被认为具有里程碑意义。

微小RNA

按照遗传学的中心法则，遗传信息传递与货物运输有些类似：它们原本是DNA这辆"车"上搭载的"货物"，首先通过碱基复制转移到RNA这辆"车"上，最后再通过"召唤"氨基酸造出蛋白质。这个过程中，RNA是一个中间环节。当然，并不是所有类型的RNA都能被中心法则利用。这些不参与遗传信息编码的RNA被称为"非编码RNA"。研究发现，非编码RNA占人类基因组转录产物的90%以上。由于不参与编码，这类RNA曾被认为是人类基因组的"暗物质"或者"垃圾"。

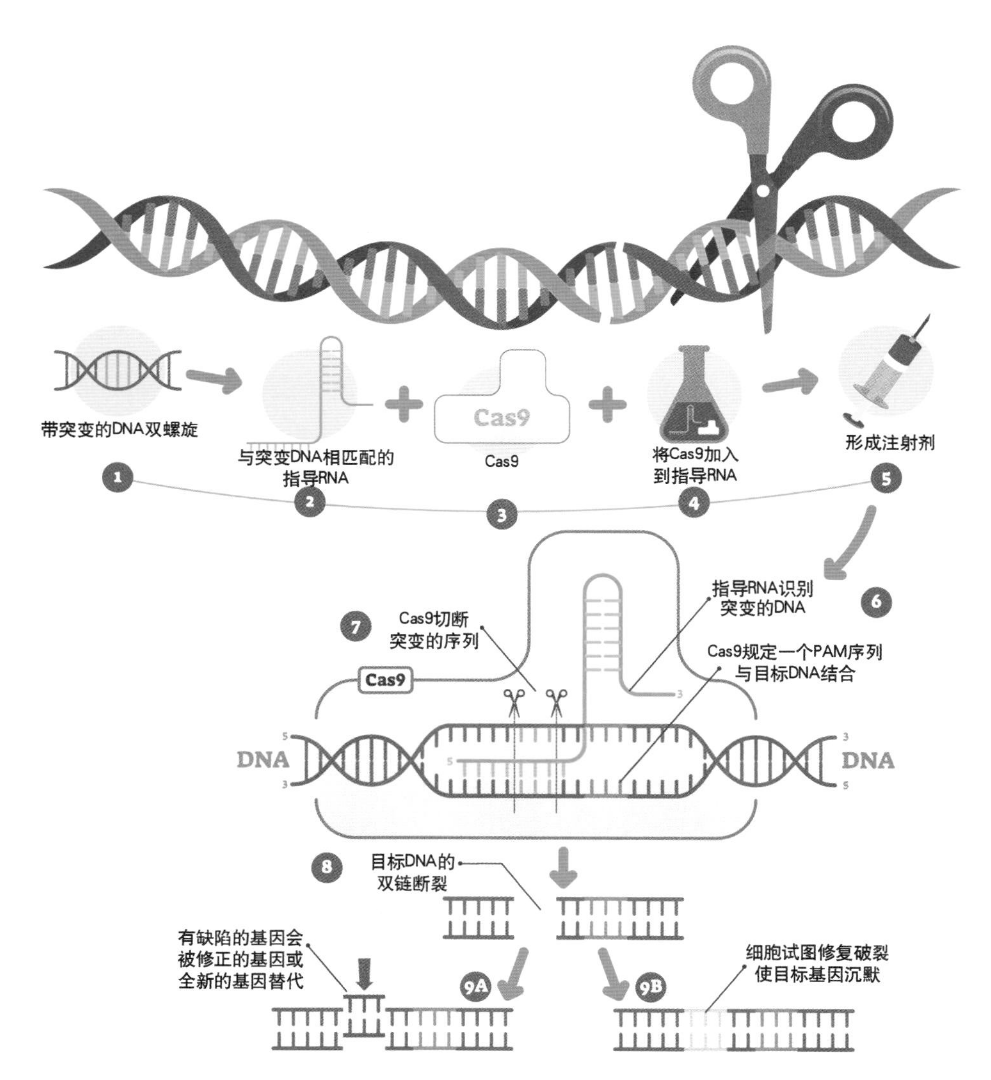

© CRISPR / Cas9原理示意。

其中碱基数量小于50个的小非编码RNA被称为“微小RNA”。不参与遗传信息编码，它们有什么用呢？1993年，美国科学家小组首次发现了微小RNA的功能，它们虽然不直接参与传递遗传信息，但仍然能够影响基因表达。此后，微小RNA基因调控功能得到进一步证实，多种基因调控功能陆续被发现。到2002年，微小RNA研究入选《科学》“年度重大突破”之一，逐渐成为生命科学领域的研究热点。大量研究成果表明，非编码RNA是许多生命过程中富有活力的参与者。

对于植物而言，微小 RNA 调控了器官发育、信号转导和响应逆境胁迫等关键过程。例如，被命名为 miR172 的微小 RNA 被证实能够影响茎的发育以及决定穗的密度，而 miR156 则能够影响根的发育。同样地，人类生命活动也离不开微小 RNA，它们对糖尿病患者的血管病变具有副作用，比如一些微小 RNA 可能损害内皮细胞功能，妨碍新血管生成，从而大大增加患者被截肢的风险。

在应用上，许多微小RNA作为新兴的生物标志物，已经在癌症的筛查、诊断、疗效监控等方面发挥作用。例如，微小RNA可以抑制和细胞周期有关的一种蛋白质“Tudor-SN”的表达，抑制肿瘤生长。又如，在乳腺癌细胞中，miR155作为炎症和癌症之间的桥梁，它的存在让炎症加重，促进肿瘤发生；而在急性骨髓性白血病中，miR193a发挥抑制肿瘤的功能。此外，关于代谢，miR690能够改善肥胖小鼠对胰岛素的敏感性。

合成生物学

生命是什么？这是一个值得谨慎回答的问题。量子力学家薛定谔曾于1943年在都柏林三一学院的“生命是什么”系列演讲中，提出从单个分子的视角看待生命，并创造了“生命密码”概念，这直接推动了DNA结构的发现并启迪分子生物学诞生。大约70年后，美国生物学家克雷格·文特尔也在都柏林三一学院的同一个礼堂中发表同题演讲“生命是什么：2012”，他的回答是“生命是一台图灵机”。他认为，DNA碱基配对和图灵机二进制的工作原理非常类似。“如果人体是一台机器，DNA便是软件，”他说，“‘软件’写好后，RNA转录和蛋白质表达便按照预定程序进行。”

这也是“合成生物学”给出的答案。既然生命的过程如同计算机“编程”，那么反过来，通过“编程”制造出生命并非没有可能。想到了这一点的文特尔也尝试实践“人造生命”。2010年，他对一种细菌进行基因组解码，再用化学方法重新合成出新的基因组。当他把新的基因组移植到另一种细菌中时，奇迹发生了：随着时间的推移，原有的细菌停止生长，人造细胞不断繁殖，这预示着新生命的诞生。它被命名为“辛西娅”（Synthia，意为合成体）。以电脑为“父母”制造出的“辛西娅”自然招来诸多批评。

2016年，《科学》报道了文特尔的进展，他再次设计并制造出了具有自我复制能力的新生命，从辛西娅的901个基因减少到473个基因，成为当时具有最小基因组的生物体。文特尔把它称为“辛西娅3.0”，是辛西娅1.0的升级版。2021年，据《细胞》报道，文特尔通过放回7个基因，修正了辛西娅3.0的某些功能，使其像天然细胞一样正常生长和分裂。

在生物学家看来，文特尔的一系列成果都是合成生物学的里程碑事件，“辛西娅”的不端升级有助于我们去繁就简地看清生命的本质，达到一种“格物致知”的效果。

此外，自调节的胰岛β细胞、可重构的DNA电路、活体生物被膜材料等陆续被制造出来，合成生物学科学研究走向前沿。

降糖新药西格列汀等产品于 2020 年前后上市。这些产品本身或者其中重要成分是通过工程改造的细胞生产获得的。未来 10 年，人工合成的活体药物有望为癌症、遗传病、传染病等提供有效治疗。

万用细胞：干细胞

LATEST SCIENTIFIC ADVANCES

干细胞是具有分化产生各种类型细胞潜能的一种未分化细胞，在生命过程中，绝大多数细胞需要不断更新。例如，皮肤的表皮细胞28天更新一次，胃细胞7天更新一次，小肠细胞3天更新一次，红细胞120天更新一次，肝脏细胞500天更新一次，骨细胞的更新需要7年……干细胞的主要任务就是在一个细胞凋亡后，马上分化出同类型的细胞补位。近年来，科学家对干细胞开展研究，不仅试图理解它如何工作，还尝试用这种“万用细胞”治疗疾病。

2004年，美国科学家用克隆的方法获得了人类胚胎干细胞，这是一项了不起的成就，为干细胞技术在医学、造福人类健康领域奠定了基础。

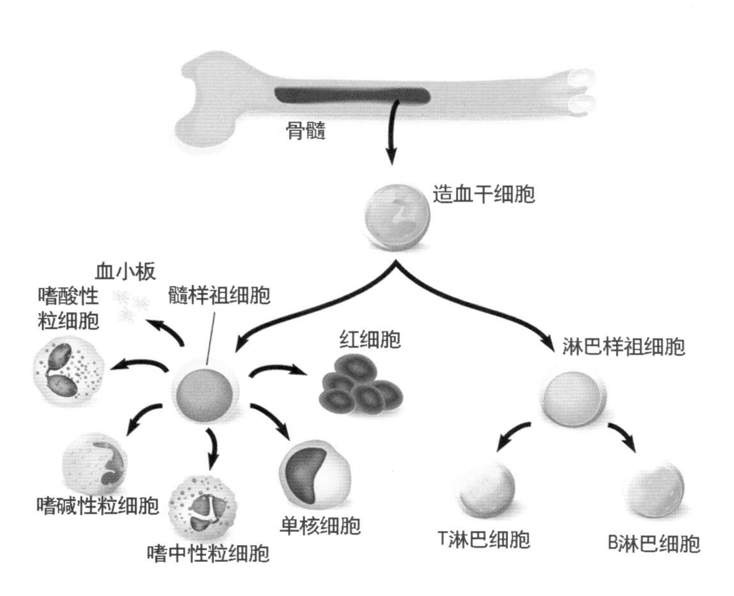

◎ 干细胞的功能分类。

比起制造出原生态的人类胚胎干细胞，更超乎想象的是，科学家妙手“拨回生命时钟”，让成熟的细胞“逆生长”成它最初的样子。2007年，日本京都大学和美国威斯康星大学的两个独立研究组成功将成纤维细胞和皮肤细胞逆转为干细胞，并把这种干细胞命名为“诱导性多能干细胞”。其中，日本京都大学的研究小组由后来声名大振的学者山中伸弥领衔，他因为发明诱导性多能干细胞获得2012年诺贝尔生理与医学奖。诱导性多能干细胞研究从此日益走向繁荣。2009年，中国科学家首次利用诱导性多能干细胞发育出具有繁殖能力的小鼠，证明诱导性多能干细胞确实具有全能性。2013年，另一个中国科学家团队用不同于山中伸弥研究组的生物方法，而用化学合成的方法“逆转”细胞，获得化学诱导多能干细胞，让全球干细胞研究步入新的时代。

最近20年，有关干细胞的捷报频传，不同组织的细胞被干细胞培养出来。例如，用猴子胚胎干细胞成功生成血管和神经等，拓宽了再生医疗的前景。最新的尝试是用干细胞治疗骨关节炎，从原理上看，干细胞一方面可以听从某些“命令”生长成所需要的骨组织，如注入关节腔后参与形成软骨，另一方面还可以感知关节腔内炎性信号，分泌抑炎因子减轻炎症，利于恢复。全新的干细胞药物即将上市，将为这类疾病治疗提供新的选择。

微生物器官：肠道菌群

LATEST SCIENTIFIC ADVANCES

肠道菌群，作为寄居在人体肠道内微生物群落的总称，是近年来微生物学、医学、基因学等领域的研究焦点之一。一个成年人的肠道菌群数量惊人，达到了百万亿数量级，与人体交互关系也相当复杂，堪称“另一个你”。

人们对肠道菌群最初的了解也许始于致使肥胖原因的研究。2004年，《美国科学院院刊》一篇研究论文称，研究发现，小鼠肥胖表型和肠道菌群可能存在一定“关联”。请注意，这里只是“关联”，而非确定的因果关系。从此，探索肠道菌群和肥胖之间到底有什么关联，成为许多微生物学家长期努力的方向。

美国克利夫兰诊所研究了肠道细菌代谢与肥胖之间的生物学联系。三甲胺氧化物是一种在肠道细菌消化过程中产生的化学物质，当动物食用红肉、加工肉和肝脏等动物产品后，肠道会把这些食物中丰富的胆碱、卵磷脂和肉碱等营养物质代谢分解成为三甲胺氧化物。研究人员发现，高水平的三甲胺氧化物不仅与心脏病发作和中风密切相关，还与2型糖尿病相关。也就是说，三甲胺氧化物可能通过某种机制促进这些疾病的发生。研究人员围绕三甲胺氧化物的具体作用机制开展了研究。在一项关于其代谢途径的研究中，研究人员通过动物实验找到了一种酶，这种酶可以帮助三甲胺氧化物起作用。研究证实，正是这种酶的作用，让三甲胺氧化物可以调节小鼠体内棕色脂肪与白色脂肪的相关基因表达，从而影响疾病发生。

日本科学家团队则通过动物实验发现，肠道菌群对肥胖的影响甚至可以追溯到“娘胎”。母亲怀孕时的肠道菌群对胎儿出生后的健康发育有着深远影响：当母亲肠道细菌的某些代谢产物不足，小鼠出生后很容易一吃就胖，并发展出代谢紊乱。

令人惊讶的结论还有，这些远离大脑的微生物竟然对神经存在影响。2018年，科学家发现肠道与中枢神经系统之间可能存在着直接连接——迷走神经，确认肠道–大脑的互相作用机制。所以，近年来，一些与大脑相关的神经疾病治疗也瞄准了肠道菌群。

越来越多的证据表明，肠道菌群应当被视为身体中的“微生物器官”，通过菌群的自身成分、分泌物、代谢物等机制，参与调控人和动物的代谢、免疫、内分泌、神经等多方面的局部和全身性生理过程，从而影响肥胖、糖尿病、脂肪肝、心血管疾病、自身免疫和炎症性疾病、精神神经疾病和癌症等疾病的风险。

人类目前对肠道菌群的了解可能只是冰山一角，肠道菌群还将带给我们更多惊喜。

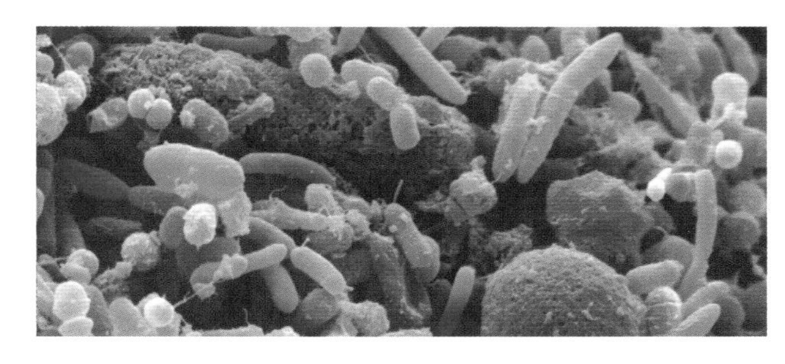

◎ 肠道中庞杂的菌群。

治愈希望：关上疾病的开关

LATEST SCIENTIFIC ADVANCES

随着对基因组的认识越来越深入，科学家对于在基因层面上理解癌症发生的原因及开发相应的治疗方案得到了极大进展，许多种癌症不再是无药可治的绝症。

寻找癌症的靶点

当“人类基因组计划”取得成功后，科学家认识到，癌症的发生可能与某些基因相关，这些基因被称为“靶点”。如果把那些不受控制的肿瘤看作一台疯狂的机器，靶点就是这台机器的开关。找到这些“开关”，同时确定“开关”如何控制“机器”，就有希望开发出新的药物去关闭肿瘤“机器”，这便是如今我们并不陌生的“靶向药”。2006年，美国启动了重大科研项目“癌症基因组图谱”，旨在绘制出1万个肿瘤基因组景观图谱，历时10年结束。这一项目中，来自16个国家的科学家共同协作发现了近1000万个癌症相关突变，并在其中寻找有效的靶点。

过去，科学家一般根据肿瘤生长的器官给癌症分类。通过基因研究，科学家开始根据基因变异和表达的相似性，按照分子类型给癌症分类。例如，在头部、颈部、肺部、食道、膀胱和子宫颈都可能生长的一种肿瘤，因为都属于鳞状细胞癌，在分子类型上很相似，因此可以归为一类；另外一类在分子类型上相似的肿瘤则在胃、结肠和直肠等不同的器官上生长。有的肿瘤虽发生在同一器官，但可能属于完全不同的分子类型，例如肾癌就存在多种类型。针对不同分子类型的肿瘤，科学家的策略是首先筛选出与之相关的靶点，再寻找有效的药物。

由于人体运行机制极端复杂，即使针对靶点研发出新药，这些药物能不能准确抵达癌症病灶处，也是科学家面临的大问题。药物的准确递送已经形成一个热门领域。不断尝试过去没有想过、用过的药物载体，成为突破这个难题的策略。2007 年，来自中国科学院的研究团队成功制造了纳米胶囊来运送药物，他们让传统抗肿瘤化疗药物阿霉素与一种聚合物自动组装形成新型输送载体，能够提高阿霉素在肿瘤组织中的富集和对深层组织细胞的渗透，增强了药物抗肿瘤的效果，并且降低了毒性。

2008年，美国加利福尼亚大学洛杉矶分校的研究人员设计出一种“纳米机器”，它可以储藏、输送抗癌药物并在光的作用下释放药物攻击癌细胞。研究人员用结肠癌和胰腺癌等多种人类癌细胞进行了体外的实验，并成功通过光的强度、波长和照射时间来精确调控抗癌药物释放量。

2018年，中国科学家则利用了一种特殊结构的DNA来运输凝血酶，阻断肿瘤“血供”。他们发明了一种类似于“折纸术”的策略，将凝血酶装进DNA“折纸”中，并用“锁扣”卷成管状结构，制作成分子机器。当分子机器识别到肿瘤血管内皮细胞标志物“核仁素蛋白”时，“锁扣”打开，DNA从管状恢复到片层结构，凝血酶随即在肿瘤细胞内发挥作用。

肿瘤的免疫疗法是近年来的新兴治疗方式，基本原理是借助免疫药物“提醒”人体自身的免疫系统，去杀死癌细胞。自2013年被《科学》杂志评为“十大科学突破”后，免疫疗法发展迅猛，最新的免疫检查点抑制剂药物获批上市，尤其以单抗药物和免疫细胞疗法应用比较广泛。其中，单抗药物主要是免疫检查点抑制剂和靶向药。比如，正常的机体中有一种名为PD-1的蛋白，主要用来抑制免疫细胞，防止人体免疫系统过度活跃而引发的自身免疫疾病。肿瘤细胞则为了躲避被免疫系统攻击，生产出更多的PD-1蛋白。基于这个原理，PD-1抑制剂被开发出来，增强免疫细胞对肿瘤细胞的杀伤力。

对抗艾滋病

艾滋病（获得性免疫缺陷综合征）是由人类免疫缺陷病毒引起的传染病，传播途径有性传播、母婴传播、血液传播三种。它在20世纪80年代被从患者身上分离出来。最近几十年里，人类与艾滋病进行了抗争。首先，基础科学慢慢揭开了这种病毒的神秘面纱。2006年，由美国、欧洲和喀麦隆科学家组成的一个国际研究小组通过野外调查和基因分析证实，人类免疫缺陷病毒起源于野生黑猩猩，病毒很可能是从一种猿类免疫缺陷病毒进化而来。2010—2013年，中国的研究人员成功解析出CXCR4和CCR5两个蛋白的高分辨率三维结构，这是艾滋病攻击人类免疫系统的两个“帮凶”，对人类研发出有效药物具有重要意义。

遗憾的是，由于人类免疫缺陷病毒具有神秘的潜伏期，一旦感染，人体很难彻底清除它，迄今没有找到有效的治愈方法。只有“鸡尾酒疗法”能够缓解艾滋病的进程，这是一种通过三种或三种以上的抗病毒药物联合使用来对付艾滋病的方法。

此外，对付艾滋病，还离不开疫苗这个武器。和清除人类免疫缺陷病毒一样，研发艾滋病疫苗也面临同样的困难。人类免疫缺陷病毒潜伏期的行为非常诡异，并且在体内复制的过程中还会发生变异，所以艾滋病疫苗很难覆盖全部类型的人类免疫缺陷病毒，这成为研发艾滋病疫苗最大的挑战。艾滋病被发现40年后的今天，我们仍然缺乏艾滋病疫苗。

研制埃博拉疫苗

发热、休克，然后七窍出血死亡……在1976年在刚果民主共和国（旧称扎伊尔）埃博拉河流域小村庄里出现的可怕疾病中，科学家发现了长得像纤维丝、一端绕成“锁扣”的病毒，命名为“埃博拉”病毒。这种引起致命疾病埃博拉出血热的病毒时不时在非洲大地肆虐。

最近一次埃博拉大流行发生在2013年，迅速成为全球公共卫生问题。2014年9月28日，据世界卫生组织统计，超过6200人受到埃博拉病毒感染，死亡人数超过2900人。

在治疗药物没有取得明显进展时，疫苗成为应对埃博拉的“救命稻草”。世界各国科学家联手，致力于加紧研发埃博拉疫苗。令人欣慰的是，在 2013 年的大流

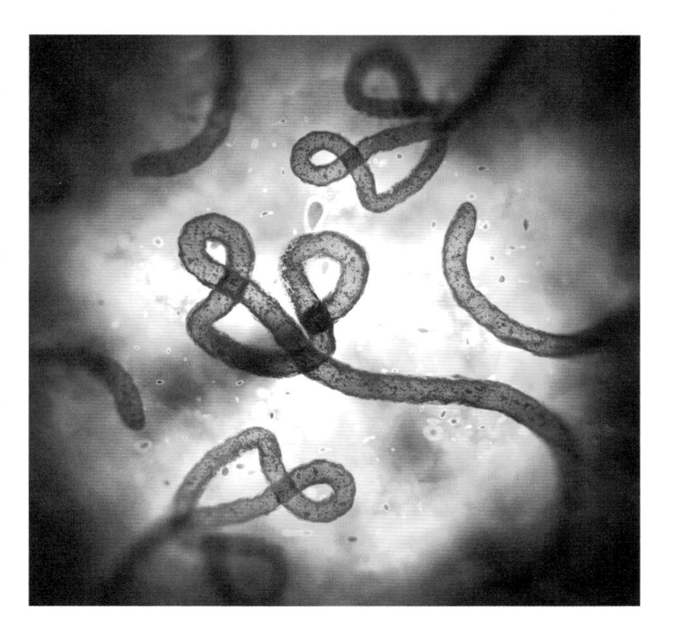

◎ 埃博拉病毒。

行期间，西非国家有足够的病例进行了两款疫苗的试验，都取得了不错的效果。其中，由美国国家卫生研究院研发的世界上首个埃博拉疫苗2014年成功通过临床试验，证实安全有效，被誉为应对埃博拉病毒“里程碑”式的进展。2015 年，由加拿大公共卫生局研发的另一种埃博拉疫苗，证实能够在 10 天后对埃博拉病毒接触者提供 100% 的保护。它由改造过的水疱性口炎病毒和埃博拉病毒表面的重要糖蛋白组成，水疱性口炎病毒可以感染牲畜，使其患病，但对人类无害。病毒通过产生轻度感染来激活免疫系统，使后者产生针对埃博拉蛋白的抗体。2019 年，后者作为全球首支埃博拉疫苗获欧盟批准上市。

与冠状病毒的斗争

冠状病毒在自然界中广泛存在，因为其包膜上存在刺突呈现皇冠的性状而得名。它是目前已知的RNA病毒中基因组最大的一种，直到20世纪60年代人类才开始认识并了解它。

冠状病毒被人们熟知，是在2002年冬季到2003年春季期间，它曾引起肆虐全球的重症急性呼吸综合征，或称“非典型性肺炎”。这是一种什么病原体，它究竟从哪里来，带着这两个问题，科学家们开始了寻找病原体的工作。这项工作远比想象中的更加复杂和困难，尤其是在病人血清中找到一种病毒后，要证明它是否病原体，还需要分离和培养病毒、与一般健康人群作比较以

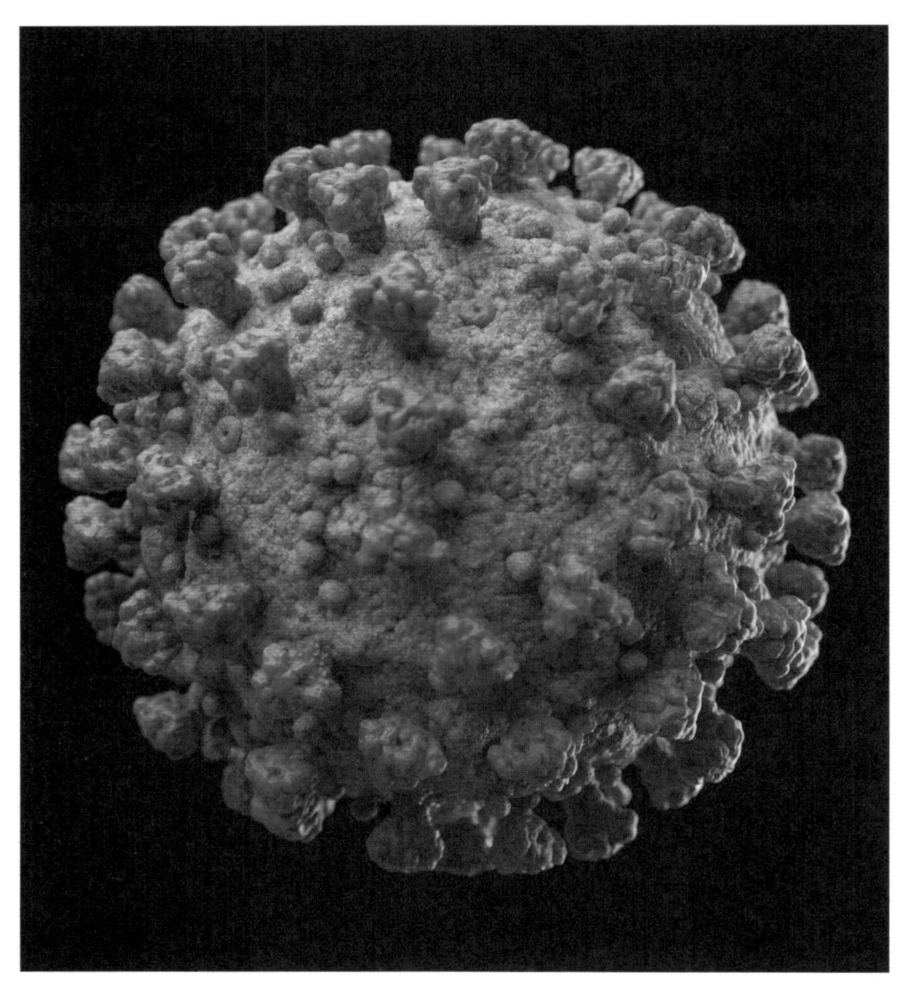

◎ 冠状病毒。

及在恢复期病人的血清中寻找相应的抗体、分离抗体、进行动物试验等多个环节的工作才能最终确认。因此，在“非典”疫情持续约4个月后，科学家们才分离鉴定出一种从前没有在人类身上发现过的冠状病毒，命名为“SARS病毒”。

SARS病毒从哪里来？科学家调查了最初的几位病人后发现他们几乎都有接触果子狸的经历，从而判断，这种病毒可能是从果子狸身上传染到人身上的。果然，他们在果子狸体内检测到了SARS病毒，与人体内感染的病毒高度同源。果子狸被认为是引发“非典”的元凶。

自2005年以来，多个研究团队在中国和欧洲的多种菊头蝠中发现了越来越多的SARS样冠状病毒。然而，在关键基因上，这些蝙蝠版病毒和人类版病毒差异明显，都不是造成2002—2003年疫情的SARS冠状病毒的罪魁祸首。“非典”疫情平息多年后，中国的科学家在多年坚持不懈的努力下，终于在云南省一处洞穴内找到了一个菊头蝠种群，并在它们体内找到了传播至人类的SARS病毒的全部基因组组分。至此，SARS病毒传播路径才得到比较清晰的认识：在偶然的情况下，自然宿主蝙蝠体内的SARS病毒感染了野生的果子狸，而带病的果子狸又把这种病毒传染给了人类。

2012年，一种类似“非典”临床症状的中东呼吸综合征病例在沙特出现。有了对付“非典”的经验，科学家们不仅很快鉴定出这种疾病由一种新的冠状病毒——中东呼吸综合征冠状病毒引发，还很快锁定单峰骆驼和经常接触骆驼的人是中东呼吸综合征病毒的传染源。

2019年年底出现的新型冠状病毒（简称“新冠病毒”）以惊人的速度席卷全球。人们感染这种病毒后会出现不同程度的症状，有的只是发烧或轻微咳嗽，有的会发展为肺炎，有的则更为严重甚至死亡。

科学家纷纷投身新冠病毒的研究中。令人欣慰的是，与十多年前SARS病毒蔓延时相比，科学的进步极大地提升了人们应对和防控疫情的能力。2020年1月12日，中国科学家首先向世界公布了新冠病毒的基因组，为全世界科学家寻找应对和治愈新冠肺炎疫情奠定了基础。曾经确认SARS病毒来源于蝙蝠的那一组科学家，再次发现新冠病毒与一种蝙蝠中的冠状病毒的序列一致性高达96%。几个月后，新冠病毒高分辨率三维精细结构及核糖核蛋白复合物的分子组装也得以解析。他们据此发现，新冠病毒的刺突蛋白具有特殊的性质，例如可以自由摆动便于抓住人体细胞，具有雨伞关闭一样的形状则能够让它不易被抗体和药物击败。

目前，有效的治疗药物仍然缺乏，人类与新冠病毒的斗争还在继续。全球已有数百家单位研发新冠病毒疫苗，主要集中在五条技术路线，涵盖灭活疫苗、重组蛋白疫苗、腺病毒载体疫苗、减毒流感病毒载体疫苗以及核酸疫苗（包括mRNA疫苗、DNA疫苗）。人们希望能够通过广泛接种疫苗消灭新冠病毒。

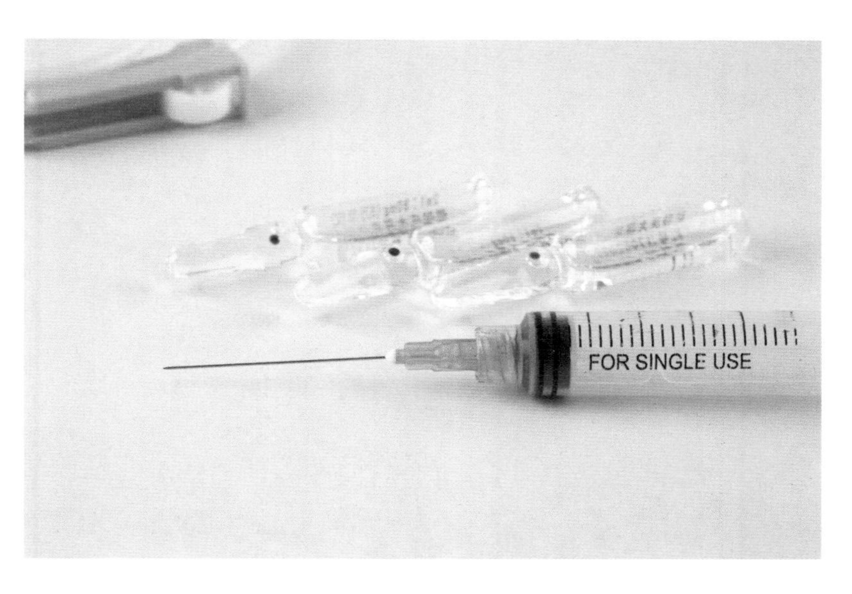

◎ 目前，接种疫苗是预防传染病的最有效方法。

物质之基：寻找基本粒子

LATEST SCIENTIFIC ADVANCES

物质由什么构成？人类对物质的思考，似乎从来就没有停止过。起初，它是哲学家思考的范畴；现代科学兴起后，寻找基本粒子成为物理学家的首要任务。

科学家认为，基本粒子是构成一切的基础，它们被视为最小的粒子，不能像原子那样进一步分为质子、中子、电子等更小的粒子。21世纪以来，科学家围绕中微子、夸克、引力波、暗物质、暗能量等物质的基本构成取得了多项发现。

中微子探测

中微子是宇宙中数量最多的基本粒子之一。它又是最轻的物质粒子，迄今还未能测出它的确切质量，但

◎位于日本神冈町的茂住矿山一个深达1000米的废弃砷矿中的大型中微子探测器——超级神冈探测器内部。

至少比电子还要轻100万倍。它们无处不在，在太阳发光、核反应堆发电、岩石的天然放射性衰变等核物理过程中都会产生，就连我们每个人也会因体内的钾-40衰变而每天发射约4亿个中微子。一个形象的比喻是，在一平方厘米的面积上，每秒钟约有650亿个太阳中微子以接近光速的速度呼啸而过。中微子的最大特点就是几乎不与任何物质反应，不管是人体还是地球，在它看来，都是极为空旷、可以自由穿梭的空间。我们感觉不到它的存在，科学上探测也极为困难。

最早在1930年，奥地利科学家沃尔夫冈·泡利为了解释原子核衰变中能量似乎不守恒的现象，从理论上预言了中微子的存在，是它偷偷带走了能量。经过20多年的寻找，两位美国科学家终于在核反应堆旁探测到中微子，从实验上证明了它的存在。其中，弗雷德里克·莱因斯因此获得了1995年诺贝尔物理学奖。此后有关中微子的研究几乎成为诺贝尔奖“收割机”。

2002年，曾探测到来自太阳中微子的美国科学家雷蒙德·戴维斯和探测到来自超新星中微子的日本科学家小柴昌俊分享诺贝尔物理学奖。他们还进一步提出了理论问题：“太阳中微子失踪之谜”和“大气中微子丢失之谜”。2015年，诺贝尔物理学奖颁给了小柴昌俊的学生梶田隆章，他观测到“中微子振荡”并解答了“大气中微子丢失之谜”——大气中微子比预期少，是因为在飞行过程中自发变成了其他种类的中微子。好比有一群马在奔跑，一会儿变成一群牛，一会儿又变成一群羊，一会儿又变成一群马。

回到理论上，中微子有三种类型，即电子中微子、μ中微子和τ中微子，三种中微子之间相互振荡，两两组合，理应有三种模式。然而，前两种模式被发现并被多个实验证实，第三种振荡模式则一直未被发现。更重要的是，中微子振荡现象启示科学家，正反粒子的行为可以不一样，很有可能导致反物质消失。这令科学家相信，充分理解中微子振荡有望揭开有关宇宙演化的更宏大的科学问题——“反物质为何消失”的谜题。其中，中微子混合角θ_{13}作为重要的基本参数之一，对其进行精确测量是深入了解中微子振荡的关键。

2003年起，中国高能物理学家团队进行大量研究和计算，提出利用位于中国广东大亚湾核反应堆测量中微子混合角θ_{13}，并设计出一套完整实验方案。2012年，由中国科学院高能物理研究所等来自6个国家和地区的38个科研单位组成的大亚湾反应堆中微子实验国际合作组宣布，他们发现了中微子的第三种振荡模式，并测得其振荡振幅，精度世界最高。这项结果加深了人类对中微子基本特性的认识。

在大亚湾中微子实验发现中微子的第三种振荡模式后，对中微子的探索转向了质量顺序。未来，由中国、美国、日本分别领衔的三大中微子实验，有望为我们揭开宇宙中最难以捉摸的幽灵粒子的“神秘面纱”。

基本粒子

除了中微子，其他的基本粒子也有助于我们思考宇宙起源的问题。

“宇称不守恒”是一项重要的理论基础。此前，宇称守恒理论认为，微观粒子体系在发生某种变化过程前的总宇称必须等于变化过程后的总宇称。也即，粒子体系和它的“镜像粒子”体系的运动都遵从同样的规律。杨振宁和李政道于1956年首先在理论上指出，在弱相互作用的领域内，“宇称不守恒”。这一理论后来由吴健雄等人在实验中证实。后来，一些科学家又提出了“电荷宇称不守恒”，认为宇宙大爆炸发生之后，正粒子比反粒子略多了一点，剩余的正粒子最终形成了我们今天所认识的世界。2001年，日本高能加速器研究机构利用周长3千米的大型圆形加速器，使电子和负电子进行碰撞。根据2年来对观测数据进行分析的结果，科学家证实了“电荷宇称不守恒”。

理解宇宙起源，也离不开夸克胶子等离子体。这种听上去黏黏乎乎的东西是宇宙诞生后百万分之几秒内的物质形态。2005年，美国能源部布鲁克黑文实验室科学家利用相对论重离子对撞机制造出了夸克胶子等离子体，夸克和胶子等基本粒子以自由状态存在。

捕捉光子曾是爱因斯坦的梦想。发现光子并不难，但捕捉到光子就费劲了。鉴于当前观察光子的设备能力所限，对光子的直接观察就足以将它“杀死”，“看它一眼足以致命”。2007年，法国科学家巧妙地设计了一个捕捉光子的“光子盒”，通过将铷原子束导入其中，间接地确定了光子的存在。

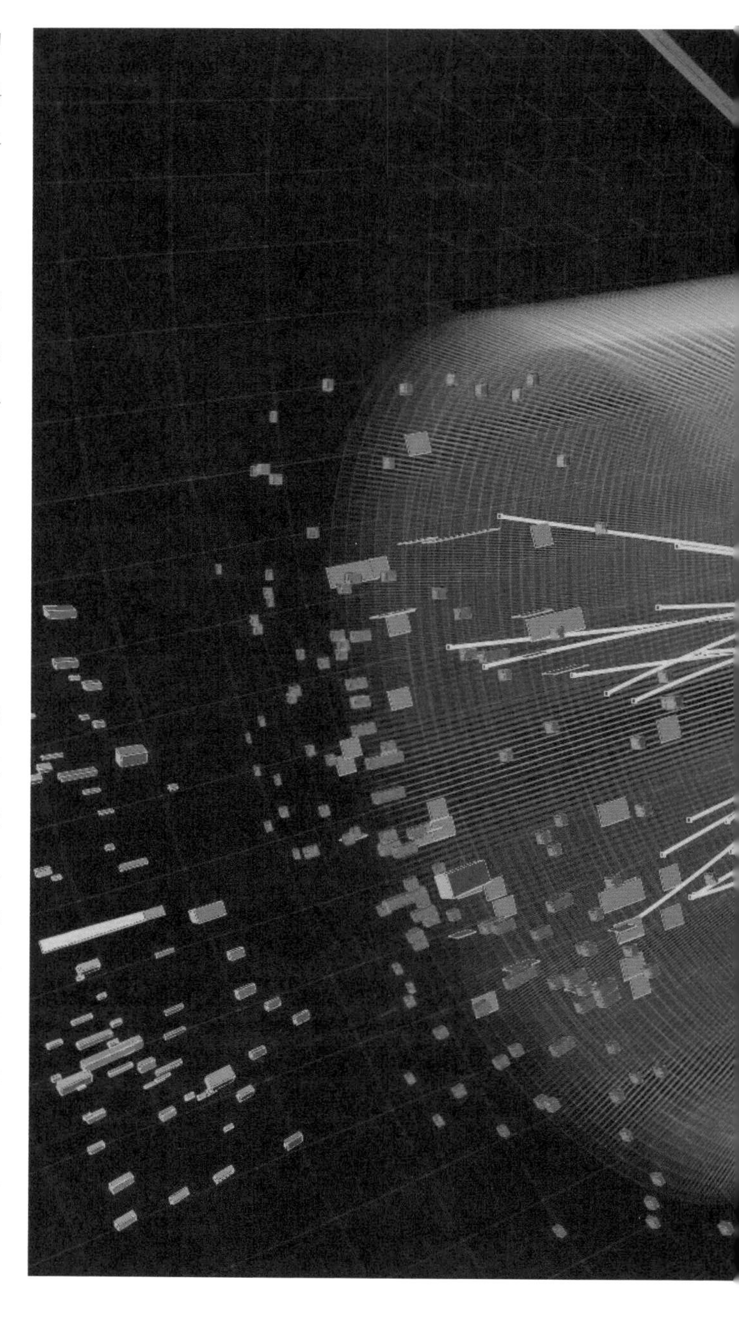

希格斯玻色子

有关基本粒子最令人兴奋的事件发生在2012年。2012年7月，欧洲核子研究中心的物理学家宣布，他们通过大型强子对撞机找到了期望已久的“上帝粒子”——希格斯玻色子。此前，希格斯玻色子也是理论预言的一种粒子。1964年，比利时科学家弗朗索瓦·恩格勒和英国理论物理学家彼得·希格斯根据粒子物理学标准模型预言，存在希格斯玻色子，所有粒子都由希格斯玻色子的场才具有质量。此后，在长达50年的时间里，物理学家想尽各种办法寻找希格斯玻色子，主要是让粒子加速、碰撞，最后在“碎片”中寻找它的踪迹。2008年，大型强子对撞机开始以比以往任何加速器更高的能量让粒子碰撞，不断打破对撞能量纪录，最终于2012年达到光辉的顶点。2013年，恩格勒和希格斯因成功预测希格斯玻色子获得诺贝尔物理学奖。

◎ 高能光子对撞后形成粒子的运动轨迹模拟。（CICphoto）

时空的涟漪：引力波

LATEST SCIENTIFIC ADVANCES

向池塘中投下一枚石子，池塘会荡起的涟漪，引力波便是时空的涟漪。一个有趣的比方是，把“时空”想象成一张蹦床，让一个胖子和一个瘦子在蹦床上垂直上下蹦，我们把手放到蹦床的边缘，便能够感受到蹦床的震动，这就是引力波。1919年，爱因斯坦在广义相对论中预言了引力波的存在。不过，从来没有人摸到过“蹦床”的震动。一个世纪以来，全世界科学家都试图从实验上观察到引力波，引力波也成为验证广义相对论最后一块缺失的“拼图”。更令科学家着迷的是，引力波携带着宇宙起源、演化、形成和结构的原初信息，使人类可通过引力波探测到基于电磁波天文望远镜所观测不到的宇观尺度和天体源，例如宇宙的黑暗时期、暗宇宙和黑洞等。

观测引力波

引力波是作加速运动的物质所发出的、以光速传递的引力辐射。引力波极微弱，难以观测。两个黑洞合并就会产生引力波信号，这给引力波探测带来了机会。2016年，美国激光干涉引力波天文台宣布其两个观测站同时观测到来自两个黑洞合并而产生的引力波信号。信号类似一只鸟儿啁啾声，持续时间不到1秒。这两个黑洞位于距地球14亿光年外，在合并前的质量分别相当于8个和14个太阳，合并后的总质量相当于约21个太阳，其中约1个太阳的质量变成能量，在合并过程中以引力波的形式释放。这是人类首次在实验中直接观测到引力波，成为引力波研究历史上的重大突破，三位美国科学家雷纳·韦斯、巴里·巴里什和基普·索恩因此获得2017年诺贝尔物理学奖。

2017年，美国激光干涉引力波观测站和室女座引力波天文台又发现了双中子星并合引力波事件。在这场天文学史上极为罕见的全球规模的联合观测中，天文学家使用了大量的地面和空间望远镜进行观测，但仅有4台X射线和γ射线望远镜成功监测到了引力波源所在的天区，其中包括中国的“慧眼”卫星。“慧眼”卫星的科学目标是探测宇宙中的X射线，取名“慧眼”是为了纪念推动中国高能天体物理发展的已故科学家何泽慧。

为“大爆炸”寻找证据

和黑洞引力波、双中子星并合有所不同的是原初引力波。它起源于宇宙诞生时期的时空量子涨落，一旦被探测到将是对宇宙大爆炸理论的验证。微波背景辐射作为一群古老的光子，是宇宙大爆炸的“余烬”，是一种均匀散落在宇宙空间中的微弱电磁波，记录着早期宇宙的许多信息。它们在经过约137亿年后到达地球，为我们提供137亿年前的一张宇宙“快照”。其具有的B模式偏振信号是原初引力波留下的独特印记。

2014年，来自美国哈佛大学史密森天体物理中心的科学家宣布，他们利用位于南极的BICEP2望远镜对微波背景辐射进行观测，发现了比预想强烈得多的B模式偏振信号。经过三年多分析，科学家确认这一信号正属

◎ eLISA工作概念图。（NASA）

于原初引力波。另外一个探测原初引力波的绝佳地点在中国西藏自治区的阿里。2016年，中国在位于海拔5250米的阿里天文观测基地内启动建设一台高灵敏的宇宙微波背景辐射偏振望远镜，专门用于探测原初B模式偏振信号。

到太空去探索引力波

想要探测到更低频的引力波，地面的条件不太令人满意。在太空中探测引力波听起来有些科幻，但科学家已经这样做了。1993年，欧洲空间局首先提出激光干涉空间天线计划（LISA），计划发射3颗各相距500万千米的探测器进行空间引力波测量。方案几经修改，最终更名为“eLISA计划”，并将3个探测器距离缩小为100万千米。2015年年底，该计划的关键技术验证卫星发射，踏出了第一步。

中国科学家于2016年发起“太极计划”，计划发射3颗围绕太阳运转的卫星，形成三角形编队。2019年9月，第一颗卫星“太极一号”发射，各项技术指标实现了预期目标。例如，“引力参考传感器”测量精度达到重力加速度的百亿分之一，相当于一只蚂蚁推动“太极一号”卫星产生的加速度。按计划，到2033年，3颗实验卫星将全部发射，开启空间引力波探测新征程。

暗物质和暗能量

LATEST SCIENTIFIC ADVANCES

暗物质和暗能量被认为是21世纪现代物理中的两朵“乌云”。牛顿提出物质间万有引力定律的200多年后，爱因斯坦发表广义相对论，将牛顿引力理论推广到高速运动的物体上。不过，随着天文观测手段的丰富和提高，得到越来越多的、与引力理论并不一致的观测结果。为了解释这些令人困惑的现象，科学家不得不在理论上引入一些新的假设，暗物质、暗能量的概念便是这样产生的。它们无所不在，充斥在宇宙全空间中，但我们感受不到它。全世界科学家做了大量努力，试图验证它们的存在。

发现暗物质

为了验证暗物质、暗能量理论，科学家在太空中进行了实验，获得了一些证据。

2003年，美国匹兹堡大学斯克兰顿博士领导的团队借助美国威尔金森微波各向异性探测器卫星的观测数据，发现有一些宇宙微波背景辐射的温度出现了微微升高。他们认为，这只有用暗能量才能解释。根据观测分析的结论，宇宙中只有4%是普通物质，剩下的23%是暗物质，73%是暗能量。也就是说，宇宙中有95%的物质仍然是未知的。

暗物质存在的直接证据来自美国国家航空航天局（NASA）的钱德拉X射线太空望远镜。2006年，美国亚利桑那大学天文学研究小组用这台望远镜观测距太阳系1亿光年处的两个星系团时，发现更遥远的恒星发出的光在“路过”这个区域时发生了扭曲。他们用暗物质解释了这一现象。

2007年，欧洲和美国的科学家首次为宇宙暗物质绘出的三维图。正如科学家原先所料，三维图显示，天体形成之初，是暗物质在物质聚集的基础上形成一种丝状的类似骨骼的东西，然后才产生了天体。

宇宙射线中的粒子也有可能隐藏着暗物质的痕迹。2011年5月，美国奋进号航天飞机耗资5亿美元执行最后一次任务，将太空粒子探测器阿尔法磁谱仪 II 送至国际空间站。2013年，华人科学家、诺贝尔奖得主丁肇中领衔的阿尔法磁谱仪项目公布了首批研究成果。他们在实验中观察到宇宙射线流中有关暗物质存在的证据。一年后，丁肇中团队再次公布了阿尔法磁谱仪的收获，新证据表明暗物质可能由一种“中轻微子”组成。此外，来自瑞士的科研团队也通过分析英仙座星系团和仙女座星系发出的X射线，发现了暗物质的信号。

2015年，中国专门用于探测暗物质粒子的卫星悟空号发射，它与美国的费米卫星、阿尔法磁谱仪各有优势。2017年开始，“悟空”陆续获得新发现，例如，测量到电子宇宙射线能谱在1.4万亿电子伏特能量处的异常波动，疑似暗物质的踪迹。

确认暗物质

除了空间的间接探测以证实暗物质、暗能量真实存在，科学家也在地下建立实验室，试图确认暗物质、暗能量到底是何种粒子。

其中，弱相互作用大质量粒子被认为是暗物质最有希望的候选者。2010年，美国佛罗里达大学科学家在明尼苏达州北部的索丹铁矿地下约610米的地方设置了30台高灵敏度探测仪，并将温度降低至零下273.1摄氏度。这些探测仪能探测到弱相互作用大质量粒子与普通原子撞击的信号，从而确定其存在。然而，尽管后来科学家一直在追寻这种粒子，但至今为止没有新的收获。

◎ 熊猫计划的探测器位于中国四川锦屏山下2400米处的实验室内。该实验利用液态氙作为探测器靶材料去探测宇宙中的暗物质。熊猫计划系列实验给出了暗物质粒子质量的可能范围。（CICphoto）

量子之光

LATEST SCIENTIFIC ADVANCES

很多人从“薛定谔的猫”开始认识量子世界，这是薛定谔为了阐释微观粒子的性质而创造的一项思想实验。这一实验设想将一只猫关在装有少量镭和氰化物的密闭的箱子里，里面的情况谁也看不到。如果镭发生衰变，触发机关，打碎装有氰化物的瓶子，猫就会死；否则，猫就存活。那么猫到底是活着还是死亡，存在两种可能性，即50%可能活着，50%可能死亡，所以猫处于又死又活的“叠加态”。当然，这只是薛定谔用宏观物体去为描述微观粒子状态打的一个比方而已。微观世界中，微观粒子可能处于叠加态。例如，对一个电子进行跟踪式的观察其实很难做到，因为电子又轻又小，如果用仪器去探测它一定会影响它的运动行为。所以，观察者看到的其实是观察仪器对微观粒子作用的结果，而不是它本身的运动。再回到“薛定谔的猫”实验中，你一旦打开密闭笼子，猫的“叠加态”就消失了：你必定会看到猫是死的或是活的。

◎ 普朗克，出生于德国，著名物理学家，量子力学的重要创始人之一，1918年获诺贝尔物理学奖。

量子是现代物理的重要概念，最早是由物理学家马克斯·普朗克在1900年提出。经爱因斯坦、玻尔、德布罗意、海森伯、薛定谔、狄拉克、玻恩等物理学家的完善，用以描述微观物理世界的量子力学理论初步建立起来。而微观粒子的叠加态原理，为量子计算机、量子保密通信等实际应用奠定了基础。2000年以来，科学家开始将量子力学理论用在实验领域，取得了不错的成绩。

量子纠缠

量子纠缠指的是微观世界量子系统中的一种有趣现象：当两个粒子在彼此相互作用后具有了“纠缠态”，它们无论相距多远，只要一个状态发生变化，另外一个也会瞬间发生变化。爱因斯坦称之为“遥远地点间幽灵般的相互作用”。而从量子力学原理上解释，这是因为这些粒子所拥有的特性已经综合成为系统的整体性质，从而无法单独描述各个粒子的特性。实现量子纠缠，被认为对于量子通信和量子计算具有巨大的理论意义，也是量子理论迈向实际应用的第一步。

2004年，中国科学家潘建伟带领的科研团队通过实验实现了5个粒子的“量子纠缠态”。为了进行远距离的量子密码通信或量子态隐形传输，人们需要事先让距离遥远的两地共同拥有最大的“量子纠缠态”。此前，几个国际小组都在这一领域努力工作，实现了4个粒子的纠缠态。潘建伟团队攻克了种种技术难关，通过单光子探测器，“观察”到特殊电脉冲现象。这是21世纪以来量子通信领域中的第一座重要的里程碑。

2010年，由法国、德国和西班牙物理学家组成的研究团队首次在电晶体线路中实现量子纠缠。在全固体材料中实现量子纠缠，意味着量子力学真正走进了电子元件，量子纠缠和全固体材料结合的目的就是实现量子计算以及固若金汤的通信。

2015年，潘建伟团队首次实现多自由度量子隐形传态，为发展可扩展的量子计算和量子网络技术奠定了基础，被欧洲物理学会评为“2015年度物理学重大突破”。2016年，美国科学家首次实现同处两地的“薛定谔的猫”，朝研制可靠实用的量子计算机又迈进了一步。既死又活的猫在现实世界是荒谬的，但随着量子力学的发展，科学家已经成功使多粒子构成的系统达到这种难以理解的量子“薛定谔猫”态。

量子通信

将量子纠缠的现象应用在量子通信上是科学家的梦想。2007年，奥地利、英国、德国研究人员组成的小组创下了量子通信距离144千米的纪录，并提出利用这种方法有望实现保密通信。2010年，中国科学家又采取一种全新的量子通信方式“量子态隐形传输”，在北京八达岭与河北怀来之间架设了长达16千米的自由空间量子信道，实现了当时世界上最远距离的量子态隐形传输。

2014年，中国科学家团队通过发展新技术，将可以抵御黑客攻击的远程量子密钥分发系统的安全距离扩展至200千米，并将成码率提高了3个数量级，再创世界纪录。2017年，中国科学家开创了多个量子通信重要的里程碑，标志性事件包括科学家利用世界首颗量子科学实验卫星墨子号成功实现了千公里级的星地双向量子纠缠分发，世界首条量子保密通信干线“京沪干线”正式开通，结合墨子号卫星实现世界首次洲际量子保密通信。潘建伟说：“千公里级的星地双向量子通信，终于‘从理想王国走到了现实王国’。”

量子计算机

量子计算机也是量子科学的未来应用之一，基本单元被称为“量子位”或者“量子比特”，其基本工作原理也与传统计算机不同。有人用一个形象的故事来说明量子计算机的原理，假如你被要求5分钟内在某个藏书达5000万册书的图书馆里某一本书某页上找到一个大写字母“A”，这几乎是不可能的。但是，量子计算机会让你身处5000万个平行现实中，每个现实都可以查看不同的书籍，这个任务就不难办到。普通计算机相当于现实中的你，需要5分钟内找遍尽可能多的书。而量子计算机却能复制出5000万个你，每个你只需翻找一本书即可。运行速度较快、处置信息能力较强、应用范围较广是它的独特优势。

迈向太空：空间站

LATEST SCIENTIFIC ADVANCES

正如宇宙航行之父康斯坦丁·齐奥尔科夫斯基所言：

人类居住在地球上，地球是人类的摇篮。人类终将长大，离开自己的摇篮，奔向另外的天体。

2000年以来，由于技术不断进步，人类得以在广袤的太空留下许多“印迹”。比如，建设空间站；探测器再访月球；数十个探测器到达火星、土星、木星、冥王星以及其他的小行星。此外，更先进的天文望远镜和探测手段让人类观测太空的目光更加犀利，脉冲星、射电暴、新星体、超大黑洞陆续被观察到。

而这一切，只是为了迈向更远的深空。

国际空间站

在距离地面三四百千米的空间站是人类在太空中的第一个“家”，也是人类走向外太空的起点。同时，这里独特的微重力和太空环境，为开展生命、材料、物理、天文、气象等领域的前沿科学研究提供了绝佳环境。

美俄联手打造的国际空间站是人类建造空间站的先驱。1998年，俄罗斯和美国先后发射了国际空间站前两个基础模块曙光号功能舱和团结号节点舱。这两个舱段为开创国际空间站的时代奏响了序曲，但仅有这两个舱段还不能满足航天员入住的要求。2000年7月，俄罗斯建造的星辰号核心服务舱发射，与空间站联合体成功对接，国际空间站从此具备了接待航天员居住和工作的基本条件。星辰号上设有供航天员日常生活所需的单独“房间”及设施，还有供航天员锻炼身体的运动器械。2000年11月，首批“太空居民”搭乘俄罗斯“联盟TM-31”飞船抵达这里，他们是俄罗斯航天员谢尔盖·克里卡廖夫、尤里·吉德津科和美国航天员威廉·谢泼德。几个月后，2001年2月，美国命运号实验舱与团结号节点仓对接，在轨运行的太空实验室从此建成。在此之后，航天员在太空实验室开展了许多微重力实验。

正当人们憧憬国际空间站的美好未来时，令人痛心的一幕发生了。2003年2月，美国哥伦比亚号航天飞机在从空间站返回地面途中发生事故，7名宇航员全部遇难。这次灾难改变了国际空间站的运营，美国国家航空航天局暂停了航天飞机的飞行，运送航天员只能依靠俄罗斯的“联盟”飞船，进入空间站的人员数量也作了削减，减少发射次数，多搭载货物，为航天员的太空生活物资“开源节流”。

到2006—2007年前后，国际空间站就达到了当前的规模。随后，欧洲空间局的“哥伦布”实验室和日本“希望”实验舱加入空间站大家族中。到2011年，国际空间站的科学实验有了新的拓展，阿尔法磁谱仪随着奋进号航天飞机抵达国际空间站。它是迄今在太空运行的最强大、最灵敏的粒子物理探测器，对暗物质和反物质的寻找等物理学前沿研究有重大意义。

2020年，服役近20年的国际空间站发生了漏气，美俄两国航天员接续查找原因、“打补丁”。尽管这次事故没有对空间站带来威胁，但国际空间站的退役还是被提上议事日程。

天宫

2003年，中国首位航天员杨利伟搭乘神舟五号载人飞船进入太空，飞行14圈，历时21小时。

2011年，中国第一个空间实验室天宫一号发射成功，在与神舟八号飞船完成无人交会对接后，航天员景海鹏、刘旺、刘洋乘坐神舟九号载人飞船于2012年完成载人交会对接。2016年，天宫一号正式终止数据服务，完成历史使命。2019年，天宫二号和神舟十一号陆续发射，实现了航天员更长时间的驻留，相关技术得到进一步验证，为正式开启空间站建造奠定了坚实的基础。

2021年5月，中国空间站“天宫”的核心部分天和核心舱及天舟二号货运飞船先后发射，以供航天员驻留3个月，同时开展舱外维修维护、设备更换、科学应用载荷等一系列操作。其中，天和核心舱密封舱内部具有3倍于天宫二号空间实验室的航天员活动空间，并配备了就餐区和锻炼区。此外，舱内还配置了无容器实验柜和高微重力实验柜等科学实验柜，用于微重力条件下进行新材料及生物实验。

按计划，2022年前后，“问天”“梦天”实验舱将陆续发射，完成“天宫”搭建，最终形成丁字型构造。此外，中国空间站未来还将单独发射一个十几吨的光学舱，与空间站保持共轨飞行状态，并计划在光学舱里架设一套口径两米的巡天望远镜，分辨率与哈勃相当，视场角是哈勃的300多倍。其在轨10年，可以对40%以上的天区，约17500平方度天区进行观测。

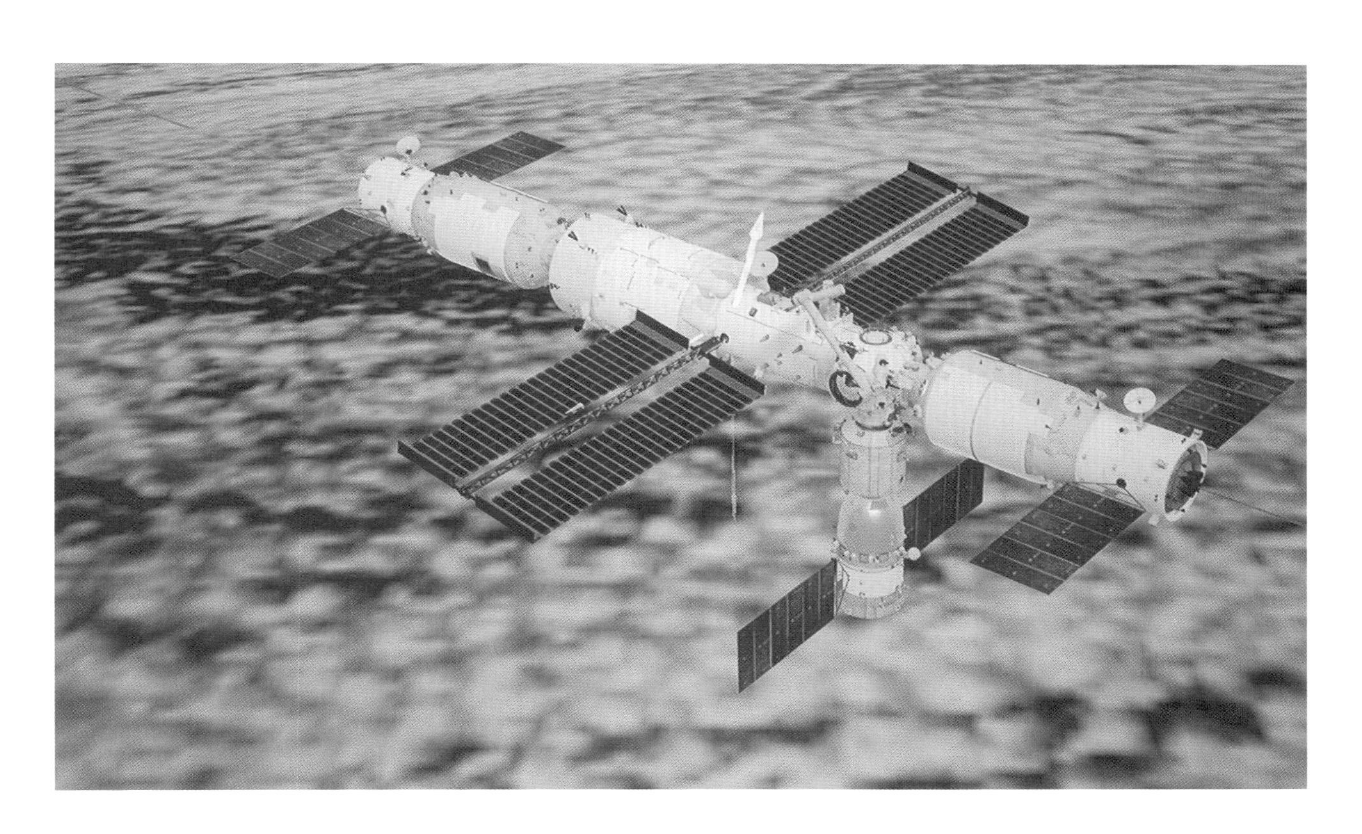

◎ “天宫”空间站。（CICphoto）

对太阳系的探索

LATEST SCIENTIFIC ADVANCES

第一站：月球

离开空间站的下一站是月球，它距离地球大约40万千米，是地球唯一的天然卫星，也是唯一一个人类曾造访过的天体。美国阿波罗11号搭载航天员于1969年7月20日首次登陆月球。美苏冷战期间探月的第一个热潮过去后，全球科学家对月球探测进入新阶段。月球是如何形成和演化的、是不是存在生命所需的水、有没有可能满足人类对能源的需求、是不是有条件为人类提供太空居住场所……这些有关月球的问题唤起人们的好奇心。

新一轮月球探测中，最引人关注的发现是有关月球上存在水冰的结论。2009年，作为美国“重返月球计划”的第一步，美国半人马座火箭、月球坑观测和传感卫星撞击月球南极地区，发现月球可能存在水冰。这一结论得到印度探月计划的印证。科学家利用2008年发射的印度月船一号探测器上搭载的月球矿物质绘图仪所得到的数据，更直接地印证了月球上存在水冰的观点。令人遗憾的是，月船一号在飞行9个月后失联，而十年后印度第二次尝试发射月船二号也以着陆月球失败而告终。日本的月亮女神号于2007年发射，2009年完成任务撞向月球，借助一台高敏感度的相机采集数据。数据显示，月球南极一处环形山内并没有冰，相反，其表面覆盖着厚厚的尘埃物质。月球上是否存在水冰再次成为争议的问题。

中国也正在进行探月工程，中国探月工程重在从更宏观的视角了解月球的形成和演化，试图从科学的角度讲述完整的月球故事。对于月球的形成和演化，科学家曾根据此前获得的月球岩石样品提出“大撞击假说”和“岩浆洋假说”。“大撞击假说”指的是，45亿年前，地球诞生不久，一颗火星大小的原始行星造访，和地球发生了一次大碰撞，一部分物质融入了地球，另一部分物质撞飞出去形成了月球。对此，曾有来自月球陨石的证据发现，地球和月球上氧的同位素的组成相同。这意味着，月球与地球存在相同的“基因”。用中国科学家欧阳自远的话说：“千真万确，月球是地球的女儿。”“岩浆洋假说”则是在“大撞击假说”成立的前提下，指大撞击后月球形成初期，月球大部分组成物质处于熔融状态形成岩浆洋，而随着温度降低，岩浆洋中的橄榄石、辉石开始结晶，下沉形成月幔堆晶，随后斜长石结晶并漂浮至岩浆洋表面。这些假说的证实还需要更多实实在在的证据。

“嫦娥”就是奔着这些证据去的。2007年，“嫦娥一号”发射成功，获得清晰月面图像，最后于2009年撞击月球表面。2010年，嫦娥二号发射，降低轨道对月面虹湾地区进行成像，并取得全世界最高分辨率的全月影像图。完成本职工作后，嫦娥二号改变轨道向深空飞去，途中对图塔蒂斯小行星进行了拍照。有了嫦娥二号提供的关键信息，2013年发射的嫦娥三号成功软着陆在虹湾地区，月球车玉兔一号进行巡视探测，直到2016年仍有部分科学载荷在工作。依靠嫦娥三号发回的微量

◎ 嫦娥四号着陆器地形地貌相机拍摄的玉兔二号在A点影像图。（CICphoto）

元素信息，科学家发现了一种新的岩石类型——克里普岩，为“岩浆洋分异”模型提供了强有力的证据。当岩浆洋“热汤”不断冷却固化，残留岩浆中的不相容元素含量逐渐升高，最终留下富集钾、稀土元素、磷的克里普岩。作为嫦娥三号的备份，嫦娥四号的使命曾引发过讨论。科学家认为，既然嫦娥三号已经成功，不如来点高难度的：让它到月球背面去吧。这个大胆的方案存在一个大困难，由于自转和公转周期相等的月球始终以同一面朝向着地球，月球背面不仅看不到，通信信号也难以直接抵达。针对探测器在月球背面面临没有任何通信信号的难题，科学家计划通过发射中继星“鹊桥”，借助架设在地月拉格朗日L2点的中继卫星，实施与地面的通信信号“接力”。2019年，嫦娥四号成功在月球背面年龄更加古老的艾特肯盆地着陆，玉兔二号进行巡视探测。科学家利用测月雷达及就位光谱探测数据，揭示了月球背面着陆区域地下40米深度内的地质分层结构，证明了月球背面南极——艾特肯盆地存在以橄榄石和低钙辉石为主的深部物质，同样支持了“岩浆洋假说”。随后开展的嫦娥五号则更具挑战性。嫦娥五号选取月球上较为年轻的地区着陆后，完成1731克的月壤取样，并从月面起飞返回地球。这是自1976年苏联探测器最后一次采集月球样本至今，人类时隔44年再次将月球样品带回地球。

走出地月系：火星探测

走出地月系，人类能够到达的第一个星球是火星。火星是太阳系八大行星之一，按离太阳由近到远的顺序，火星排在地球的后面，列为第四。人类对火星已经向往已久。在中国，古代先民将火星取名为“荧惑”。在西方，伽利略用自制的望远镜观测火星，开创用科学仪器研究火星的先河。在太阳系的行星中，火星与地球之间存在最多的相似之处。几乎相同的昼夜长短和四季变化让科学家相信，了解火星能够帮助我们理解地球的演化，回答人类“从哪里来”“到哪里去”的终极问题：火星是否存在生命活动的信息或曾经发育过生命？火星独特的地形地貌和物理特性，承载了其演化的丰富信息，其演化与太阳系的起源及演化又是什么关系？

1960年，苏联发射了人类首颗火星探测器，拉开火星空间探测的序幕。经过近30年的实践和技术储备，以美国和俄罗斯为代表的人类火星探测工程技术基本得到验证，开始向科学探测迈进。特别是2001年美国奥德赛号到达火星轨道利用红外线波段以100米分辨率拍下整个地表的照片后，人类拉开了对火星开展科学探测的序幕。

2003年，美国发射的双胞胎火星车勇气号和机遇号正式登陆火星，它们被赋予“地质学家”的角色，主要进行火星上多个地点的地质勘探。科学家为它们配备了全景相机和显微成像仪，可以给周围环境精细拍照；热辐射光谱仪可以测量空气或者岩石的温度；穆斯堡尔光谱仪能够用于含铁矿石的研究。勇气号在工作7年后失去联系，机遇号则在火星上工作超过14年之久，直到2018年一场沙尘暴才寿终正寝。

精良的装备让它们收获颇丰：它们在降落时发现了一些散落在着陆点附近的富含铁的球体“蓝莓”。机遇号第一次在火星表面拍到沙尘暴视频。2007年勇气号被卡在泥土中后重新启动，发现了富铁表层下的土壤含有二氧化硅，提示这一区域可能存在着温暖的流水，这也是双胞胎“地质学家”最重要的发现之一。而这些发现背后的科学数据绝大部分是依靠奥德赛号作为中继星传回地球。当然，它们登陆火星的意义不仅在于新发现，更在于这是哥伦比亚号航天飞机失事之后美国航天的第一次重大成功，它使人们对航天探索恢复了信心，也使公众重新燃起了对宇宙的兴趣。

去火星上找水是行星科学家最大的愿望。2001年，奥德赛号从高空对火星拍摄卫星照片时就发现火星表面到处都是流水冲刷过的痕迹，有冰川的遗迹，还有干涸的河床、湖床，甚至是瀑布的痕迹，证实火星在历史上肯定存在过大量的水。与此同时，它还发现氢原子在火星的大气中大量存在，间接推断火星上存在水。2015年前后，欧洲曾于2003年发射的“火星快车”探测器在环火星轨道上运行时借助雷达在火星南极发现了属于水的特征信号。不过，要坐实火星上存在水，还需要更加直接的证据。

火星探测器奥德赛号

火星探测器奥德赛号主要用来探测火星表层的构成和所处空间的辐射环境，为此，它携带了三台科学仪器，包括一套热散发成像系统，一台γ射线光谱仪和一个火星辐射环境试验器。

2008年，美国发射的凤凰号火星探测器的使命就是找到水。实际上，凤凰号的命名意味着它是曾经夭折的两个探测计划的重生之作。1999年，美国火星极地着陆者号探测器在接近火星时意外坠毁。之后，美国国家航空航天局终止了原定于2001年发射另一个火星探测者号着陆探测器的计划。因此，凤凰号的主体来自火星探测者号，而大多数科学仪器是基于火星极地登陆者号的设计而改进。凤凰号作为人类第一个在火星北极附近着陆的探测器成功着陆，并利用挖掘臂深挖火星地表。探测期间，它的机械臂把一份土壤样本递送到热量和释出气体分析仪中，样本加热后分析仪鉴别出其中有水蒸气产生。不仅如此，它在火星的天空中捕捉到了降雪，并发现了黏土和碳酸盐的证据。后一项发现尤其令人兴奋，因为地球上大多数的黏土和碳酸盐只有在液态水存在的条件下才能形成。

至此，凤凰号让人们确信火星上存在过水，火星上是否存在着生命则成为更加吸引人的问题。美国的好奇号应运而生而生。作为美国第七个火星着陆探测器、第四台火星车，它于2011年发射，主要任务是挖掘火星土壤，钻取火星岩石粉末，对岩石样本进行分析，探测火星过去、现在是否具有支持微生物生存的环境，从而确定火星表面是否具有可居住性。多年来，好奇号发现了水、甲烷等与生命相关的物质在火星存在的直接证据。这让科学家们相信，火星在很久以前也是一颗类似地球的行星，随着火星内核炽热的熔浆降温了，火星的地表温度不能够继续束缚液态水，于是液态水气化消散在宇宙中了。

2013年，与好奇号火星车的高调相比，马文号探测器悄悄出发，聚焦火星大气消失之谜。为此，它携带了比以往的火星大气卫星都更加齐全的粒子和磁场测量仪器。马文号发回的数据表明，正是因为缺乏适当强度磁场的保护，火星的大气被这些猛烈的早期太阳风暴“吹”走，才使火星从过去温暖潮湿的环境变成了今天这样既冷又干的状态。科学家设想，如果能够制造一种

◎好奇号图。（NASA）

强的磁场，也许会“复活”火星大气，人类移居火星的梦想将变得更加容易实现。

2018年，美国的新一代火星车洞察号出发了，携带了火震仪和热流检测仪等仪器，目标是探索火星的内部结构、热状态、自转变化等地球物理性质，这也是人类第一次探究火星“内心深处的秘密”。随着勘查时间推移，洞察号探测到了火星地震，这说明火星并不如此前人们所预料的那样死气沉沉，它的内部可能仍有岩浆在翻滚，这些发现有助于帮助科学家理解火星形成和演化的过程。

近年来，中国也启动了宏大的火星探测计划，一次性实现了环绕火星轨道、着陆火星表面以及火星车进行巡视的目标。2020年7月，天问一号火星探测器搭载祝融号火星车发射，并于2021年2月到达火星轨道，在环绕火星3个多月后，于5月15日着陆火星乌托邦平原。天问一号的环绕器和祝融号火星车上都搭载了多种科学仪器，用于在火星上搜集各类数据，帮助科学家了解火星形貌与地质构造、火星表土特征与水冰分布、表面物质组成、火星大气电离层及气候环境、火星物理场与内部构造。

更远的脚步：太阳系其他行星

人类的脚步当然不局限在与地球最近的月球和火星上，人类探测器也陆续向太阳系更深处飞去，抵达木星、土星、冥王星以及其他天体。

火星以外的第一颗行星是木星。人类早已在天空中发现了这颗行星。木星是太阳系中体积和质量最大、自转速度最快的一颗行星，这导致了木星上经常出现“大红斑”一样的风暴，使得木星的环境变得十分恶劣。对于这颗巨大行星厚厚的云层和剧烈风暴下方的奥秘，吸引着人类的好奇心。2016年7月，美国“新疆界计划”框架下的朱诺号木星探测器历经约5年的飞行进入木星轨道，打破依靠太阳能提供能源的探测器最远航行纪录，成为当时运行轨道最接近木星的人类探测器。对于朱诺号来说，去一趟木星并不容易。先要克服地球重力，飞离地球后还得克服太阳引力。靠近木星后，需要通过点燃主发动机进而被木星引力捕获减速，才能进入木星轨道。在绕着木星飞行时，还必须小心避免木星周围的强辐射和碎片区。朱诺号搭载了9台科学仪器，用于探测木星内部结构、大气成分、大气对流状况、磁场等情况。

对于著名的“大红斑”，朱诺号发现它内部气体可以分成三层结构，其中最深的一层气体，在云层底部大约160 千米的地方，压强可以达到 5 个标准大气压左右。在利用红外光谱仪探测“大红斑”内部的最深层时，发现“大红斑”内部蕴含着大量的水冰，表明木星可能是“潮湿”的系统。此外，木星的大气向下可以延伸超过 3000千米，再下面则变成了金属氢的海洋，一直到木星的中心。而对于木星上的“闪电”现象，朱诺号近距离飞过云顶时看到一些新奇的更小、更浅的闪光。科学家经过分析后认为，这些“浅闪电”比预想的木星闪电的高度更高，是由富含水和氨的云产生。

比木星更远的行星是土星。和木星一样，土星也是一颗气态行星，如同腰带一样的“光环”是它最显著的特征。一直以来，人类对土星的了解十分有限。2004年，美国国家航空航天局、欧洲空间局和意大利航天局合作的卡西尼号飞船进入土星轨道，成为首个绕土星飞行的人造飞船，主要对土星的大气、光环和卫星进行科学研究。2005年，卡西尼号与土卫二擦身而过，发现它的南极地区喷射出了盐水间歇泉。2008年，它还发现土卫六表面湖海中液态碳氢化合物数量惊人，初步估算是地球上已探明石油和天然气储量的数百倍，科学家认为这将有助于人类了解宇宙生命的起源。2017年9月15日，卡西尼号土星探测器燃料将尽，科学家控制其向土星坠毁，随后与地球失去联系，它进入土星大气层燃烧成为土星的一部分，任务至此结束。科学家利用卡西尼号土星探测器此前发回的数据最新测算得出，土星上一天的时长是10小时33分38秒，比20多年前的测量值短了约6分钟。

此外，令人振奋的是，卡西尼号所携带的惠更斯探测器，配置了6种科学仪器，主要负责研究土星的最大卫星土卫六。2004年12月24日，它在土卫六上实现软着陆，创造了人类探测器登陆其他天体最远距离的新纪录，并发回了部分照片和数据。

虽然冥王星在太阳系的行星队伍中被除名，当它仍然是人类计划到达的深空。而想要到达冥王星，必须要穿过柯伊伯带。2003年前后美国启动的“新疆界计划”中，发射探测冥王星和柯伊伯带的新视野号是一项重要的任务。2006年，新视野号从地球出发，2015年，它首次近距离飞掠冥王星，成为首个探测这颗遥远矮行星的人类探测器。2019年1月，在完成对冥王星的探测任务后，新视野号探测器近距离飞越了另一颗柯伊伯带小天体——阿罗科斯，再次创造了人类探测到的最远、最原始的天体纪录，也为人类探索太阳系及其天体的形成和演化提供了大量有价值的信息。

更远的地方，还有旅行者1号。2012年，这个1977年发射的探测器飞出太阳系，在寒冷黑暗的星际空间中“漫步”。到2020年2月，旅行者1号距离地球148.64个天文单位，约222亿千米，这是迄今人造物体离地球最远的距离。

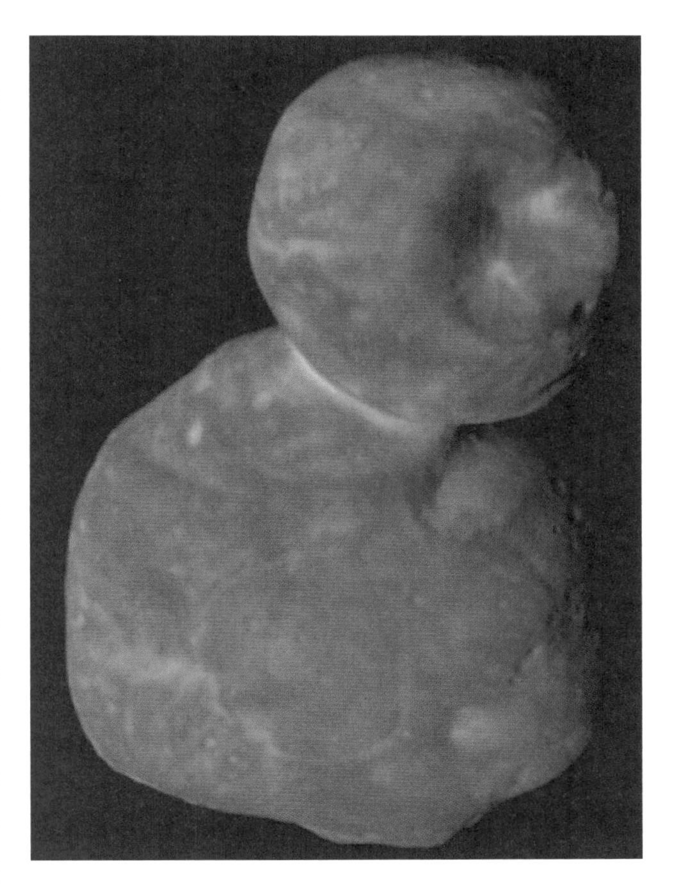

◎ 阿罗科斯。（NASA）

与小行星、彗星的亲密接触

在小行星探测方面，日本的探测器独具特色。2003年，日本发射隼鸟号，在遭遇一系列挫折后成功地将距离地球约0.7亿千米的小行星“丝川”的样本带回地球。也为2019年实施隼鸟二号任务奠定了基础，2020年年底，隼鸟二号在完成数亿千米的飞行后，带着小行星“龙宫”的样本返回地球。

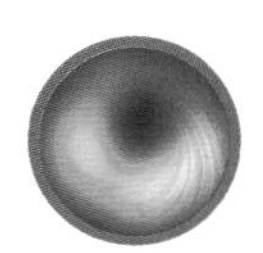

探索更远的宇宙空间

LATEST SCIENTIFIC ADVANCES

仰望星空，天文学家瞄准了更远的太阳系外，甚至遥远的宇宙。

2003年，美国天文学家利用美国帕洛马尔天文台的一架1.2米口径的望远镜，宣布在距离地球约130亿千米处观测到一个绕太阳运转的红色天体，命名为“塞德娜”。该天体是迄今已知的太阳系中最遥远的大天体。不过，它究竟属于行星还是矮星，科学家至今没有定论。

对于观测具有难度的太阳系以外的行星，最近科学家有新进展。2005年，欧洲天文学家宣称，他们首次拍到一颗太阳系外行星的照片，该行星质量约相当于木星质量的5倍。这颗被命名为“2M1207B”的行星位于长蛇星座附近，距离地球约200光年。

对宜居行星的探索

更加引人注目的进展则来自对所谓“第二个地球”宜居星球的寻找。开普勒太空望远镜时不时地带给人们惊喜。2015年，美国国家航空航天局宣布发现与地球有98%相似程度的“另一个地球”的消息一度在全球社交网络上刷屏。这颗行星便是开普勒-452b，它绕行的恒星与太阳一样也是处于稳定的壮年期，体积比地球大60%，公转周期为385天。不过科学家认为目前还没有证据证明开普勒-452b上面有生命，因为开普勒望远镜只负责照相，没有办法近距离观测行星。

2016年，位于智利的欧洲南方天文台网站发布新闻，称在距离地球最近的恒星半人马座比邻星周围，发现一颗位于“宜居带”类地行星——比邻星b。不过，科学家推测比邻星b的气候与地球风格迥异，它没有季节，空间环境也可能更为恶劣。

对黑洞的探索

更加遥远的黑洞同样令人好奇。根据质量不同，黑洞一般分为恒星级黑洞、中等质量黑洞和超大质量黑洞。2012年，美国霍比-埃伯利望远镜发现了质量相

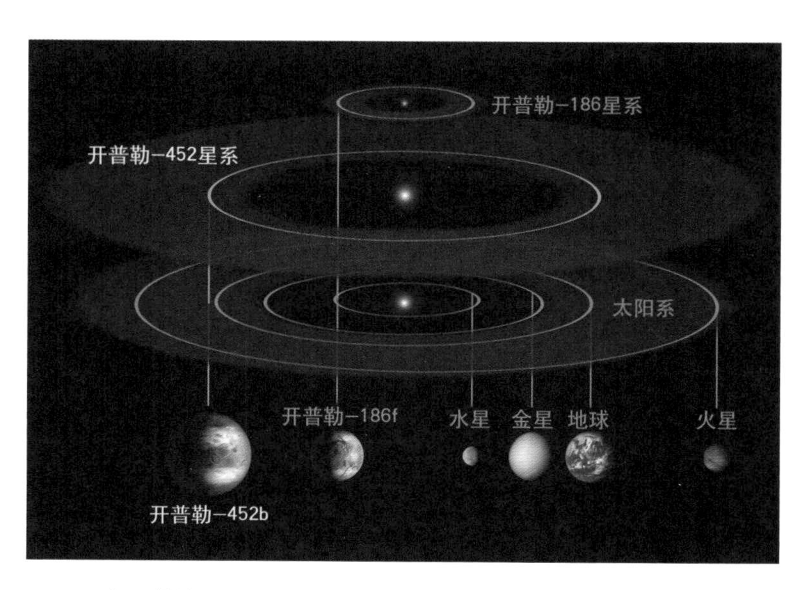

◎ 开普勒-452b和开普勒-186f所在星系与太阳系环境对比。（CICphoto）

当于170亿个太阳的黑洞，其质量占了该星系质量的14%，而通常黑洞只占其所在星系的1%。这一发现可能改写黑洞与星系的形成演化理论。

2019年，中国天文学家在郭守敬望远镜的帮助下，发现了迄今为止质量最大的恒星级黑洞，这个70倍太阳质量的黑洞远超理论预言的质量上限，颠覆了人们对恒星级黑洞形成的认知，有望推动恒星演化和黑洞形成理论的革新。同年，旨在观测星系中心超大质量黑洞的“事件视界望远镜”项目也取得重磅发现。一个庞大的国际天文学家团队利用分布在世界各地的8个射电望远镜给“看不见”的黑洞拍了一张照片，这是人类第一次“看到”黑洞。这个黑洞是室女座超巨椭圆星系M87中心的超大质量黑洞，其质量是太阳的65亿倍，距离地球大约5500万光年。照片展示了一个中心为黑色的明亮环状结构，看上去有点像甜甜圈，其黑色部分是黑洞投下的“阴影”，明亮部分是绕黑洞高速旋转的吸积盘。

此外，2016年，全球最大单口径射电望远镜在中国贵州落成启用，成为人类仰望星空的又一重器。有“中国天眼”之称的500米口径球面射电望远镜从预研到建成历时22年，也是世界上最灵敏的射电望远镜。2021年，这台射电望远镜发现了超200颗脉冲星，进入深度研究脉冲星的新阶段。

◎《天体物理学杂志通讯》上展示了人类首次“看见”的黑洞的偏振图像。（CICphoto）

打造材料“宇宙”

LATEST SCIENTIFIC ADVANCES

材料是一切工业的基础，研发新材料便成为产业升级的必由之路。过去20年中，科学家从物理、化学、生物等学科的基础理论出发，在新材料的“宇宙”中，不断开拓人类认知的边界，创造出林林总总具有应用潜力的新材料。

凝聚态物理

凝聚态是物质存在的一种状态，由大量具有很强的相互作用的粒子组成。我们比较容易理解的是自然界中天然存在的凝聚态——固态和液态。另外，低温下的超导态、磁介质中的铁磁态等生活中不容易见到的状态也属于凝聚态。凝聚态物质经常具有奇妙的物理性质，科学家关注的问题就是凝聚态物质中粒子的结构及它们之间的相互作用对物质宏观性质有什么影响。好比人数众多的集体操队伍中，每个人的高矮胖瘦、姿势、动作标准程度以及和旁边人的间距，都影响着这支队伍的整体表现。这正是凝聚态物理研究的问题。

最早，研究这些问题的领域叫作固体物理，到了20世纪八九十年代，才逐渐改为凝聚态物理。到了21世纪，凝聚态物理最火热的领域是在材料方面，其中又以拓扑绝缘体和铁基超导体最为热门。

顾名思义，拓扑材料就是指具有拓扑性质的固体物质。那么，哪些材料由具有拓扑性质呢？回答这个问题，得从“拓扑”一词的含义说起。简单地说，拓扑本是数学领域的一个分支，主要研究的是几何图形或者空间在连续改变形状之后，一些性质还能保持不变，只考虑物体间的位置关系而不考虑它们的形状和大小。

拓扑绝缘体指的就是一种内部绝缘、又允许电荷移动的材料。在这种神奇的材料中，亿万个电子和原子核通过相互作用形成一种“准粒子”，而这些准粒子才最终决定了材料的性质。物理学家考虑，如果对这些准粒子的行为进行深入分析，就能理解拓扑材料的性质。加上这些准粒子与基本粒子可能遵循相同的物理规律，物理学家甚至把以拓扑绝缘体为代表的凝聚态物质视为“固体宇宙”，与真实的宏观宇宙一样充满了有关世界如何运作的奥秘。他们希望，在“固体宇宙”中能够获得新的物理学规律。进一步地，如果能够操控这些准粒子，说不定还能创造出新材料，重塑人类未来生活。

例如，如何通过摆布拓扑材料内部的原子结构制造出新的拓扑材料，从而降低电子的运动能耗，成为未来研发新型电子器件的基础。量子反常霍尔效应是人们比较陌生的概念。要弄清楚它，必须先理解量子霍尔效应。19世纪末，美国物理学家埃德温·霍尔在实验中发现了一个有趣现象：如果对通电的导体施加垂直于电流方向的磁场，电子的运动轨迹将因为洛伦兹力发生偏转，垂直于磁场方向的导体两端会产生电压，这被称为霍尔效应。后来，他在一些特定的材料中，又观察到了反常霍尔效应，即不外加磁场也可以观察到导体两端的电压。量子霍尔效应则是量子版本的霍尔效应，主要是在低温、强磁场条件下，一些半导体材料所呈现的性质——电子的运动不消耗能量，就像在高速公路上一样有序地运动。

由于实现量子霍尔效应需要庞大的外加磁场，成本极高，因此实现没有磁场而让电子有序运动的量子反常霍尔效应成为科学家的梦想。许多科学家致力于寻找这样的材料。

2009年，中国科学家从理论上预言了一种拓扑绝缘体碲化铋能够实现量子反常霍尔效应。随后，研究人员又从理论上进一步锁定在磁性掺杂的拓扑绝缘体材料中可以真正观察到这一效应。2013年，他们制备了上千种样品，并且对这些材料的内部结构进行了精确地调控。最终，在低温下，在添加了金属铬的拓扑绝缘体碲化铋的磁性薄膜中观测到了量子反常霍尔效应。科学家仍然在为提高观测温度而努力。材料学家认为，在特定的材料中真正实现量子反常霍尔效应，是发展新一代低能耗晶体管和电子学器件走出的第一步。不过，距离在产业应用上克服芯片发热和能量损耗问题，还有很长的一段路要走。

外尔费米子

外尔费米子是“固体宇宙”中另一种与降低电子传输能耗相关的准粒子，得名于德国科学家赫尔曼·外尔在1929年的预言。1929年，外尔指出，当质量为零时，狄拉克方程描述的是一对重叠的具有相反手性的新粒子“外尔费米子”。这种神奇的粒子带有电荷，却不具有质量。但是80多年来，人们一直没有能够在实验中观测到外尔费米子。其间，令人捉摸不透的中微子曾经被认为是外尔费米子，但是后来发现中微子其实是有质量的，又被排除。近年来，拓扑绝缘体等新奇量子态研究的快速发展为在凝聚态体系中实现和观测外尔费米子提供了新的思路。其中备受瞩目的就是找到真实的外尔半金属材料。根据理论预言，外尔半金属会呈现出诸多奇异的物理现象，例如能够在结构上观察到“外尔锥”“费米弧”等。

2012年，中国科学家首次预言在一种“狄拉克半金属”中或许可以发现外尔费米子。随后，研究人员制备出具有原子级平整表面的大块砷化钽，再利用同步辐射光束照射，外尔费米子展现在世人面前。这项工作得到了科学界高度关注和极高评价。

马约拉纳费米子

和外尔费米子一样神秘的准粒子，还有马约拉纳费米子。我们知道，粒子世界里有两大家族，分别是用来构成物质的费米子家族（如电子、质子）和传递作用力的玻色子家族（如光子、介子），分别以美籍意大利裔物理学家费米和印度物理学家玻色的名字命名。科学家认为，每一种粒子都有它的反粒子，这些反粒子共同组成了反物质世界，当物质与反物质相遇时会产生巨大的能量而湮灭。1937年，师从著名物理学大师费米的意大利物理学家埃托雷·马约拉纳发表了一篇理论文章，文

◎ 马约拉纳。

章经过缜密推算，预言自然界中可能存在一类特殊的费米子，这种费米子的反粒子不但和它自己长相一样，性质也完全相同，可以说，它们的反粒子就是自己本身。这种费米子就因为它的提出者，而被命名为“马约拉纳费米子”。马约拉纳费米子的概念诞生了，它给物理世界增加了很多可能性。有意思的是，马约拉纳费米子和马约拉纳本人一样神秘莫测。

1938年3月25日，年仅32岁的马约拉纳在那不勒斯大学留下一封遗书后失踪。有人说他自杀了，有人说他被绑架并被他杀，有人说他进了修道院，有人说他成了乞丐，有人说他在南美洲的阿根廷或委内瑞拉隐居一生，总之，至今下落不明。随着32岁的马约拉纳离奇失踪，在实验中寻找“马约拉纳费米子”的踪影一起成为困扰物理学的一桩“悬案”。

而让科学家对马约拉纳费米子心生向往的重要原因之一，就是马约拉纳费米子是未来制造量子计算机的完美候选对象，人类有可能通过这一发现而实现拓扑量子计算，引发新一轮的电子技术革命。

2016年，中国科学家团队观察到证明马约拉纳费米子存在的直接证据——自旋极化电流现象。据完成这项研究的上海交通大学贾金锋教授介绍：“理论预言，在拓扑绝缘体上面放置超导材料就能实现拓扑超导，这件事情听起来容易，但在材料科学领域却是一大难题。而且，由于在上方的超导材料的覆盖，马约拉纳费米子很难被探测到。”于是，在大量实验基础上，他们独辟蹊径，把超导材料放在了下面，在它上方“生长”出了拓扑绝缘体薄膜，让拓扑绝缘体薄膜的表面变成拓扑超导体，这样巧妙的实验设计为寻找马约拉纳费米子奠定了重要的材料基础。简单地说，他们调整材料的结构，把喜欢“捉迷藏”的马约拉纳费米子从“暗处”翻到了“明面”上。

无独有偶，2017 年，美国斯坦福大学华人科学家张首晟等学者从理论和实验两个方面同时入手，在添加少量磁性材料的拓扑绝缘体中发现了“马约拉纳费米子”。当时发布的新闻中，研究者把马约拉纳费米子称为“天使粒子”，给这种粒子赋予了一种美好的期待。和其他费米子和它们的反粒子在一起时魔鬼般的“湮灭”不同，其反粒子就是它本身的马约拉纳费米子身处的量子世界，只有“天使”，没有“魔鬼”。不过，令人遗憾的是，2018 年，张首晟的家人发布声明，确认他因抑郁症意外去世。1983 年，张首晟曾赴美国纽约大学石溪分校攻读博士学位，师从物理学大师杨振宁。二人师生之间的传承关系不失为一段佳话。据说，杨振宁为研究生新生开设的理论物理问题选修课程对张首晟启发很大，让他认识到“自然的复杂性可以统一于理论的美与简洁之中，而理论物理学的意义正在于此”。张首晟曾回忆：“他（指杨振宇）告诉我，诗歌追求的境界是用两句话将复杂的感情说清楚，科学也是追求用一个简单的公式去描写大自然的所有万千现象。艺术和科学是相通的，$F=ma$、$E=mc^2$ 就是描写大自然的最美丽的诗句。”对于“美与简洁”的追求，影响了张首晟的一生。

前述几项研究的成功并不代表科学已经抵达寻找马约拉纳费米子的终点，这项工作远未完成。这是由于，像马约拉纳费米子这样的准粒子的存在离不开材料体系。就像水池中的气泡，一旦离开了水就不再称之为气泡。基本粒子可以独立存在，而准粒子不能，它只能存在于一定的环境中，找到能够“容纳”准粒子的“水池”格外重要。也就是说，固体材料的内部结构为准粒子形成提供了丰富的环境，固体材料不同，提供的环境也不同，最终形成的准粒子会大不一样。当然，如果材料体系太复杂、条件太苛刻，例如，需要构造工艺复杂的异质结构体系以及低于1开尔文的极低温条件，这给科学上发现、观测它带来了极大困难。所以，凝聚态物理学家一直在想办法在条件更加温和、制作起来更加简单的“水池”里寻找准粒子。

2018年，中国科学家研究团队在铁基超导体这种

“水池”中观察到马约拉纳费米子。研究人员采用扫描探针显微系统，第一次在单一块体超导材料中观测到纯度更高的马约拉纳费米子，其在强度为6特斯拉以下的磁场，以及4开尔文以下的温度中都能稳定存在。完成这项研究的中国科学家丁洪认为，这预示着，在其他的多能带高温超导体里，也可能存在马约拉纳费米子。而此前发现“天使粒子”的张首晟也称，他的团队一年前发现的马约拉纳费米子，实验体系是由常规超导体与量子反常拓扑绝缘体构成的混合器件，并且此现象在超低温的极端条件下才出现。而此次研究中采用的实验体系，许多物理性质优于混合系统，并且不需要极端的超低温条件。因此，这项发现将大大推动马约拉纳物理的研究。

科学家期待，找到马约拉纳费米子让实现拓扑量子计算成为可能。这是因为马约拉纳费米子由于本身的性质可以极大避免因为局部环境扰动而导致的量子叠加态消失的情况，从而让量子计算机具有很强的抗干扰能力，自身也带有高容错的能力。新一轮电子技术的革命即将掀起，人类将进入拓扑量子计算时代。

超导

说到发现马约拉纳费米子的“水池”铁基超导体，同样有着深厚的科技内涵。1911年，荷兰物理学家海克·卡默林·翁内斯把金属汞降温至4.2开尔文后，发现其电阻值突然降到零。翁内斯把这种现象命名为“超导”，意思是超级导电。他也因为发现超导现象获得了1913年的诺贝尔物理学奖。随后，人们又陆续发现了许多单质金属及其合金在低温下都是超导体。到1933年，科学家又发现，除了零电阻，超导体还有另一种神奇特性，即抗磁性。也就是说，超导体一旦进入超导态，完全感受不到外界磁场变化。随着越来越多种类的超导体被发现，有关超导临界温度的问题成为当今物理学界最重要的前沿问题之一。

超导临界温度，也就是物质转变为超导体的温度。令科学家困扰的是，超导体的转变温度不能超过40开尔文（约零下233摄氏度），这个温度也被称为“麦克米兰极限温度”。1986年，两名欧洲科学家发现以铜为关键超导元素的铜氧化物超导体的转变温度高于40开尔文，因而被称为高温超导体。一系列围绕高温超导的探索中，铁基化合物由于其磁性因素，曾一度被无数国际顶尖物理学家断言为探索高温超导体的禁区。

直到2008年2月，日本科学家细野秀雄领导的研究小组在铁中加入砷和其他元素，成功获得了铁基超导体。这一发现过程充满了偶然性，研究者最初的目标并非制备铁基超导体，而是在开发陶瓷半导体的过程中，试图以铁代替铜以节约成本，却惊奇地发现这种材料在26开尔文时具备了超导特性。从此，铁基超导体登上了人类科技舞台。

2008年3月，几个中国科学研究小组陆续发现了一系列新的铁基超导体，都突破了40开尔文的麦克米兰极限温度。这些超导体统称为铁基高温超导体。随后，在理论物理学家和实验物理学家的通力合作下，对这个领域有着几十年长期积累的中国科学家赵忠贤领导的研究小组采用轻稀土替换和高温高压合成技术高效制备了一大批不同元素构成的铁基超导材料并制作了相图。他们率先将超导转变温度提升了50开尔文，发现了一系列50开尔文以上的超导体，还创造了55开尔文的铁基超导体转变温度的新纪录。

随着超导体的转变温度在一点点提高，寻找能在室温条件下达到的超导体将成为未来追求的目标。

创造新分子

LATEST SCIENTIFIC ADVANCES

新材料的创造中，化学家扮演着重要角色，他们魔术般地打开原子与原子之间相连的化学键，再重新连接新的原子，形成新的分子。所以，弄清化学键的实质是化学家的一项基本功。

“看到”化学键

化学键指的是一种作用力，存在于分子内相邻的原子之间，依靠的是原子自带的电子互相吸引。例如，一个水分子由1个氧原子同时连接2个氢原子组成，全靠化学键把它们固定在一起。但是，因为化学键仅有0.1～0.3纳米长，是人类头发粗细的50万分之一，这使得捕捉两个原子之间发生键合的瞬间非常困难。

2015年，美国科学家利用美国能源部斯坦福线性加速器中心的X射线激光，看清化学键形成的过渡状态。研究人员着眼于汽车尾气中一氧化碳经过催化与氧气反应生成二氧化碳的反应。实验中，研究人员把一氧化碳和氧原子附着在一种钌催化剂表面，用光学激光脉冲驱动反应进行。脉冲将催化剂加热到2000开尔文，使附在上面的化学物质不断振动，以增加它们碰撞结合在一起的机会。接下来，研究人员利用X激光脉冲，捕捉到原子的电子排布发生的微妙变化——就在这千万亿分之一秒瞬间，化学键形成的信号产生。领导这项研究的科研人员看到，首先是氧原子被激活，随后一氧化碳被激活，它们开始振动，并来回移动，大约在一万亿分之一秒后，它们开始碰撞形成过渡状态。逐渐地，许多反应物都进入了过渡态，但只有一小部分形成了稳定的二氧化碳，其余的又分开了。这个现象让科研人员感到惊讶，他们用一个比喻来形容：“就好像你在山坡上向上弹球，大部分球上到山顶又滚下来。我们看到许多球在不断努力，但只有很少反应能持续到最终产物。要详细理解在这里所看到的，我们还要做更多研究。”

2020年1月，德国和英国的一组科学家利用碳纳米管作为纳米催化剂，第一次在原子尺度拍摄下化学键形成与断裂的实时动态过程，为人类全面理解化学键提供了全新视角。

石墨烯

对化学家而言，看到化学键只是一项非常基础的工作，创造出新分子、新物质、新材料无疑更令人振奋。盘点21世纪的众多明星材料，石墨烯应该是重要的一员。

从自然界已经存在的石墨制备单层的石墨烯不是一件容易的事，厚1毫米的石墨大约包含300万层石墨烯。2004年，英国科学家安德烈·盖姆和康斯坦丁·诺沃肖洛夫采用“撕胶带”的方法获得了石墨烯。他们将石墨薄片的两面都粘在一种特制的胶带上，撕开胶带，石墨片就一分为二了。往复操作后石墨片越来越薄，最后剩下一层碳原子构成的薄片。他们因此共同获得2010年诺贝尔物理学奖。

由于结构上的特点，石墨烯具有优异的光学、电学、力学特性，在材料学、微纳加工、能源、生物医学和药物传递等应用上被看好。

在石墨烯的应用方面，显示屏算得上一个亮点。这是由于石墨烯只有0.34纳米厚，是肉眼难以分辨的厚度，而它自身只吸收极少的可见光，能够做到几乎完全透光。同时，石墨烯还能保证较高的导电率。这些性质都是开发新型触摸屏的绝佳条件，是传统的触摸屏材料难以同时满足的。

更先进的应用是石墨烯柔性显示器。这种显示器由柔软材料制成，可变型可弯曲的显示装置。特别是像纸一样薄，即使切掉电源，内容也不会消失，它也被称为“电子纸”。

2016年，土耳其科学家团队将一张普通的打印纸夹在两层石墨烯膜之间，使其变成了一种柔性电子显示器。不久后，中国的一家公司发布了自主研制的石墨烯电子显示屏，耐摔耐撞、透光率高，显示亮度佳，并且能像纸一样卷曲，适合穿戴式电子设备上使用。

◎ 石墨烯柔性透明键盘。（CICphoto）

石墨炔

当石墨烯的产业化如火如荼进行时，它的“亲戚”石墨炔也被科学家用化学合成的方法制备出来。

想要了解石墨炔和石墨烯有什么区别，需要先理解碳元素及其原子的不同排布形式和连接方式。由于碳原子有4个最外层电子，与相邻碳原子连接的方式可以有以下三种：4个化学键单键，2个双键，1个三键和1个单键。这三种化学键连接方式将形成不同的宏观物质，都是碳的同素异形体。例如，如果相邻碳原子之间都以4个化学键单键相连，将在三维方向组成一个个四面体结构，形成金刚石；以2个双键在平面内二维扩展，则形成石墨烯；在平面结构的基础上又卷成管状，则是碳纳米管。这些含单键、双键的结构已经被创造出来，唯独含三键的结构还没有出炉，备受期待。2015年，中国的研究小组用化学合成的方法得到了这种全新的碳结构，被称为“石墨炔”。不同于英国科学家用撕胶带的物理方法层层剥离获得单层石墨烯，制备石墨炔的实验过程是“从无到有”的化学过程。研究人员利用六炔基苯在铜片表面进行反应，在铜片表面上获得石墨炔薄膜。进一步地开展研究后，他们逐渐实现了对石墨炔的厚度进行调控，并对这种新材料的物理、化学性质进行了全方位研究。石墨炔如同碳化学领域冉冉升起的新星，在基础科学和应用研究中受到广泛期待。

新型催化剂

LATEST SCIENTIFIC ADVANCES

现代化学工业离不开催化剂。随着化学合成和检测手段不断进步，种类繁多的催化剂被设计出来，让科学家有可能在清洁、高效、温和的条件下完成许多工业所需的化学反应。

金属有机骨架材料

金属有机骨架材料的前身可以追溯到第一次世界大战时期用在防毒面具中的多孔材料，主要功能是吸附。孔径大小决定了能进入孔隙内部的分子大小，就像不同身材的人只能通过不同尺寸的门一样。1995年，美国化学家奥马尔·亚吉制备出一种以金属离子为中心、带有有机官能团的化合物，即金属有机骨架材料，开创了这一领域的前沿科学研究。在吸附的功能之外，化学家还发现，由于这种材料在结构上容易引入催化活性中心，因此对新催化剂的设计非常有利，期待金属有机骨架材料在催化领域大放异彩。此后，科学家在设计金属有机骨架材料催化剂方面取得了诸多进展。例如，采用一种有效的新策略设计出结构比较整齐的含金属钴的单晶金属有机骨架材料，可以用作铝离子电池的正极材料，有序的大孔结构有效增加了催化活性中心与电解质接触的概率。

此外，在室温下催化丙烯加氢制丙烷、电催化下还原二氧化碳以及一些需要金属钯催化的氧化反应等多类型的化学反应中，也在金属有机骨架材料的帮助下，获得了效率更高的催化剂。

唤醒贵金属催化剂

科学家很早就认识到，在贵金属作为催化剂的反应中，真正参与催化反应的贵金属原子其实很少，绝大多数贵金属原子都“沉睡”在表面以下，导致催化效率低。由于贵金属资源稀缺、价格昂贵，提高贵金属原子利用效率便成为催化剂制备科学的核心问题之一。唤醒那些表面以下“沉睡”的贵金属原子，则必须将它们高度分散在大比表面积的载体上，终极目标便是形成单个原子分散的催化剂，从而实现催化效率“以一当十”的目标。也就是说，把贵金属分散成一个个单原子，让每一个原子都能发挥作用。

1999年，日本科学家小组从理论上推测，原子级分散的铂可能具有比较高的活性。化学、石油和化工反应经常采用铂催化剂，主要用在氨氧化、石油烃重整、不饱和化合物氧化及加氢、气体中一氧化碳、氮氧化物的脱除等过程。使用中往往采用铂金属网、铂黑、或把铂载于氧化铝等载体上。研究人员基于铂单质的X射线吸收谱，判断如果把铂单质分散成一个一个单原子，它作为催化剂的活性会大大增加。后来，不仅是铂，这个推测还在各类金属单质催化剂上逐渐得到实验的验证。

进化之路：恐龙、鸟和鱼

LATEST SCIENTIFIC ADVANCES

我们是谁，从哪里来，将去向何方——这三大终极哲学问题一直困扰着人类。目前，古生物研究有望解答其中之一——我们从哪里来。很长一段时间里，古生物研究学者寻找各种各样的化石，力图通过找到生物进化的多个历史瞬间，拼接成一条完整的进化之路，犹如一幅幅画帧组成一部史诗电影。

关于恐龙

在人类出现之前，恐龙曾是地球上的“霸主”，因而吸引了古生物学家最多的注意力。2.5亿年前的二叠纪末期，发生了有史以来最严重的大灭绝事件，地球上95%生物在此次时间中灭绝。科学家认为，最早的恐龙就是这样从大灭绝之后的“废墟”里出现的。

曾在阿根廷西北部发现的始盗龙被认为是目前已知最早的恐龙祖先，生活年代大约为2.3亿年前，科学家认为它属于兽脚亚目的大家庭。始盗龙是小型肉食动物，长约1.5米，能够两足行走。随后，越来越多恐龙祖先的化石被发掘出来，让科学家对始盗龙及其大家庭有了更深的了解。与侏罗纪和白垩纪的恐龙化石记录相比，有关距今大约2.3亿年的三叠纪晚期的恐龙生活的画面则显得相当粗略，2009年的一项发现为揭开那一时期的谜题提供了一块重要的拼图。那一年，美国科学家在新墨西哥州某地发现了兽脚亚目食肉恐龙“Tawa hallae”，“Tawa”是印第安人的一个部落描述太阳神的词语，“hallae”来自一位业余古生物学家的名字。该种恐龙体型小且体重轻。科学家通过研究它的化石发现，这种恐龙和它的前辈在骨盆结构上有相同的特征，而另一些特点又与其后辈相同，例如具有气体填充的脊椎。科学家由此判断，它可能是人们熟知的霸王龙的祖先，而霸王龙生活在距今约6800万年左右。

始盗龙之后又是如何演化至霸王龙？2019年，美国科学家研究小组对一具来自犹他州中部的暴龙化石进行

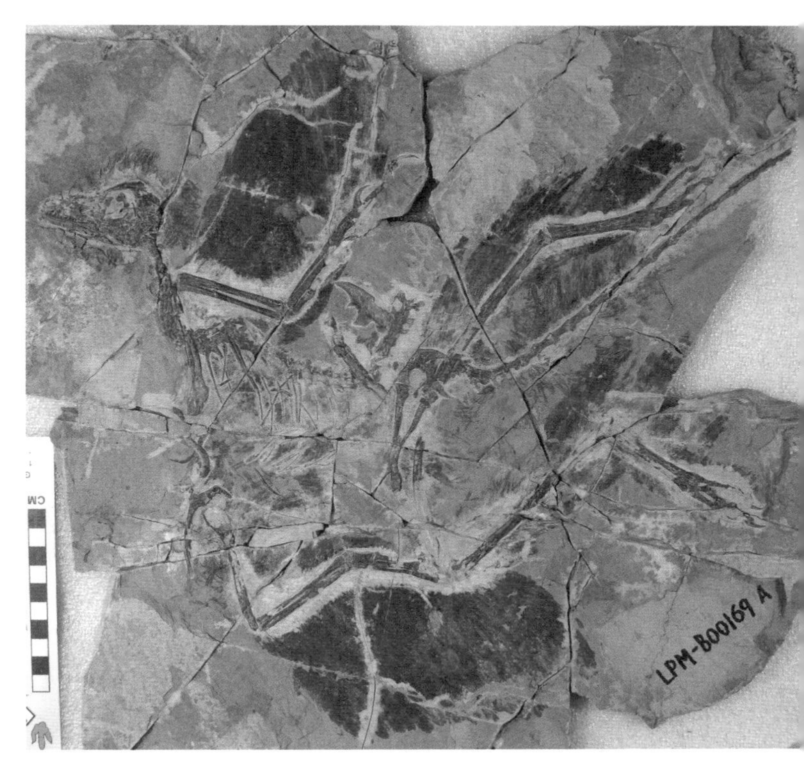

◎ 赫氏近鸟龙化石原件。（CICphoto）

长达10年的发掘和研究发现，这类生活在1亿4500万年前至6600万年前的暴龙，可能是霸王龙在演化上更为接近的祖先。有意思的是，这种暴龙身型小、动作笨拙、脚步灵敏，只是白垩纪时期食物链中的“平民”。但它们在随后的1600万年里怎么做到迅速进化成为残暴的霸王龙，仍然是一个谜。

鸟

除了霸王龙，鸟的祖先也引发高度关注。鸟的祖先是恐龙吗？地球上最大的爬行动物是如何飞上天空的？在被誉为“恐龙天堂”的中国，科学家找到了有趣的证据，并提出了合理的解释。

2000年，中国的研究小组提出了鸟类飞行起源于其祖先恐龙树栖和滑翔的假说：鸟类的祖先可能在树栖生活中，借助重力，逐步通过降落、滑翔等阶段，最终掌握了强大的拍打式飞行能力。2003年，他们在辽宁发现了一种小型恐龙，成为这一假说最早的验证。这种小型恐龙被命名为顾氏小盗龙，它不仅有四个翅膀，体表还覆有羽毛。几年内，中美科学家组成的联合团队进一步发现了孔子天宇龙和赫氏近鸟龙，为鸟类起源于恐龙假说提供了重要证据。

为了得到进一步的验证，2015年和2017年发现的奇翼龙和长臂浑元龙则补齐了恐龙飞行演化缺失的一环。科学家从化石研究中看到，它们的前肢长着翼膜，还具有一根棒状长骨，这是此前的恐龙和此后的鸟都不具有的结构。科学家据此推测，奇翼龙可能是以滑翔为主，辅助以扑翼飞行，长臂浑元龙的出现则是动物飞行演化中的一次短暂尝试。

此外，关于恐龙的一些生物学研究也随着技术发展成为可能。2009年，美国科学家从一具霸王龙化石中分

◎赫氏近鸟龙复原照片。（CICphoto）

离出了恐龙的软组织，并与质谱分析专家合作，从这具霸王龙化石的胶原物质中分析鉴别出7个缩氨酸片段，这些序列接近鸡和其他现代鸟类的相关序列。这同样为鸟类起源于恐龙假说提供线索。

中国的新疆哈密近年来成为古生物学家炙手可热的“翼龙伊甸园”。中国和巴西两国的科学家经过十多年的野外考察和实验室研究，不仅发现了大量的翼龙骨骼化石，还有超过 200 枚翼龙蛋，其中 16 枚含有胚胎。如此丰富的样本让科学家们在翼龙的发育方面大展身手，首次提出了翼龙具有相对早熟型的胚胎发育模式。

鱼类

除了恐龙和鸟类，古鱼类也是古生物学研究的一个重要方向，因为它们被认为和脊椎动物的进化有关。过去的研究提出，脊椎动物最早可能追溯到距今5.3亿年前的一条最古老的鱼。因此，去揭示“从鱼到人”的波澜壮阔的演化历程也是古生物学家的追求。2019年，研究人员在中国重庆发现袖珍边城鱼，是目前发现的世界上最早的完整有颌鱼类化石之一，意味着人类的下巴和牙齿可能由此进化而来。当然，这还远不足以展示“从鱼到人”的演化过程。

◎ 哈密翼龙生态复原图。（CICphoto）

进化之路：探寻古人类

LATEST SCIENTIFIC ADVANCES

人由猴、猿、智人等灵长类动物进化而来这个结论在逐渐得到广泛认可。远古的灵长类动物如何一步一步进化成如今不同的动物，每一种人类特有的性状如何获得，如果要更加细致地回答这个问题，还需要更多来自化石的证据。

来自远古的证据

2003年，中国科学家在湖北发现一具完整的灵长类动物化石，距今约5500万年。经过10年研究，科学家发现，和其他的猴子不一样，这具化石的脚后跟又短又宽，具有和人类脚后跟相似的特点。这说明，5500万年前的灵长类动物就已经开始为直立行走做好准备了。它因此被命名为“阿喀琉斯基猴”，意为“有脚后跟的古猴”。科学家也据此将它视为与人类的祖先最接近的灵长类动物。

700万—600万年前，人类开始和黑猩猩分道扬镳。2009年，由全球47名科学家参与、历经17年完成的一项研究结果公布：他们在埃塞俄比亚境内发现了取名为“阿尔迪”的女性原始人骨骼。她的生活年代距今440万年，比著名的人类祖母“露西”生活的年代还要早100多万年。阿尔迪具有与猿类似的头部和脚趾，很容易在树丛间攀爬，但她可以用两只脚直立行走。

最近，进化上距离我们更近的智人受到越来越多的关注。普遍认为，智人出现在20万年前。2017年的一项研究显示，德国科研团队在摩洛哥一处考古点，发现了早期人类的遗骸化石，它们有30万—35万年历史。这是迄今最早的智人化石，把智人出现在地球上的时间又向前推了10万年。

最令人震惊的发现，当属纳勒迪人。2015年，南非一个科研团队在约翰内斯堡附近的洞穴内发现了人类祖先的遗骸，指出这是一类新人种，取名叫“纳勒迪人”。他们具有比较明显的人类才拥有的一些社会群居生活的文化特征。例如，通过仔细讨论，研究者认为这个发现遗骸的洞穴可能是用于为死去的族人举行葬礼的地方——礼仪是人类社会的象征。研究者认为，如果能够准确测量出他们的生存年代，便可以确认人类最初的文明火花点燃的瞬间。

消失的尼安德特人

尼安德特人消失之谜一直吸引着科学家的目光。距今12万年前开始，尼安德特人作为现代欧洲人的祖先，开始在今天的欧洲、亚洲西部以及非洲北部生活，一直到大约2.4万年前，他们离奇消失了。2010年，德国的科学小组克服样本污染的巨大困难，获得了一位尼安德特人完整的基因组序列，被认为是考古学上的一座里程碑。同年，尼安德特人的表亲丹尼索瓦人基因组序列也出炉。科学家期待，将人类基因组序列与之进行对比，或许能揭示某些蛋白功能的变化，为研究进化带来线索。

另一项有关丹尼索瓦人的发现同样令人兴奋。2019

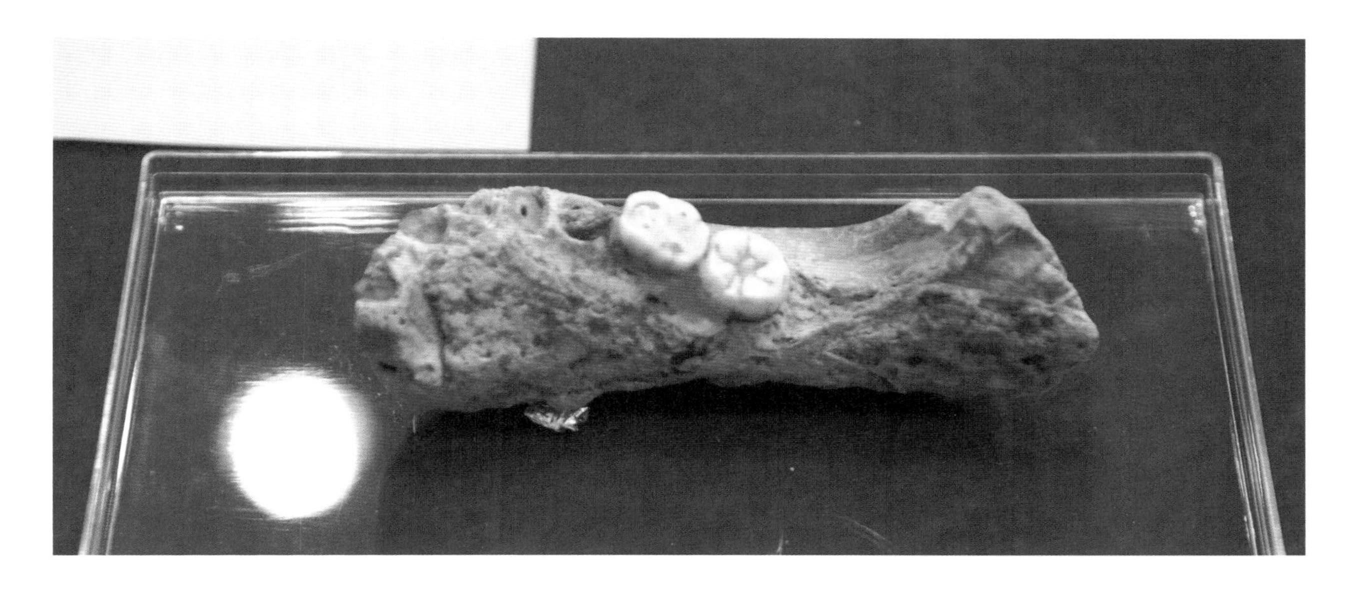

◎ 在甘肃省夏河县白石崖溶洞，发现了丹尼索瓦人（简称夏河人）的古人类下颌骨化石，这一成果将青藏高原史前人类最早活动时间由距今4万年推早至距今16万年。（CICphoto）

年，中国、德国的科学小组发现，在青藏高原一处洞穴内发现的人类下颌骨化石属于丹尼索瓦人，这表明早在16万年前，这种早期智人已出现在青藏高原并适应了那里的高海拔环境，也将青藏高原史前人类最早活动时间，由距今4万年推至距今16万年。

新基因技术书写人类历史

基因技术得到长足进步后，科学家从化石和考古遗迹中提取出人类的DNA成为可能。古基因组学为讲述人类历史故事提供了更加直接的证据。

在有关尼安德特人和丹尼索瓦人的有趣发现中，德国科学家从西伯利亚洞穴人骨中提取了DNA，并进行基因组分析。他们确认，这名生活在约9万年前的女性，其母亲是尼安德特人，父亲则是丹尼索瓦人。这是科学家们第一次发现两种不同古人类群体的第一代混血儿。这项研究被《科学》评为2018年“十大科学技术突破”之一。

2003年起，德国和中国科学家联合对距今约4万年的北京田园洞人DNA开展了研究。由于古人类化石在地下埋藏上万年，受到细菌、真菌等其他生物的“重度污染”，从这样的环境中提取出DNA是一项极高的技术挑战。经过了长达10年的大量尝试，研究人员合成了一种“DNA探针”，像钓鱼一样把DNA“钩”上来。通过比对，得到了一个新颖的认识：其不属于当今东亚的任何一个人群的直接祖先，而是属于对当今东亚人有遗传贡献的一个旁支。

智慧之谜：对大脑的研究与开发

LATEST SCIENTIFIC ADVANCES

智慧是人类的象征。21世纪以来，科学家在脑科学方面取得了诸多进展，为理解人类智慧之谜奠定了基础。与此同时，也在模拟人类大脑上迈出了步伐。可喜的是，人工智能也迎来了空前繁荣的发展阶段。

脑科学

大脑是人类最精密的器官，脑内神经元、神经纤维、胶质细胞、血管等不同尺度和功能的结构纷繁复杂，光是神经元就有140亿～160亿个。要弄清它们之间的关系是一个相当巨大的工程。

2008年，来自美国、瑞士等国家科研人员组成的研究组利用新一代核磁共振技术对人类大脑皮层进行成像，创建出第一张完整的、且精细程度非常高的大脑网络地图，反映了人类大脑皮层负责高等思维的数百万个神经纤维如何互相联系和作用。他们还从中确定出一个称之为“网络核心”的部分，对左右脑半球的工作都至关重要。科学家认为，这标志着人类在理解自身最复杂和最神秘器官上的一大进步。

2013年，欧盟启动了浩大的“人脑工程”，“大脑”项目是其中的一个重要方向。该项目的科学家团队对一名65岁妇女的大脑样本进行切片研究和分析，制作出当时分辨率最高的完整三维人脑图谱。大脑图谱是科研人员和医生必备的工具，科研人员和医生能够在大脑图谱上看清人在工作、思维过程中，大脑哪个区域在变化。而图谱的分辨率越高，他们则能看清楚大脑越微小的部位，以研究它们各自的功能。“大脑”项目中，科学家将这位已故志愿者的大脑切成7400片，每个切片比一根人类头发丝还细小，随后，他们将切片染色并进行数字化处理，最终生成高清模型，清晰地呈现了大脑的皮层、纤维和微电路结构。

2015 年，中国的科研小组绘制出全新的“脑网络组图谱”。图谱绘制了 246 个精细的脑区，比过去的图谱更加精细，是第一次在宏观尺度上建立的活体全脑连接图谱。科学家希望这一图谱能为找到新的脑疾病靶点发挥作用。

脑机接口

曾经在科幻故事中出现的“脑机接口”“心灵融合”场景逐渐走向现实。2003年，世界上第一个用来修补大脑的“人工组织”问世，它实际上是一块能发挥大脑海马部位功能的芯片。设计这枚芯片的目的是造福中风、阿尔茨海默氏症或癫痫等脑部受损的病人。

我们知道，海马部位是动物大脑中对生活经历进行“编码”的部分。学习与记忆程序好像电脑处理文件档案的程序一样，包括准备档案、存档、取用等步骤。海马部位能把外来的“刺激”整理、准备存档，同时也能取用旧存档，也就相当于回忆。如果人的海马脑区受损，就失去了整理、存档的能力，无法对自己经历的事情形成新的记忆。按照海马部位的工作原理，制造芯片的过程分为三个步骤：第一步是建立海马在各种不同条件下工作的数学模型；第二步是将这一模型编程到芯片中；第三步是解决芯片与脑组织的“接口”问题使芯片能够与大脑其他部位协调工作。

看似神秘的“心灵融合”，在2013年付诸实现。美国科学小组首次实现了两个人脑之间的远程控制，通过互联网发送一人脑中的“想法”，实现对另一人大脑及手部动作的控制。不过，他们二人“融合”的只是简单的脑电波信号，而不是真正的思想、情感。目前，操纵别人的想法还无法实现。

人工智能

随着计算机技术和算法不断革新，人工智能研究成为热点。尤其在2010年以后，层出不穷的人工智能科学成果不断刷新人们的认知。

基于过去对大脑工作的初步认识以及计算机技术，科学家首先“仿制”出大脑的某一些功能。2012年，加拿大科学家小组制造出当时最复杂的人造大脑“Spaun”，它由250万个模拟神经元组成，能执行多种不同类型的任务，包括描摹、计算、问题回答和推理等。在科学家看来，它向我们展示了大脑是如何演化的：先是从最简单的任务开始，然后在这基础上将简单任务组合在一起来形成更复杂的功能。

美国谷歌公司的“阿尔法狗”是人工智能领域不得不提的著名案例之一。2016年，它在没有任何让子的情况下连续战胜顶级围棋选手李世石，又战胜中国棋手柯洁后才退役。这标志着从象棋到围棋，人工智能已经攻克了人类最复杂的封闭博弈系统。“阿尔法狗”的核心思想是深度学习，这需要大规模人工神经网络的支持。正是依靠神经网络，当面对新问题时，它能像人类一样从以往的经历中总结出经验来解决问题，而不再用扔硬币式的穷举法来试图寻找概率最大的解决方案。此前，脑科学的研究成果显示，大脑由神经细胞和突触组成，突触和神经细胞间的电信号形成了意识。微观上来说，神经通路每接通一次，人的意识和行为就将得到一次正面的强化，这就是学习的过程。在与其他神经网络和它自己对战数百万局后，“阿尔法狗”学会了自己发现新策略，并逐渐提高了水平。

2017年，“阿尔法狗”进化成为更强大的“阿尔法狗零”。它的独门秘籍是“自学成才”，可以从零基础学习“自我博弈”，并在短短3天内完成500万盘棋后超越“阿尔法狗”，成为“顶级高手”。2019年，它们的亲兄弟“阿尔法折叠”问世。它将深度学习与张力控制算法结合，并应用于结构和遗传数据，成功解析了蛋白质三维结构。

◎ 人工智能的智能范畴一般包括人的智能行为，如图像和声音识别、学习、计划、决策、解决问题、自然语言理解等。

数学“游戏”：完美推理

LATEST SCIENTIFIC ADVANCES

佩雷尔曼与庞加莱猜想

庞加莱猜想是法国数学家亨利·庞加莱于1904年提出的一个有关拓扑学的猜想：“任何一个单连通的，闭的三维流形一定同胚于一个三维的球面。”它有多难证明？近一个世纪以来，有许多数学家前赴后继地“倒”在庞加莱猜想面前。2000年，美国克雷数学研究所的科学顾问委员会把庞加莱猜想列为七个“千禧年大奖难题”之一，成为数学家争相攀登的高峰。

2002—2003 年，俄罗斯数学家格里戈里·佩雷尔曼在花了 8 年时间思考后，将三份关键论文粘贴到预印本网站上，这个网站专门用来刊登还没有得到同行评议的研究成果。与此同时，他还给 10 位从不同侧面研究过庞加莱猜想的数学家发送了电子邮件，请他们留意自己的那篇论文。此后几年里，佩雷尔曼开始在美国的几所大学里进行巡回报告，专门与数学研究者讨论他的证明。不过，一旦这些研究者向媒体或者数学界以外的人透露佩雷尔曼的工作时，他便果断与他们断了联系。2004 年以后，佩雷尔曼彻底消失了，即使许多数学家登门拜访，也没有见到他。数学家同行花了差不多 2 年的时间仔细研究佩雷尔曼的证明，才终于看懂了那三篇关键文章——佩雷尔曼的确证明了庞加莱猜想。数学界为之感到振奋，2006 年，国际数学界最高荣誉“菲尔兹奖”颁发给他。不过，佩雷尔曼既没有去领取 100 万美元奖金，也没有去领取荣誉。佩雷尔曼并不希望自己被大众关注，或许对于他来说，数学是他此生唯一的追求，其他皆为浮云。

“天才”陶哲轩

同样在2006年获得菲尔兹奖的另一位数学家则有着与佩雷尔曼不同的人生道路和性格。1975年出生于澳大利亚的华裔数学家陶哲轩在13岁迎来了人生的高光时刻——获得国际数学奥林匹克竞赛金牌。之后，21岁的他就拿到了普林斯顿大学的博士学位，24岁在加州大学洛杉矶分校担任教授，31岁获得菲尔兹奖。

在数学界，陶哲轩的兴趣横跨多个领域，理论包括调和分析、非线性偏微分方程和组合论等理论方面。2015年，他破解了著名数论难题——埃尔德什差异问题，震动了整个数学界。这一难题由匈牙利著名数学家帕尔·埃尔德什于20世纪30年代提出，80年来困惑了一

◎ 亨利·庞加莱，19—20世纪初领袖数学家。

代又一代的杰出数学家。1985年，72岁的埃尔德什到澳大利亚讲学，10岁的陶哲轩见到了埃尔德什。大师认真审阅这位数学天才写的论文，鼓励他："你是很棒的孩子，继续努力！"后来他还写信推荐陶哲轩到美国普林斯顿大学攻读博士学位。

陶哲轩的故事同样风靡家庭教育圈。随着陶哲轩的成长经历被越来越多的人所了解，人们开始以更加理性的眼光看待这位天才：从一个极其聪明的孩子，一步步成为世界一流的大数学家，这期间的辛苦付出和勤奋努力，才是这位天才走到今天最重要的资历。

吴宝珠与朗兰兹纲领

2009年，美国《时代周刊》公布的年度十大科学发现中，"朗兰兹纲领基本引理"的证明被列为其中之一，完成者是来自越南的数学家吴宝珠。

吴宝珠1972年生于越南河内，1988年，他赴澳大利亚第一次参加国际奥林匹克数学竞赛，以42分的满分，与陶哲轩一起站上金牌领奖台。2005年，他年仅33岁就获得越南的教授衔，成为越南最年轻教授。

吴宝珠钻研朗兰兹纲领已有多年。朗兰兹纲领是由加拿大数学家罗伯特·朗兰兹于1967年提出的理论，横跨当代数学中的数论、群论、表示论和代数几何等几大领域，被誉为数学界的"大一统理论"。数学家相信，朗兰兹纲领一旦得到完整的证明，这些领域中的诸多中心问题将迎刃而解。其中，"基本引理的证明"则被认为是一块奠基石。2008年，吴宝珠终于解决基本引理的一般情形。

2010 年国际数学家大会上，他因证明了朗兰兹纲领中的基本引理而获得国际数学界的最高奖——菲尔兹奖。吴宝珠在接受媒体采访时说："我只是证明了朗兰兹纲领的基本引理，不是整个纲领，我认为整个纲领的证明也许需要用我一生的时间。"

张益唐与孪生素数猜想

张益唐钻研的"孪生素数猜想"是数学家戴维·希耳伯特1900年提出的23个重要数学难题和猜想之一。这个猜想指的是差值为2的素数，比如3和5、11和13、17和19等，他们之间的差距会越来越大，但会一直延续下去。形式上看上去简单如哥德巴赫猜想的"孪生素数猜想"，当然在证明上也和哥德巴赫猜想一样难，困扰数学界长达一个半世纪。

2013年，张益唐的论文《素数间的有界距离》在《数学年刊》上发表，证明了孪生素猜想的弱化形势，即发现存在无穷多差小于7000万的素数对。虽然他没有最终完全证明"孪生素数猜想"，但是他证明了两个素数之差不超过7000万，把无限变成了有限，已经是相当大的突破。

阿蒂亚与黎曼猜想

黎曼猜想同样来自希耳伯特的23个重要数学难题和猜想，也是当今数学界最重要的数学难题之一，其目的是研究素数分布规律。

2018年，年近九旬的数学家迈克尔·阿蒂亚在一次论坛上，宣称他证明了黎曼猜想，同时在预印本网站上传了关键论文。阿蒂亚是数学界最高荣誉菲尔兹奖和阿贝尔奖双料得主，他于1966年获菲尔兹奖，2004年获阿贝尔奖。同时，阿蒂亚是一位爱冒险的数学家，耄耋之年的他一次又一次地挑战数学难题，也一次又一次地受到质疑。阿蒂亚用"简单"的5页纸叙述了他的研究内容。他在摘要中写道："通过理解量子力学中的无量纲常数——精细结构常数，并将此过程中发展出来的数学方法用于解决黎曼猜想。"不过，他的证明并不被看好，许多同行批评了他的证明过程。

2019年，89岁的阿蒂亚去世，试证黎曼猜想成为他为数学界做的最后一次努力，他把接力棒留给了年轻人。

环境议题：与社会交织的科学话题

LATEST SCIENTIFIC ADVANCES

近年来，气候与环境等问题广受关注，成为与政治经济深度交织的科学相关话题。

全球变暖

全球气候数据显示，自工业革命以来，人类因燃烧化石燃料排放了大量温室气体，这些温室气体加剧了极地冰川融化，致使海平面上升，许多沿海地区将被海水吞噬。同时，气候变化引发的风暴、洪水、干旱等极端天气越发频繁猛烈。世界迫切需要共同应对气候变化的挑战。

气候大会的举办为人类携手应对气候变化提供了平台。2000年以来，各国围绕减排责任展开了艰辛的谈判，主要的议题在于发达国家与发展中国家的责任共担上。

早在1997年，各国在日本京都形成《京都议定书》，目标是“将大气中的温室气体含量稳定在一个适当的水平，进而防止剧烈的气候改变对人类造成伤害”，于2005年生效、2012年到期。围绕《京都议定书》失效后的减排，世界各国曾进行过多次气候大会谈判，都没有取得实质性进展。直到2015年，在巴黎气候大会上，才达成了一个普遍性的、具有法律约束力的气候变化协议，终结自《京都议定书》以来气候大会未能促成广泛性协议的历史。

2020年9月，中国向世界作出实现“碳达峰”“碳中和”目标的庄严承诺。近年来，中国大力推进能源结构调整、产业优化、增加森林碳汇等措施，积极行动。科技界也通过解决关键核心科技问题，为“双碳”目标实现提供有力的科技支撑。

核电争议

核电是利用原子核的融合和分裂带来的能量发电。目前常规使用的都是核裂变能，燃料主要是铀。当一个中子轰击铀-235原子核时，这个原子核能分裂成两个较轻的原子核，同时产生中子和射线，放出能量。如果新产生的中子又打中另一个铀-235原子核，能引起新的裂变。这样的链式反应中，能量源源不断地释放。

核电的好处是清洁、绿色，不产生碳排放。但是一旦发生核泄漏将可能导致重大灾难。1986年，切尔诺贝利核电站爆炸，造成1650平方千米的土地被辐射，上万人的生命健康受到威胁，损失惨重，教训深刻。2011年，日本福岛核事故发生，关于核安全的争论和质疑再次升级。

2011年3月11日，日本本州岛附近海域发生里氏9.0级地震，灾难中受损的福岛第一核电站反应堆发生爆炸。周边辐射值迅速增加，福岛第一核电站正门附近的辐射量升至正常值8倍以上，1号反应堆的中央控制室辐射量是正常值的1000倍。然而，核灾难并没有随着反应堆的冷却而结束。从福岛核电站释放出来的放射性蒸汽和放射性物质已蔓延至整个区域，并随着盛行风横跨太平洋。2017年，科学家对此次核反应堆事故造成的辐射进行了首次全球性调查。结果令人放心，事故中大部分放射性物质沉淀到海洋和河流中，人类平均遭受的核辐射剂量较少，相当于在医院接受了一次2秒左右的X光照射。

科学家认为，核裂变能是可驾驭、可控制的，因此裂变核电站可以保证安全。中国在福岛核事故大约一年后重启了核电。

目前，全球核电产业正在加速回暖，一些没有核电站的国家也在计划新建核电站。在应对气候变化和保障能源安全等多重约束下，核电或将成为部分国家能源低碳转型的现实选择。

斯德哥尔摩公约

“一些不祥的预兆降临到村落里：神秘莫测的疾病袭击了成群的小鸡；牛羊病倒和死亡。到处是死神的幽灵。农夫们述说着他们家庭的多病，城里的医生也愈来愈为他们病人中出现的新病感到困惑莫解。”这是卡森在著名的科普读物《寂静的春天》开头的描写。这本书讲述了以滴滴涕为代表的化学杀虫剂的广泛使用给环境造成巨大的、难以逆转的危害。

如滴滴涕这样的持久性污染物减排，是人类共同面对的环境问题之一。持久性有机污染物能持久存在于环境中，并通过生物食物链累积危害人类健康。一般而言，它具备高毒性、持久性、生物积累性、远距离迁移性等特点。

2001年，国际社会通过《斯德哥尔摩公约》，旨在全球范围内削减持久性有机污染物的排放，减少环境危害，保护人类健康，包括人们熟知的滴滴涕、多氯联苯以及二噁英。20年来，持久性有机污染物得到妥善处置，含多氯联苯电力设备陆续完成下线和处置，主要行业二噁英排放强度下降……总之，在世界各国共同努力下，环境和生物样品中有机氯类污染物含量水平总体已经开始下降，为履行《斯德哥尔摩公约》、共建清洁美丽的地球家园作出了应有的贡献。

◎ 2011年3月11日的日本大地震引发的海啸，摧毁了太平洋岸边的一大片城市，这样的场景比比皆是。

大事记年表

	10万年前	3万年前	1万年前
	处于冰河时代后期 处于旧石器时代	人类遍布非洲和欧亚大陆，不久将到达美洲	
世界大事记	○东非智人出现		○在地中海东部沿岸地区，开始发展农业 ○人类开始定居并出现村落
科学大事记	○早期人类学会使用火、制造石制工具和利用兽皮 ○人类随季节变化而移居迁徙，学着适应不同的环境	○出现关于来世、生育等思想 ○可以制造武器，如：矛、斧、箭头等	○开始栽种谷物、驯养动物，掌握冶炼金属的方法，首先是铜，然后是青铜 ○出现陶器
文艺大事记	○出现人类语言，开始埋葬死者	○开始进行个人装饰 ○出现第一批雕塑	○绘制岩洞壁画，如法国拉斯科岩洞史前壁画 ○制作石雕和骨雕 ○口头叙事 ○出现神话

公元前3000年

公元前1000年

大约公元前8000年，新石器时代开始

大约公元前4000年，石器时代让位于青铜时代

公元前1000年左右，青铜时代被铁器时代代替

○美索不达米亚、埃及和印度河峡谷的城市里已经出现王位、祭司职位，创立法典和社会等级系统
○印度河流域文明出现
○中亚对马的驯化

○中国出现城市和农业，开始种植水稻、饲养动物
○中美洲出现陶器
○亚洲移民来到了美拉尼西亚群岛
○秘鲁人开始对金属进行加工

○世界上出现多个文明，如：巴比伦文明、希腊米诺斯文明，印度雅利安人、墨西哥奥尔梅克人的文化等

○环太平洋地区的神秘海上迁徙
○发动特洛伊战争

○美索不达米亚、埃及、中国和印度有了关于天文学和数学的记载
○开始建造石头建筑，埃及和巴比伦建成第一批金字塔和庙塔

○在北欧出现巨石文化，如史前巨石阵
○中国出现了金属加工术和医学，总结自然的预兆

○巴比伦发展出较为复杂的数学和天文学，包括历法
○埃及的历法及建筑学得到发展
○欧洲的巨石时代结束
○印度发展数学、历法，提出元素的概念，早期的炼金术

○中国的天文学、数学、医学和冶金术取得进展。发展历法，形成阴阳合历
○非洲和北美地区出现巨石天文学

○出现象形文字和楔形文字，如：中国的象形字文稿

○出现复杂宗教系统，包括诸神、来世、道德规范及仪式

○犹太教创立
○巴比伦的创世史诗——《埃努玛·埃利什》（*Enuma Elish*）形成

○阿布辛拜勒神庙建成
○腓尼基出现以字母书写的文字

公元前500年

公元0年

世界大事记

○凯尔特人在法国东部、中部各地定居
○罗马建城
○雅典成为希腊文化中心
○马其顿帝国亚历山大大帝征服波斯，后侵入印度河流域
○印度孔雀王朝增加佛教的影响力
○罗马君临地中海、欧洲和近东，成为地中海的霸主
○恺撒为罗马帝国奠定基础
○中国与欧洲之间开通了丝绸之路
○佛教传入中国

科学大事记

○出现第一批希腊数学家和哲学家，如：毕达哥拉斯、柏拉图、亚里士多德和欧几里得
○恩培多克勒提出四种元素论
○德谟克利特提出原子论
○形成天球理论
○希波克拉底发展出的医学方法
○中国发明小孔成像、盈不足术、造纸术、指南车、水碓等
○中国建成都江堰
○卢克莱修提出原子论和无神论

文艺大事记

○印度《奥义书》中提到了五种元素
○公元前8世纪出现荷马文学
○秘鲁出现查文文明
○产生希腊古典戏剧，并形成最初的雕塑
○中国建造长城
○释迦牟尼创建完整的佛教教义学说
○中国儒家、道家文化的兴起
○波斯首都波斯波利斯建城
○希腊雅典建成帕特农神庙
○雅典出现斯多亚学派，后传入罗马，晚期斯多亚学派的学说对基督教影响很大
○中国建成秦始皇兵马俑
○佛教传入中国
○维吉尔所著《埃涅阿斯纪》代表着罗马帝国文学最高成就

公元300年

公元600年

○耶稣在加利利、犹太各地传教
○罗马军队攻破耶路撒冷，犹太人散居世界各地
○罗马维苏威火山喷发，埋没了庞贝城

○在撒哈拉沙漠以南的非洲，阿克苏姆帝国兴起
○柬埔寨高棉人的文明
○墨西哥出现了玛雅人的城市

○普林尼所著《自然史》是一本知识和信仰的百科全书
○托勒密发展天文学和地学
○盖仑发展医学，并提出四体液理论
○中国的科学与技术取得大进展，如：草本学、改进的造纸术、制图术等，发明了地动仪、水牌、翻车等
○北美洲的天文学取得发展，如：麦迪逊轮

○北美洲东南部文化中的土堆建筑
○中美洲玛雅人的长历、金星周期、历法
○南美洲秘鲁纳斯卡文明创造纳斯卡线条

○印度受宇宙哲学影响的制图术、数学及阿输吠陀
○波利尼西亚人的海上航行

○罗马竞技场竣工
○道家和儒家思想在中国发展

○亚历山大城成为地中海的文化中心
○北美印第安人留下俄亥俄州动物雕像家——大蛇丘

○3—4世纪 修道制度兴起
○330年 君士坦丁堡成为东罗马帝国首都
○392年 基督教成为罗马帝国国教
○481年 法兰克王国建立

○波利尼西亚人到达夏威夷
○基督教修士到达北欧
○佛教传入东南亚和日本

○4世纪 亚历山大城出现了第一本炼金术著作
○大约430年 古典科学有了拉丁文摘要

○大约500年 波伊提乌把欧几里得和亚里士多德的著作翻译成拉丁文
○马可比乌斯的著作《西庇阿之梦的解说》出版

○圣奥古斯丁著《忏悔录》《上帝之城》
○402年 西罗马帝国迁都拉韦纳，拉韦纳将马赛克艺术演绎到了极致
○529年 查士丁尼大帝封闭了雅典的哲学学校，异教时代结束

○537年 君士坦丁堡的圣索菲亚大教堂重建
○赛维利亚的伊西多尔编写了关于6世纪西方知识的百科全书
○秘鲁出现瓦里文明
○中美洲的文明：特奥蒂瓦坎城、奇琴伊察城

公元800年

公元1000年

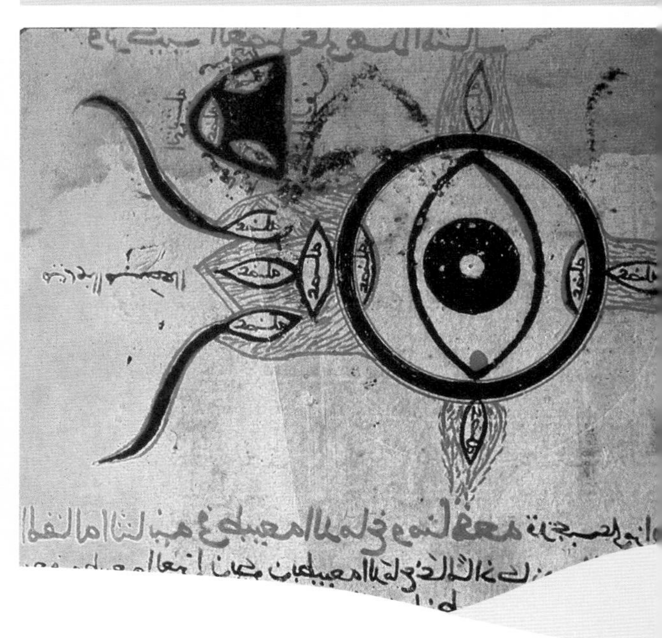

世界大事记

○7世纪初 穆罕默德创传伊斯兰教
○650—750年 伊斯兰教征服中东和北非
○750年 建立阿拔斯王朝
○793年 北欧海盗开启“海盗时代”，后到达格陵兰岛

○800年 理查曼成为神圣罗马帝国皇帝
○871年 阿尔弗雷德成为英格兰王国国王
○波利尼西亚人到达新西兰

科学大事记

○伊斯兰科学“神圣方向”诞生
○中国人发明雕版印刷术
○673—735年 英国修道士比德从事有关历法的工作

○中国人发明雕版印刷术、火药、罗盘
○约830年 创建智慧宫，伊斯兰世界第一所国家级的综合性学术机构及高等教育学府，为文化的繁荣与发展作出了巨大贡献
○阿布·马沙创立了伊斯兰占星学
○花剌子米发展代数学
○拉齐通过长期的临床实验，积累了丰富的医学经验
○哈扬著成的炼金术文稿，被视为伊斯兰炼金术的基础理论著作
○天文学家苏菲整合了阿拉伯传统的恒星知识
○海赛姆在光学和天文学方面贡献良多，著《光学宝库》

文艺大事记

○中国诗歌的黄金时代
○亚洲的佛教文化发展：婆罗浮屠、阿旃陀等
○耶路撒冷建成圆顶清真寺
○大马士革清真寺和科尔多瓦清真寺建立
○750年 中国始建布达拉宫

○阿拉伯文化、艺术、建筑的黄金时代：《天方夜谭》脍炙人口，清真寺建筑别具一格，阿拉伯数字传入欧洲
○约930年 《古兰经》定稿

公元1200年

公元1300年

○1085年 托莱多陷落
○1096年 第一次十字军东征
○1099年 十字军攻陷耶路撒冷
○欧洲人到达美洲和南亚

○1000—1030年 伊本·西那促进了波斯医学的发展，对于欧洲医学也有显著的影响，著作《医典》
○1080年后 伊斯兰科学文稿的拉丁文翻译运动
○约1120年 哈奇尼创智慧天平

○1140—1160年 伊德里西的地理学
○1140—1190年 阿维罗伊翻译亚里士多德的作品
○意大利、法国、英国出现大学
○中国人发明活字印刷术和火箭
○北宋后期，中国拥有成熟的制图术，指南针用于航海

○1084年 司马光主编《资治通鉴》成书
○欧洲文学产生大量诗歌，如：《罗兰之歌》《熙德之歌》
○柬埔寨兴建规模宏伟的石窟寺庙——吴哥窟

○方济各与追随者四处传教，成立方济各会
○美洲文化取得进展，如：位于中美洲墨西哥城的大神庙、阿兹特克人的日历石、位于马丘比丘的印加建筑

○1202—1204年 第四次十字军东征攻打君士坦丁堡
○1219—1260年 蒙古帝国西征。1220年，蒙古人征服中亚，1258年，灭阿拔斯王朝

○1200年 加扎利在机械学方面取得杰出成就，并著《巧妙的机械装置知识》一书
○图西提出“图西双环”，并在马拉盖修建天文台
○12、13世纪 一些主流的思想家试图把科学和神学结合到一起，如：罗伯特·格罗斯泰特、罗杰·培根、大阿尔伯图斯和托马斯·阿奎那

○1264年 沃尔特·默顿创立牛津大学默顿学院，是牛津大学最古老的学院
○1277年 巴黎大学神学院谴责亚里士多德的科学
○中国数学方面取得成绩，如珠算、垛积术、一元方程、方程组解法等

○约1200年 巴黎圣母院始建
○1250年 中国泉州开元寺双塔建成，为中国古代最大石塔
○1265年 意大利诗人但丁出生于佛罗伦萨，是文艺复兴的先驱，著《神曲》

○约1266年 意大利画家乔托出生于佛罗伦萨，他被认定为是意大利文艺复兴时期的开创者
○1275年 马可·波罗来到中国

公元1400年 公元1500年

世界大事记

○1333—1369年 黑死病席卷欧洲和地中海地区

○1337—1453年 英法百年战争

○1370年 帖木儿征服中东

○1405—1433年 郑和七下西洋

○1453年 土耳其人占领了君士坦丁堡，拜占庭帝国灭亡

○1480年 伊凡三世将俄罗斯从蒙古人的统治下解放出来，后成立统一的中央集权国家

○1488年 葡萄牙航海家绕过好望角，到达印度洋

○1492年 哥伦布到达美洲

○1497年 卡伯特等欧洲航海家抵达了纽芬兰

○1497—1499年 达伽马航海到达印度

科学大事记

○理查德绘制赫里福德的《世界地图》

○约1350年 炼金术和占星学从伊斯兰的源头来到西方

○1452年 意大利著名画家、科学家莱奥纳多·达·芬奇出生于芬奇。他是意大利文艺复兴艺术三杰之一

○1455年 古登堡在美因茨出版了第一批书——《新旧约全书》

○1472年 瓦尔图里奥的《军事学》出版

○1473年 天文学家哥白尼出生于波兰托伦，1543年，《天体运行论》出版

○15世纪70年代，出现了天文学、数学和医学方面的印刷品

○1491年 第一本医学著作——基希海姆的《医学论文集》出版

○1496年 雷吉奥蒙塔努斯修订的托勒密《至大论》以《至大论简编》为名印刷出版

文艺大事记

○1325年 中美洲的阿兹特克人建特诺奇蒂特兰城

○1343年 英国诗人乔叟出生，他开辟了英国文学的新时代

○1434—1737年 美第奇家族统治着佛罗伦萨

○约1445年 艺术家波提切利出生于佛罗伦萨，他是欧洲文艺复兴时期著名的画家

○1460年 古登堡的印刷术传到了意大利、德国、法国与瑞士

○1466年 人文学家伊拉斯谟出生于荷兰的鹿特丹

○1471年 文艺复兴时期欧洲杰出画家丢勒生于德国纽伦堡

○1475年 文艺复兴艺术三杰之一的米开朗琪罗出生于佛罗伦萨

○1483年 拉斐尔出生于意大利乌尔比诺，文艺复兴艺术三杰之一，绘有《雅典学派》

○1493年《纽伦堡年鉴》出版，它像一部历史和图解地理学混合而成的世界百科全书

○1495年 达·芬奇绘制《最后的晚餐》

公元1600年

○1517年 路德发动了宗教改革，基督教新教逐渐形成
○1519—1522年 麦哲伦的第一次环球探险
○1519—1520年 科尔特斯征服阿兹特克帝国
○1520—1540年 土耳其人征服了东欧

○1532年 西班牙入侵秘鲁地区，印加帝国灭亡
○1534年 卡蒂埃发现了加拿大
○1534年 亨利八世将英国教会从罗马天主教会分离出来

○1540年 罗马教皇保罗三世批准耶稣会成立
○1545—1563年 天主教会召开特兰托会议——反宗教改革的开始
○1547—1584年 伊凡雷帝（伊凡四世）首称“沙皇”，统治着俄罗斯

○1558—1603年 英格兰女王伊丽莎白一世在位
○1571年 勒班陀战役结束了土耳其对地中海的控制

○1503年 赖施的《智慧珍宝》出版
○1509年 帕乔利的《神圣比例》出版。达·芬奇为这本书做插图
○1510—1530年 帕拉塞尔苏斯—医学与炼金术
○1510年 阿格里帕完成著作《秘术哲学》
○1517年 格斯道夫的《野外创伤类型卷》出版，此书叙述了外科手术
○1530—1536年 奥托·布伦费尔斯的《植物图解》分三部分出版
○1533年 出版了《秘术哲学》的增补版本

○1542年 富克斯的《植物的历史》出版
○1543年 维萨里的《人体结构》出版
○1544年 蒙斯特的《宇宙图学》出版
○1545年 梅迪纳的《航海学的艺术》出版
○1546年 天文学家第谷出生于瑞典的克鲁兹斯图普
○1548年 西蒙·斯蒂文出生于比利时的布鲁日，他开展了一系列有关斜平面和平衡力的研究工作
○1551—1558年 格斯纳的《动物的历史》出版
○1552年 卡尔达诺发表基督天宫图
○1553年 塞尔韦图斯以信奉异端邪说罪受审并被烧死在火刑柱上
○1556年 阿格里科拉的《采矿学》出版

○1564年 伽利略出生于意大利的比萨，他是现代天文学的伟大奠基人之一
○1569年 墨卡托为航海者绘制带有数学投影的世界地图
○1571年 迪格斯的应用数学著作《万物测量》出版
○1571年 天文学家开普勒出生于德国维滕贝格
○1572年 帕雷的《外科手术（五卷本）》出版
○1572年 第谷观察到超新星并从此开始了天文学生涯
○1595年 开普勒开始研究行星运动
○1596年 笛卡儿出生于法国图尔
○1600年 赫耳墨斯哲学家布鲁诺以异端邪说罪被烧死
○1600年 狱中的坎帕内拉致力于《太阳城》的写作
○中国实现人痘接种术

○1506—1626年 意大利罗马建圣彼得教堂
○1507年 瓦尔德塞弥勒绘制的世界地图上，用探险家亚美利哥·韦斯普奇的名字命名美洲，即亚美利加
○1508—1512年 米开朗琪罗为西斯庭教堂创作壁画《创世记》

○1508年 意大利文艺复兴后期建筑师帕拉弟奥出生于意大利的帕多瓦，其论著《建筑四书》对18世纪和19世纪的古典主义建筑和复古主义建筑影响很大
○1513年 意大利政治思想家马基雅弗利出版了《君王论》（亦称《君主论》）一书
○1515年 英国伦敦郊外建汉普顿宫
○1516年 托马斯·莫尔的《乌托邦》出版

○1533年 法国思想家蒙田出生于法国阿基坦大区，他是文艺复兴后期法国人文主义最重要的代表
○1541年 西班牙画家格列柯出生于克里特，作品多以宗教为题材，积极为反宗教改革服务
○1561年 英国哲学家弗朗西斯·培根出生于英国伦敦，是英国唯物主义和现代实验科学的始祖

○1564年 英国剧作家、诗人莎士比亚出生于埃文河畔斯特拉特福，为文艺复兴时期最具有代表性的作家之一。现存剧本37部、长诗2首、十四行诗154首，对欧洲文学和喜剧的发展有重大影响
○16世纪末 在西班牙马德里建埃斯库里亚尔宫殿

公元1600年

世界大事记

○1600、1602、1604年 英国、荷兰、法国先后建立东印度公司

○1607年 英国在北美洲的詹姆斯敦建立美洲第一个殖民地

○1608年 法国在加拿大建立魁北克殖民地

○1613年 俄罗斯建立罗曼诺夫王朝，沙皇米哈伊尔继位

○1618—1648年 在欧洲以德意志为主要战场的三十年战争

○1620年 五月花号船上的朝圣者抵达北美洲的新英格兰

○1624年 荷兰人建新阿姆斯特丹

科学大事记

○1600年 威廉·吉尔伯特发表关于磁性的书《磁性》

○1610年 伽利略制作出望远镜，并于1611年出版《星空信使》

○1612年 沙伊纳发表太阳黑子观测报告

○1614年 内皮尔出版对数表

○1620年 培根发表《新工具》，一本关于科学的哲学书

○1620—1640年 笛卡儿研究机械论哲学

○1628年 哈维出版了关于血液循环的著作《心血运动论》

○1633年 审判伽利略

○17世纪40年代 帕斯卡制作出计算器

○1640年 托里拆利进行空气压力实验，并发明气压计

○1643年 英国物理学家、数学家、天文学家牛顿出生于英国林肯郡。他建立了经典力学的基本体系，主张光的微粒说，1671年，制作出反射式望远镜，考察了行星运动规律。著有《自然哲学的数学原理》

○1647年 海威留斯出版了第一幅月面图

文艺大事记

○1620—1680年 欧洲出现巴洛克式建筑

○1631年 印度泰姬陵始建

○1636年 哈佛大学建校

○17世纪中期 荷兰绘画的黄金时代，著名画家有：哈尔斯、伦勃朗、弗美尔、鲁本斯

○17世纪中期 霍布斯发表关于国家和个人的哲学

○17世纪中后期 法国文艺的古典时代，代表作家有拉辛、莫里哀，代表画家为普桑

○17世纪60年代 皮普斯陆续发表其日记

○1640—1688年 英国爆发资产阶级革命。此次革命开辟了世界资产阶级革命的新时代，因而历史学上常把1640年作为世界近代史的开端

○1643年 法国路易十四即位

○17世纪50年代 荷兰人塔斯曼进入太平洋探险

○1664年 英国夺取荷兰在北美洲的殖民地新阿姆斯特丹，并改名为纽约

○1666年 伦敦发生大火

○1683年 土耳其人围困维也纳，后被击退

○1690年 英国人抵达印度的加尔各答

○17世纪50年代 惠更斯设计出摆钟

○1654年 冯·居里克进行空气压力和真空实验

○1656年 英国天文学家和数学家哈雷出生于伦敦。他编制了第一张南天星表，并推算出“哈雷彗星”的运行轨道，出版了大西洋和太平洋的地磁图

○17世纪中后期 列文虎克和斯瓦默丹使用显微镜进行观察和研究

○1665年 胡克出版《显微图》

○1669年 斯滕森研究古生物学和化石

○1676年 奥勒·罗默首次计算出光速

○1675年 在伦敦东南部建造格林尼治天文台

○17世纪末 约翰.雷对植物进行分类，1670年出版了《英国植物录》，书中介绍了植物的分类。1686—1704年出版三卷本《植物史》

○17世纪末 弗拉姆斯蒂德使用望远镜观测星空

○17世纪末 格鲁和卡梅拉留斯发现植物也具有性特征

○1660年 英国皇家学会成立于英国伦敦

○1666年 法国科学院成立于法国巴黎

○1667年 约翰·弥尔顿出版了《失乐园》

○17世纪60—80年代 为路易十四建成凡尔赛宫

○17世纪70年代—17世纪末 由英国建筑师雷恩设计的圣保罗大教堂在伦敦建成

○1690年 洛克发表《人类理解论》

公元1700年

世界大事记

○1700—1721年 北方战争——俄国为夺取波罗的海出海口同瑞典进行的斗争
○1701—1714年 西班牙王位继承战争
○1703年 圣彼得堡建城
○1707年 英国由英格兰、威尔士和苏格兰联邦构成

○1740—1748年 奥地利王位继承战争
○1740—1786年 在腓特列大帝（弗里德里希二世）统治下普鲁士势力崛起

○1755年 葡萄牙里斯本发生大地震
○1756—1763年 七年战争，英国摧毁了法国在北美和印度的势力

科学大事记

○18世纪初期 德国化学家施塔尔推广泛灵论和燃素论
○1704年 牛顿出版《光学》一书
○1712年 纽科门发明纽科门蒸汽机
○1730年 林奈提出植物分类法
○1735年 莫佩尔蒂和孔达米纳分别带队前往北极和秘鲁，试图测量地球的形状。最终得出地球是一个在两极处略呈扁平的球体

○1743—1756年 哈勒分了几个部分出版《解剖学图集》
○1746年 米森布鲁克发明“莱顿瓶”，即一种旧式电容器
○1746—1747年 富兰克林证明闪电是电的一种形式
○1747年 阿尔比努斯出版《人体骨骼和肌肉图表》
○1748年 梅特里发表《人是机器》一书，他把布尔哈夫的人体模型发展成通过物理部件的相互作用可以运转的机械装置

文艺大事记

○18世纪 讽刺文学成为文学的主要表达形式，如作家德莱顿、斯威夫特和蒲柏
○18世纪初期 英国小说得到发展，代表作家有：笛福、菲尔丁等人
○18世纪前半期 巴洛克音乐占很大的分量，代表作曲家有：巴赫、维瓦尔第和亨德尔
○18世纪30—50年代 英国油画家、版画家贺加斯的作品多以辛辣的手法，揭露当时社会的丑恶面目，著有《美的分析》
○18世纪30—50年代 意大利画家卡纳莱托的威尼斯绘画

○18世纪上半叶 欧洲兴起洛可可式建筑，以法国巴黎苏比斯府邸和德国波茨坦无忧宫为代表
○18世纪50年代 欧洲启蒙时代开始的标志：法国伏尔泰的讽刺文学、法国卢梭有关自然的哲学、英国休谟的自然哲学和英国吉本的批评性历史
○1751年 英国新古典主义诗人格雷发表《墓畔哀歌》
○1755年 英国约翰逊编撰出版第一部《英语词典》

○18世纪60年代 工业革命始于英国，首先从纺织业开始，80年代因蒸汽机的发明和采用得到进一步发展

○1775年 美国爆发独立战争

○1776年 宣布成立美利坚合众国

○1788年 澳大利亚沦为英属殖民地

○1789年 乔治·华盛顿当选美国第一任总统

○1789年 5月爆发法国大革命，7月攻克巴士底狱，8月发表《人权宣言》

○1749年 法国博物学家布丰的《自然史》开始发表（1789年完成）

○18世纪50年代 拉卡耶绘制南部天空图

○1751年 由狄德罗主编、达朗贝尔副主编的《百科全书》开始出版。此书为大型综合性百科全书，是现代百科全书的奠基之作

○18世纪60年代 詹姆斯·瓦特重新设计蒸汽机

○1761年 莫尔加尼在病理学方面进行开拓性的工作，出版了《用解剖学观点研究疾病的部位和原因》一书

○18世纪70年代 普里斯特利分离出氧气

○18世纪80年代 加尔瓦尼在博洛尼亚大学开展电实验

○1781年 英根豪斯发现光合作用

○1784年 梅西耶编录101种星云

○1785年 库仑测量电力

○1789年 拉瓦锡发表元素理论

○1795年 赫顿出版的《地球理论》一书是早期地质学最有影响的书籍之一

○1795—1798年 詹纳研究天花疫苗

○1799—1825年 拉普拉斯撰写《天体力学》，从事星云说的研究

○1799年 冯·洪堡和艾梅·邦普朗前往南美洲开展科学考察

○1760—1800年 英格兰兴起新古典主义的艺术和建筑

○18世纪晚期 奥地利的海顿和莫扎特的音乐流传至今

○1791年 英裔美国思想家潘恩出版著作《人的权利》

○1792年 英国启蒙时代女性政论家沃斯通克拉夫特出版著作《为女权辩护》

○18世纪90年代—19世纪30年代 在文学、艺术和音乐中取得成就的有：文学家歌德、诗人拜伦、音乐家贝多芬、音乐家舒伯特、画家德拉克鲁瓦、画家弗里德里希

公元1800年

世界大事记

○1804年 拿破仑称帝，建法兰西第一帝国

○1807年 英国议会通过了一项废除奴隶贸易法案，正式结束了英国的奴隶贸易

○1808—1828年 西班牙属美洲独立战争

○1837年 维多利亚女王继位，英国开始维多利亚时代

○1839年 虎门销烟

○1840—1842年 第一次鸦片战争

○1846—1848年 美墨战争。美国将得克萨斯、新墨西哥和加利福尼亚纳入版图

○1848年 欧洲革命爆发

○1848年 马克思和恩格斯发表《共产党宣言》，这是科学社会主义的第一个纲领性文件，标志着马克思主义诞生

○1849年 英国成为印度的统治者

科学大事记

○19世纪初 拉马克开始有关进化论的研究工作

○19世纪前20年 居维叶开拓古生物学。在其所著的《古化石》（十卷）中记载了对巴黎盆地挖掘出的脊椎动物化石的鉴定与分类

○1807年 戴维用电解熔盐的方法制得钾和钠

○1808年 道尔顿发表原子理论

○1818年 贝尔塞柳斯绘出的电化学原子图，后提出化学符号

○1820年 奥斯特发现电流中的磁效应

○1821年 法拉第把电转换成机械能

○1822年 涅普斯在法国拍出第一张照片，之后，他又对此项技术进行了革命性的改良

○1822—1824年 曼特尔和巴克兰发现第一批恐龙化石

○1830—1833年 莱尔的《地质学原理》一书出版

○1830—1835年 约翰·赫歇耳绘制星云图

○1838年 贝塞尔测量星体视差

○1844年 电报开始使用莫尔斯代码

○1844年 钱伯斯《创世的自然志遗迹》一书出版

○1846年 莫顿第一次用麻醉剂施行手术

○1846年 英法科学家发现海王星

○1849—1854年 赫尔姆霍茨、克劳修斯和开尔文开创了热力学理论

○1849年 斐索测量了光速

文艺大事记

○19世纪40年代 英国、法国、德国和美国开始建造铁路

○19世纪40年代 欧洲小说兴起，代表作家有：狄更斯、巴尔扎克、大仲马和小仲马、萨克雷

○1840—1860年 涌现美国文学的第一批著名人物：朗费罗、惠特曼、霍桑、梅尔维尔、埃默森

○1845—1865年 卡莱尔、罗斯金、梭罗通过文学作品批评当时的工业社会

○19世纪50—60年代 奥斯曼改建巴黎

○1851年 万国工业博览会在伦敦开幕

○1853年 为争夺近东霸权，俄国与英、法、土等国之间发动克里米亚战争。战争持续到1856年，俄国的失败使其在中近东的扩张受到沉重打击

○1856—1860年 第二次鸦片战争

○1861—1865年 美国南北战争

○1867年 俄国把阿拉斯加卖给美国

○1869年 苏伊士运河开通

○1869年 联合中央太平洋铁路——第一条贯穿美洲大陆的铁路建成

○1872年 中国清政府第一批官费留学生赴美

○19世纪50年代 摄影应用于天文学

○19世纪50年代 克劳德·伯纳德开创现代生理学

○19世纪50年代 孟德尔在植物遗传学上开展有意义的实验

○1850年 李比希发展了碳循环的概念，并提出人体新陈代谢理论

○1859年 本生和基希霍夫将光谱学应用于化学

○1859年 达尔文的《物种起源》出版

○1862年 巴斯德提出是由微生物侵袭人体引起疾病

○1865—1885年 马什和科普在美国发现恐龙化石

○1865年 利斯特在手术时引入防腐剂

○19世纪70年代 麦克斯韦提出电磁辐射理论

○1872—1876年 英国皇家军舰挑战者号的航行

○1877—1879年 赫特维希和福尔证明哺乳动物的受精过程

○19世纪80年代 赫兹发送第一个无线电波

○19世纪80—90年代 哈佛学院天文台的一群天文学观察者进行星体光谱分析

○1882年 第一个发电站在纽约建成

○19世纪末—20世纪初 居里夫妇研究放射性元素

○1895年 伦琴发现X射线

○1897年 汤姆森发现电子

○19世纪60年代 英国设计师威廉.莫里斯引发了工艺美术运动，一改维多利亚时代以来的流行品味

○19世纪60—90年代 美国画家温斯洛·霍默开创一种美国特色鲜明、既现代又古朴的画风

○1867年 马克思发表了《资本论》第一卷

○19世纪下半叶 印象派绘画在法国兴起，其代表人物有：莫奈、毕沙罗、西斯莱、雷诺阿等。到了90年代，发展出后印象派，代表人物有：塞尚、凡·高、高更等

○1885年 芝加哥和纽约率先建成摩天大楼

○1886年 德国人制造了第一辆汽车

○19世纪90年代 欧洲现实主义戏剧诞生，代表人物有：易卜生、萧伯纳、契诃夫、斯特林堡

○1893年 芝加哥举行世界哥伦布博览会

公元1900年

世界大事记

○1903年 莱特兄弟完成首次动力飞行
○1912年 泰坦尼克号巨轮沉没
○1914年 巴拿马运河开通
○1914—1918年 第一次世界大战
○1917年 俄国“十月革命”爆发
○1918—1919年 全球流感导致数千万人死亡
○1919年 《凡尔赛条约》重划中欧版图
○1919年 完成首次越洋飞行
○1921年 中国共产党成立
○1933年 希特勒出任德意志第三帝国元首，实行纳粹党一党专政的法西斯极权统治
○1939—1945年 第二次世界大战

科学大事记

○20世纪初 普朗克提出量子理论
○1905年 爱因斯坦发表狭义相对论理论
○1905—1915年 库欣绘制出内分泌系统图
○1910年 卢瑟福发表原子结构理论
○1913年 玻尔发表量子原子理论
○1913年 赫茨普龙-罗素图的出现为天体物理学家指明了任何恒星在宇宙演化树中的位置
○1915年 魏格纳所著《海陆的起源》提出大陆漂移理论
○1915年 摩尔根发表遗传变异理论
○1919年 卢瑟福分裂原子
○1920年 沙普利与柯蒂斯展开关于宇宙尺度的辩论
○1924年 哈勃指出星云是单独的星系
○1925—1930年 费希尔和霍尔丹发展种群遗传学
○1925年 达特发现南方古猿化石
○1926年 爱丁顿指出恒星的能源来自核能
○1926年 薛定谔提出波原子理论
○1927年 海森伯提出测不准原理
○1928年 弗莱明发现青霉素
○1929年 哈勃发布膨胀宇宙模型
○1938—1939年 核连锁反应理论
○20世纪40—50年代 遗传学家多布赞斯基和迈尔发表“新合成”理论
○1948年 伽莫夫提出“大爆炸”理论

文艺大事记

○20世纪初 涌现新的建筑风格，如：莱特、包豪斯、勒科比西耶
○20世纪初 康定斯基开始抽象派绘画，并发表《论艺术中的精神》等，对后来抽象主义的发展有较大影响
○20世纪初 涌现实验小说家和诗人，代表有：普鲁斯特、卡夫卡、劳伦斯、埃利奥特、乔伊斯
○1913年 斯特拉文斯基的芭蕾舞剧《春之祭》首演
○20世纪20年代 爵士乐流行的年代
○20世纪20年代 现代美国小说代表有：海明威、斯坦贝克、福克纳
○20世纪20年代 霍珀的绘画被看作美国风光画的典范
○20世纪20年代 曼哈顿摩天大楼林立
○20世纪30年代 出现彩色电影、电视广播

○1941年 日本偷袭珍珠港，太平洋战争爆发
○1945年 美国将原子弹投向日本广岛和长崎
○1948年 以色列宣布建国
○1949年 中华人民共和国成立

○1950—1953年 朝鲜战争
○1961年 加加林乘东方1号宇宙飞船飞向太空
○1961年 民主德国修筑柏林墙
○1962年 古巴导弹危机
○1969年 人类首次登上月球
○1986年 苏联切尔诺贝利核灾难发生

○20世纪50—70年代 利基家族的野外考察工作表明人类是从"东非人"演化的
○1950—1952年 赫尔希和蔡斯指出DNA决定生物特征
○1953年 米勒和尤里的人类起源实验
○1953年 克里克和沃森向世界宣告发现 DNA 结构
○1954年 索尔克发明脊髓灰质炎（小儿麻痹症）疫苗
○1957年 B^2FH署名发表了题为《恒星中的元素合成》的论文，它奠定了氢和氦以外的重元素产生的物理规律
○1958年 发现范艾伦带

○20世纪60年代 发现并解释类星体
○1962年 《寂静的春天》出版——生态运动启动
○1963—1965年 威尔逊提出板块构造理论
○1964年 盖尔曼提出亚原子结构的夸克理论
○1965年 彭齐亚斯和威尔逊发现宇宙背景辐射
○1967年 发现脉冲星
○1967年 首例人类心脏移植手术
○1970年 微处理器开创计算机革命性变化
○1980年 阿尔瓦雷茨提出白垩纪绝灭理论
○1985年 发现南极臭氧层空洞
○1988年 确认全球变暖
○1995年 人类基因组计划取得进展

○20世纪上半叶 好莱坞梦幻工厂成为美国电影业的中心
○20世纪50年代 出现电子音乐
○20世纪50年代 美国戏剧的杰出代表有：威廉姆斯、米勒、阿尔比
○1956年 摇滚乐诞生

○20世纪60年代 欧洲新电影的代表：伯格曼、费里尼、戈达德
○20世纪60年代 美国的青年反传统文化（思潮）
○20世纪70年代 美国掀起女权运动

人物索引

延伸阅读

经典名著及科学家传记

Adams F D. The Birth and Development of the Geological Sciences. Dover Publications, 1955.

Bowler P J.Evolution:The History of an Idea. University of California Press, 1998.

Bowler P J. The Norton History of Environmental Sciences. W. W. Norton&Co., 1993.

Boyer C B, Merzbach U.A History of Mathematics. John Wiley&Sons Inc., 1989.

Brock W H. The Fontana History of Chemistry. Fontana Press, 1992.

Butterfield H. The Origins of Modern Science. Free Press, 1997.

Clagett M. Greek Science in Antiquity. Dover Publications, 2002.

Cohen I B.Album of Science: From Leonardo to Lavoisier. Charles Scribner' s Sons, 1980.

Cohen I B. The Birth of a New Physics. W. W. Norton, 1985.

Crombie A C. Augustine to Galileo:The History of Science AD400—1650. Dover Publications, 1996.

Crombie A C. Science, Art and Nature in Medieval and Modern Thought. Hambledon, 1996.

Crosland M.Historical Studies in the Language of Chemistry. Heinemann Educational, 1962.

Eves H. An Introduction to the History of Mathematics. Thomson Learning, 1990.

Gillispie C C. Concise Dictionary of Scientific Biography. Charles Scribner' s Sons, 2000.

Gillispie C C. Genesis and Geology. Harvard University Press, 1996.

Hallam A. Great Geological Controversies. Oxford University Press, 1983.

Ihde A J. The Development of Modem Chemistry. Dover Publications, 1983.

Jaffe B. Crucibles: The Story of Chemistry from Alchemy to Nuclear Fission. Dover Publications, 1977.

Jungnickel C, McCormmach R. Intellectual Mastery of Nature:Theoretical Physics from Ohm to Einstein. University of Chicago Press, 1986.

Koyré A. From the Closed World to the Infinite Universe. The Johns Hopkins University Press, 1994.

Kuhn T. The Copernican Revolution: Planetary Astronomy in the Development of Western Thought. Harvard University Press, 1957.

Lindberg D C. The Beginnings of Western Science. University of Chicago Press, 1992.

Porter R. The Cambridge Illustrated History of Medicine. Cambridge University Press, 1996.

McKenzie A E E. The Major Achievements of Science. Iowa State Press, 1988.

Morton A G. A History of Botunical Science. Academic Press, 1981.

Nasr S H. Islamic Science - An Illustrated Study. London, 1976.

North J. The Fontana History of Astronomy and Cosmology. Fontana Press, 1992.

Olby R C, Cantor G N, Christie J R R, et al. A companion to the History of Modern Science. Routledge, 1996.

Parry M. Chambers Biographical Dictionary. Chambers Harrap, 1997.

Porter R. The Greatest Benefit to Mankind, a Medicinal History of Humanity from Antiquity to the Present. HarperCollins, 1997.

Roberts G. The Mirror of Alchemy. British Library Publishing, 1995.

Ronan C A. The Cambridge Illustrated History of the World' s Science. Cambridge University Press, 1983.

Rouen C A, Needham J. The Shorter Science and Civilisation in China. Cambridge University Press, 1980.

Selin H. Encyclopedia of the History of Science, Technology and Medicine in Non-Western Cultures. Kluwer Academic Publishers, 1997.

Uglow J. The Lunar Men:Five Friends Whose Curiosity Changed the World. Faber and Faber, 2002.

Van Helden A. Measuring the Universe: Cosmic Dimensions from Aristarchus to Halley. University of Chicago Press, 1985.

Walker C B F. Astronomy before the Telescope. British Museum Publications, 1997.

Whitfield P. Landmarks in Western Science: From Prehistory to the Atomic Age. The British Library, London, 1999.

Whitney C A. The Discovery of Our Galaxy. Iowa State University Press, 1988.

相关网站

与科学史相关的网站可分为四类:

• 博物馆网站会展示一些历史和人工制品摄影，这是了解那些暂时无法亲自参观的博物馆的最简单方式。

• 学院及教育机构的网站可以提供大量在线学习资源。

• 由爱好者(通常是教师)和历史学家建立的教育网站。

• 社团或俱乐部建立的网站。

博物馆网站:

hsm.ox.ac.uk

英国牛津科学史博物馆。

www.mos.org

波士顿科学博物馆。

www.msichicago.org

芝加哥科学与工业博物馆。

www.lanl.gov/museum

布拉德伯里科学博物馆，是洛斯阿拉莫斯国家实验室的一个组成部分。

www.si.edu

史密森学会网站。

www.sciencemuseum.org.uk

国家科学与工业博物馆，位于英国伦敦英国。

www.museogalileo.it

科学历史研究所和博物馆，位于意大利佛罗伦萨。

www.jsf.or.jp

东京科学博物馆。

学院及教育机构网站:

www.fi.edu

富兰克林学院，提供在线学习资源和学习单元。

histsci.fas.harvard.edu

哈佛大学科学史系。

www.hopkinsmedicine.org

约翰斯·霍普金斯大学医学院。

lib.lsu.edu

路易斯安那州立大学图书馆，提供了优秀的科学历史资源和链接。

www.mpiwg-berlin.mpg.de

马克斯·普朗克科学史研究所。

history.princeton.edu/centers-programs/history-science

普林斯顿历史系。

astro.uni-bonn.de/~pbrosche/hist_sci/hs_sciences

来自德国波恩大学的科学史索引系统，包括天文学、化学、计算机、地球科学、数学、物理、技术等。

libraries.wsu.edu

华盛顿州立大学博物馆，以书目和索引的形式提供参考来源。

sourcebooks.fordham.edu/science/sciencesbook.asp

福特汉姆大学科学史资源，提供了有关古代史、中世纪发展史和现代历史的在线资源。

www.lib.udel.edu/subj/hsci/intemet.htm

特拉华大学图书馆提供了很好的互联网资源指南。

www.chstm.manchester.ac.uk

曼彻斯特大学科学、技术和医学史中心。

教育网站:

echo.gmu.edu/center

ECHO提供在线的历史资料索引，为那些寻找科学技术历史网站的学者提供了一个集中的指南。

www.dmoz-odp.org/Society/History/By_Topic/Science/Engineering_and_Technology

开放目录项目提供科学史方面的书目和链接。

www.rhodes.edu

ORB在线参考书，在网上提供中世纪研究的教科书资源。内容包括中世纪科学、技术发展资源，提供关于西欧技术创新和相关主题的信息。

社团网站:

www.hssonline.org

科学历史协会为其成员提供的科学、技术和医学历史数据库。

www.bshs.org.uk

英国科学史学会。

《彩图世界科学史》翻译组

（按姓氏笔画排序）

于金青　吕建华　朱守信　刘　巍　许　慧　李　士
余　君　迟乃文　张正则　陈明晖　林　培　林元章
单　亭　赵　佳　赵　洋　赵慧琪　胡　萍　胡作玄
俞东征　郭　璟　颜　实　魏建春

本书第1～10章由彼得·惠特菲尔德著，第11章由甘晓著。

参与翻译、审校者名单如下：

第1章：赵慧琪译，胡作玄校。

第2章：赵洋译，单亭校。

第3章：刘巍译，单亭校。

第4章：陈明晖、于金青译，胡作玄校。

第5章：迟乃文译，胡萍校。

第6章：张正则译，林培校。

第7章：朱守信译，林培校。

第8章：魏建春译，俞东征校。

第9章：林元章译，胡萍校。

第10章：俞东征译，许慧校。

总校订：李士、颜实、吕建华、许慧、余君、赵佳。

感谢以上参与者为本书倾注的心血。